時間序列分析
-總體經濟與財務金融之應用-

第二版

Applied Time-Series Econometrics for Macroeconomics and Finance

Second Edition

©2013, 陳旭昇

2007 年 11 月初版

2013 年 2 月第二版

本書以 cwTEX 系統排版。
cwTEX 是一套專業排版軟體, 可免費下載使用。
相關資訊, 請見台大經濟吳聰敏教授網頁。

序

"All models are wrong, but some are useful." (George E. P. Box)

二版新增內容

第二版總算是在千呼萬喚中滾出來了。本次改版中，各章節除了做適度的改寫與修正之外，大幅變動的章節如下：

1. 時間序列導論

2. 定態時間序列 II: ARMA 模型

3. 結構式向量自我迴歸 I: 遞迴式 VAR

4. 結構式向量自我迴歸 II

此外，我增加了兩個章節：

1. 緒論: 經濟理論與實證研究

2. DSGE 模型

在「時間序列導論」中，我對於時間序列資料做了更為詳盡的介紹，而「定態時間序列 II: ARMA 模型」此章對於 ARMA 模型的定態條件提供較具系統性的說明。至於在「結構式向量自我迴歸 I: 遞迴式 VAR」這一章中，我增加了遞迴式 VAR 應用之討論，並提供不同的 EViews 操作範例 (直接視窗操作與批次程式檔) 以估計結構式 VAR 模型，讓讀者熟悉不同的估計方法。最後，我對於「結構式向量自我迴歸 II」中的 Bernanke and Mihov (1998) 一文

©陳旭昇 (February 4, 2013)

做出更為清楚而詳盡的介紹,相信對於讀者來說,無論是完全結構式 VAR 或是 Bernanke and Mihov (1998) 之研究,都能得到更為完整而清晰的理解。

在增加的新章節中,「經濟理論與實證」討論經濟理論建構與實證研究之間的緊密關係,希望對於經濟理論研究有興趣的讀者,能夠更清楚知道如何建構一個有意義的經濟理論。對於實證研究有興趣的讀者,則能透過此章了解實證研究的價值。如果我們希望能以科學的態度從事經濟學研究,則經濟學理論無可避免地必須周而復始地經歷「應用」,「檢定」與「改進」這三個過程的洗禮。而實證研究無論是在「提供理論研究動機」或是「檢驗與評估理論模型」中都扮演了極為重要的角色。

二版中最為重要的新「亮點」就是有關 DSGE 模型的討論。DSGE 模型儼然已經成為現代總體經濟研究的基本研究工具 (workhorse of modern macroeconomics)。我將會討論許多與 DSGE 模型有關的主題,包括理性預期,一階與二階隨機差分方程式,一階與二階隨機差分方程組,對數線性化,以及 DSGE 模型的求解。其中,我特別介紹一個簡單而符合直覺的求解法:Binder-Pesaran 法。最後,除了介紹如何自行撰寫程式求解 DSGE 模型,我還進一步介紹目前在 DSGE 模型建構中十分優越且受人歡迎的外掛程式:Dynare。

作者簡介

陳旭昇,台北市人。台大會計系 (1990–1994), 台大經研所 (1994–1996), 美國威斯康辛大學麥迪遜校區經濟學碩士 (1999-2001), 美國威斯康辛大學麥迪遜校區經濟學博士 (1999-2004)。曾任台大經濟系助理教授 (2004-2007), 台大經濟系副教授 (2007–2010), 現任台大經濟系教授 (2010–)。

他的研究興趣為總體與貨幣經濟學, 國際金融, 能源經濟學以及應用計量經濟學。曾經發表論文在

> *Contemporary Economic Policy, Economics Bulletin, Economic Modelling, Empirical Economics, Energy Economics, Energy Journal, International Journal of Finance and Economics, Journal of Banking and Finance, Journal of Development Economics, Journal of Empirical Finance, Journal of Forecasting, Journal*

of Housing Economics, Journal of Money, Credit, and Banking, Journal of Policy Modeling, Manchester School, Oxford Bulletin of Economics and Statistics, Oxford Economic Papers, Pacific Economic Review, Quantitative Finance, Singapore Economic Review, Social Indicators Research,《經濟論文》,以及《經濟論文叢刊》等期刊。

他曾榮獲下列獎項:

中央研究院年輕學者研究著作獎 (2008)
行政院國科會吳大猷先生紀念獎 (2007)
國立台灣大學教學優良獎 (2006, 2007, 2008)
蔣經國學術交流基金會博士論文獎學金 (2003)

本書特色

這本書是由一個「沒有學問」的人所寫成的,而所謂的「沒有學問」係指我的專長並不是計量經濟理論。讀到這裡,你可能不禁想問:「哇靠!那你寫這本書是打算來騙錢的是吧?」(作者心中 OS: 是的, 科科)。

我會寫這本書,其原由來自於 2006 年我被趕鴨子上架,硬著頭皮接下了台大經濟研究所碩士班的計量經濟理論課程。在準備教材的過程中,我赫然發現沒有一本教科書適合我這種沒有學問的人使用。於是我開始著手編寫相關課題的講義。

根據我這些年的觀察,時間序列分析已經是經濟,財金,國貿,管理等相關系所相當重要的研究工具,許多人從事總體與財金之實證研究。然而,大多數的學生面臨以下兩種困擾:

1. 硬著頭皮搞懂了黑板上滿天飛的「有學問」的矩陣 (事實上應該有不少人沒搞懂), 遇到實際的研究計畫時,卻不知道如何應用自己所學過計量工具。

2. 所幸現在的計量軟體都很「聰明」,所以你可能是一路「OK」,「OK」按下來,卻也不知道自己在「OK」什麼,就這麼心虛地「OK」出一篇碩士論文。

我寫這本書的目的, 就是希望能一次解決你兩個困擾 (我應該再胡謅一個困擾, 這樣的話, 這本書就可以媲美一次滿足三個願望的健達出奇蛋, magic kinder)。

一本以應用為主軸的時間序列分析教科書並不是付之闕如, Walter Enders 所著的 Applied Econometric Time Series 算是個中翹楚。本書與 Walter Enders 的書不同處在於

1. 對於重要的主題如結構性變動, 樣本外預測, 蒙地卡羅模擬以及樣本重抽法 (Bootstrap) 均有專章較為深入的討論。

2. 更具系統性地探討 VAR 模型。

3. 對於計量軟體 (主要是 EViews 6) 的操作有更仔細的說明與介紹。

其中, 對於 VAR 模型的介紹, 我自認本書略勝一籌。此外, 身處於這個電腦運算速度快得驚人的時代, 電腦模擬在計量經濟學的研究, 發展, 與應用上, 扮演著越來越重要的角色, 蒙地卡羅模擬以及樣本重抽法 (Bootstrap) 已被大量應用於總體經濟或財金相關研究中, 本書希望能讓讀者對此趨勢有一個較為深入的認識。

本書目的在於以直觀且有系統的方式, 介紹讀者現代時間序列的計量分析工具, 對於每一個主題都有總體經濟或是國際金融的實例應用, 並說明如何以計量軟體執行估計, 檢定, 預測與模擬。應用的例子包含

1. 匯率, 購買力平價困惑

2. 亞洲金融風暴

3. 物價膨脹率, 失業率, 以及短期利率 VAR 模型

4. 股票價格現值模型

5. 貨幣政策的認定

6. 需求面/供給面衝擊與景氣循環

7. 利率期限結構模型

8. 央行在外匯市場的干預

相信此書將有助於讀者研讀總體經濟或財金相關領域的實證文獻。

適合讀者

一如我在之前提過的,這本書是由一個「沒有學問」的人所寫成的,內容當然不會太難。經濟,財金,與商管相關科系的大學部高年級學生,只要有統計學和簡單的線性代數觀念就可以使用本書。然而,如果是大學部的課程,不妨略過第 14 章與第 15 章。

研究所碩士班學生當然是不容錯過這麼一本好書,相較於那些「有學問」的教科書,這本書保證淺顯易懂,耐操又好用。如果你是已經畢業的社會人士,為了餬口必須使用時間序列分析,這本書相信能在你的謀生過程中幫上一點忙。

至於博士生... 別鬧了,去好好讀你的 Hamilton (1994) 以及 Hayashi (2000) 吧!不過如果你要把這本書當作床邊的睡前閱讀,或是廁所中的馬桶閱讀 (嗯,氣味有點不佳),站在作者的立場,當然是樂觀其成囉!

目錄

序 5

1 緒論: 經濟理論與實證 18
    1.1 經濟理論與實證研究　19
    1.2 一個簡單的匯率模型　23
    1.3 估計檢定與模型調校　28
    1.4 結論　29

2 時間序列導論 32
    2.1 時間序列資料　33
    2.2 時間序列資料性質　36
        基本概念, 36 ▶ 落後運算元, 39 ▶ 百分率與百分點, 41 ▶ 指數, 42 ▶ 時間序列的重要動差, 45
    2.3 定態時間序列　47
        弱定態時間序列, 47 ▶ 嚴格定態時間序列, 48
    2.4 樣本動差　49
    2.5 固定趨勢　53
    2.6 季節性　56
    2.7 如何收集總體與財金時間序列資料　61
        國際資料, 61 ▶ 台灣資料, 62
    2.8 EViews 的使用簡介　63
        建立工作檔, 63 ▶ 輸入資料, 64 ▶ 重要指令, 64

**3 定態時間序列 I:
自我迴歸模型** 68
    3.1 定態時間序列模型　69

©陳旭昇 (February 4, 2013)

3.2 一階自我迴歸模型　70

3.3 AR(1) 模型之估計　73

3.4 AR(1) 模型的預測　74

3.5 AR(1) 模型之衝擊反應函數　77

衝擊反應函數, 77 ▶ 半衰期, 80

3.6 實例應用: 購買力平價困惑　80

3.7 p 階自我迴歸模型　83

AR(p) 模型, 83 ▶ AR(p) 模型之估計, 86 ▶ AR(p) 模型之預測, 89 ▶ AR(p) 模型之衝擊反應函數, 91 ▶ 半衰期, 92

3.8 實例應用: 估計 AR(p) 模型以及計算衝擊反應函數與半衰期　92

3.9 Yule-Walker 方程式　95

3.10 附錄　97

4 定態時間序列 II: ARMA 模型　102

4.1 移動平均模型　103

4.2 ARMA 模型　106

4.3 ARMA 模型之估計　108

4.4 ARMA 模型之預測以及衝擊反應函數　110

4.5 Wold Representation 定理　111

4.6 實例應用: ARMA(p,q) 模型之估計　112

5 預測表現之評估　120

5.1 評估預測表現　121

5.2 Diebold-Mariano 檢定　122

5.3 樣本外預測　123

5.4 樣本外預測之實例　126

5.5 樣本外預測之應用　127

6 單根與隨機趨勢 · 132

   6.1   定態與非定態自我迴歸模型   133

   6.2   非定態時間序列: 帶有趨勢之序列   134

          固定趨勢, 135 ▶ 單根與隨機趨勢, 136

   6.3   隨機趨勢造成的問題   138

          小樣本向下偏誤, 138 ▶ t-統計量的極限分配不爲標準常態, 139 ▶ 虛假迴歸, 140

   6.4   時間序列的單根檢定   141

   6.5   實例應用: 對匯率的單根檢定   144

   6.6   ADF 檢定的檢定力   145

   6.7   其他單根檢定   147

   6.8   如何處理時間序列的單根   150

   6.9   去除趨勢後定態 vs. 差分後定態   151

   6.10 Hodrick-Prescott 分解   152

   6.11 追蹤資料單根檢定   154

          常用的追蹤資料單根檢定, 154 ▶ IPS 追蹤資料單根檢定, 156 ▶ 追蹤資料單根檢定之性質, 157

   6.12 實例應用: 再探購買力平價困惑   158

          單一時間序列單根檢定, 158 ▶ 追蹤資料單根檢定, 159

7 結構性變動 · 168

   7.1   結構性變動   169

   7.2   檢定結構性變動   170

          變動點 τ 已知下的檢定, 170

   7.3   變動點 τ 未知下的檢定   172

   7.4   檢定結構性改變之實例   173

   7.5   變動點的估計   180

   7.6   結構性改變 vs. 隨機趨勢   181

8　向量自我迴歸模型概論 ······················· 186

8.1　向量自我迴歸模型　187

8.2　縮減式 VAR　188

8.3　結構式 VAR　189

8.4　遞迴式 VAR　189

9　縮減式 VAR ······························· 194

9.1　縮減式 VAR　195

9.2　縮減式 VAR 的估計　196

9.3　縮減式 VAR 的落後期數選取　198

9.4　縮減式 VAR 的預測　201

9.5　縮減式 VAR 的應用: 檢定股票價格現值模型　203

9.6　Granger 因果關係檢定　206

Hall 平賭假說, 207 ▸ Granger 因果關係不是真正因果關係的一個例子, 208 ▸ 樣本外預測之 Granger 因果關係檢定, 210

9.7　Granger 因果關係檢定之實例應用　211

9.8　附錄　213

縮減式 VAR 的估計: SURE, 213 ▸ Wald 檢定, 215

10　結構式向量自我迴歸 I: 遞迴式 VAR ······················· 220

10.1　結構式 VAR　221

10.2　認定條件　222

常用基本假設, 223 ▸ 其他認定條件, 224

10.3　如何加入短期遞迴限制　225

10.4　衝擊反應函數　229

10.5　變異數分解　232

10.6 遞迴式 VAR 的 EViews 操作　235

認定 $(I - \hat{D}_0)$ 與 $\hat{B}$, 235 ▸ 衝擊反應函數, 236 ▸ 變異數分解, 239

10.7 遞迴式 VAR 的實例應用: 央行在外匯市場的不對稱干預　239

10.8 延伸閱讀　252

11 結構式向量自我迴歸 II ⋯⋯⋯⋯⋯⋯⋯⋯⋯⋯⋯⋯⋯ 258

11.1 完全結構式 VAR　259

11.2 過度認定檢定　259

11.3 Bernanke and Mihov (1998) 對於貨幣政策的認定　260

Bernanke and Mihov (1998) 的認定條件, 263 ▸ Bernanke and Mihov (1998) 的認定條件: 另一個角度, 267 ▸ Bernanke and Mihov (1998) 的實證結果複製, 269

11.4 Blanchard and Quah 的長期限制認定條件　270

估計 D_0 與 B 的第一種方法, 275 ▸ 估計 D_0 與 B 的第二種方法, 276

11.5 實例應用: Blanchard and Quah 的長期限制　276

11.6 延伸閱讀　278

12 共整合與向量誤差修正模型 ⋯⋯⋯⋯⋯⋯⋯⋯⋯⋯⋯ 284

12.1 共整合關係　285

12.2 共整合與共同隨機趨勢　288

12.3 向量誤差修正模型　289

12.4 共整合分析　294

12.5 共整合分析 I: Engle-Granger 兩階段程序　295

共整合檢定, 295 ▸ 估計共整合關係與向量誤差修正模型, 296

12.6 共整合分析 II: Johansen 程序　297

共整合檢定, 297

12.7 共整合分析的實例應用: 利率期限結構　302

12.8 關於共整合分析　310

12.9 附錄　312

以最大概似法估計共整合關係, 312

13 ARCH-GARCH 模型 · 318

13.1 時間序列的波動性　319

13.2 ARCH 模型　321

13.3 GARCH 模型　324

13.4 檢定 ARCH 效果　324

13.5 GARCH 模型的擴充　325

GARCH-M 模型, 325 ▶ 自積 GARCH 模型, 326 ▶ 指數 GARCH 模型, 326

13.6 GARCH 模型的最大概似估計　327

13.7 GARCH 模型的實例應用: 央行在外匯市場的干預　328

14 蒙地卡羅模擬

與 Bootstrap · 336

14.1 蒙地卡羅模擬　337

14.2 蒙地卡羅模擬的應用　339

應用 I: 模擬 AR(1) 係數 OLS 估計式的小樣本偏誤, 340 ▶ 應用 II: 模擬 t 檢定的實證檢定力與檢定大小, 341

14.3 樣本重抽法與 Bootstrap　343

樣本重抽法, 343 ▶ Bootstrap 簡介, 344 ▶ Bootstrap 定義, 346 ▶ 模擬 Bootstrap 分配, 350 ▶ 無母數 Bootstrap 的實際執行方式, 351

14.4 Bootstrap 偏誤與標準差　353

Bootstrap 偏誤, 353 ▶ Bootstrap 標準差, 355

14.5 Bootstrap 信賴區間　356

14.6 Bootstrap P-values (假設檢定)　358

單尾檢定, 358 ▶ 雙尾檢定, 359

14.7 迴歸模型的 Bootstrap　359

殘差 Bootstrap, 360

14.8 Bootstrapping 長期追蹤調查資料　362

14.9 蒙地卡羅模擬與 Bootstrap 的實例應用　364

實例應用 I: AR(1) 係數的 Bootstrap 偏誤修正估計式, 364 ▶ 實例應用 II: VAR 衝擊反應函數的信賴區間, 364 ▶ 有關 Bootstrap 的延伸閱讀, 367

14.10 附錄　368

RATS 程式模擬 AR(1) 係數 OLS 估計式的小樣本偏誤, 368 ▶ GAUSS 程式模擬 t 檢定的實證檢定力與檢定大小, 369 ▶ RATS 程式模擬大樣本漸近分配未盡理想之例子, 371 ▶ RATS 程式執行 AR(1) 估計式的偏誤修正, 372

15 時間序列中的 AR 迴歸模型 378

15.1 時間序列漸近理論　379

15.2 AR 係數估計式的大樣本性質　382

15.3 Newey-West HAC 估計式　385

16 DSGE 模型 392

16.1 DSGE 模型簡介　393

不確定性與預期, 395

16.2 一階隨機差分方程式　397

前瞻解, 398 ▶ 後顧解, 398 ▶ 前瞻解 vs. 後顧解, 399 ▶ 理性資產泡沫, 399 ▶ 結構式模型, 縮減式模型與 Lucas 批判, 400

16.3 二階隨機差分方程式　402

16.4 理性預期方程組　404

一階隨機差分方程組, 404 ▶ 二階隨機差分方程組, 405 ▶ Binder-Pesaran 求解法, 406

16.5 模型調校　411

16.6 一個簡單的實質景氣循環模型　412

　　　對數線性化, 414　▶　模型求解, 418

16.7 附錄 A: RATS 程式　425

16.8 附錄 B: Dynare 外掛程式簡介　432

　　　直接線性化, 439　▶　對數線性化, 441

參考文獻 446

索引 459

1 緒論: 經濟理論與實證

- 經濟理論與實證研究
- 一個簡單的匯率模型
- 估計檢定與模型調校
- 結論

本章的目的在於透過經濟理論模型之建構來討論實證研究的重要性。我們提出了兩個標準來檢視經濟理論模型的建構是否具有意義: (1) 經濟理論模型必須要有實證動機; (2) 經濟理論模型必須能夠透過估計檢定或是模型調校 (calibration) 等方式, 評估該理論模型的良莠。我們以一個簡單與具體的匯率模型當作例子, 闡明以上兩個標準。

©陳旭昇 (February 4, 2013)

1.1 經濟理論與實證研究

經濟學研究的重要目的之一, 在於解釋各種經濟現象。經濟學家透過經濟理論模型的建構, 藉以作為解釋與預測的基礎。然而, 經濟理論模型五花八門, 什麼樣的理論模型才是有意義的? 換句話說, 什麼樣的理論模型建構眞能達到解釋經濟現象之目的, 而非單純的數學習題推導?

Klein and Romero (2007) 曾以三個標準檢視 2004 年 *Journal of Economic Theory* 所刊登論文中的理論模型。這三個標準分別是: (1) 理論要解釋的是什麼 (theory of what)?, (2) 理論有何意義 (what should we care)?, 以及 (3) 你的解釋有什麼優於其他解釋之處 (what merit in your explanation)? 結果發現, 在 66 篇文章中, 有 27 篇光是第一個標準就無法通過。簡言之, 40% 的文章的研究主題與實際經濟現象無關, 沒有任何經濟意義。此外, 總共只有 8 篇文章可以通過所有的檢驗, 也就是說, *Journal of Economic Theory* 在 2004 年所刊登的文章中, 88% 的文章沒有資格稱做經濟理論, 充其量只是數學模型的建構。根據這樣的結果, Klein and Romero (2007) 認為 *Journal of Economic Theory* 的眞正期刊名稱應該是 *Journal of Economic Model Building*。一個有趣現象是, 這 8 篇可以通過所有檢驗的論文, 全部都是總體經濟或是國際金融理論之研究。篇名包括:

1. "Optimal Fiscal and Monetary Policy under Sticky Prices",

2. "Fiscal Shocks and Their Consequences",

3. "Endogenous Lifetime and Economic Growth",

4. "Optimal Monetary Policy in a Phillips-curve World",

5. "A Corporate Balance-sheet Approach to Currency Crises",

6. "Monetary Policy in a Financial Crisis",

7. "Contagion of Self-fulfilling Financial Crises due to Diversification of Investment Portfolios",

8. "Financial Globalization and Real Regionalization"。

一般來說, 我們對於經濟理論模型最基本的要求是, (1) 繁瑣的數學式子背後, 是否存在經濟解釋? 以及 (2) 複雜的數學條件背後, 是否符合經濟直覺? 舉例來說, 如果理論模型的定理如下所示:

當以下條件成立:

$$\bar{c} > \frac{(1+\eta-\theta^2)(1+\Delta)}{\sqrt{\delta}\tau^3},$$

其中

$$\Delta = \left(\frac{\omega\xi^2}{\alpha\mu}\right)\left(\frac{\varphi\sqrt{\sigma}}{\theta\phi}\right),$$

則套利無法迅速達成, 使得購買力平價無法成立。

顯而易見地, 我們似乎很難對於這個複雜的數學條件提供合理的經濟解釋。因此, 這樣的理論模型結論似乎無助於我們對於購買力平價的了解。此外, 在某些理論模型中, 參數 ($\eta, \theta, \delta, \tau, \omega, \xi, \alpha, \mu, \varphi, \sigma, \phi$) 有其經濟意義, 舉例來說, 如商品的價格彈性等, 則我們或許還能藉著代入合理參數值, 賦予此數學條件一個數值解。然而, 在某些理論模型中, 模型參數往往是一些無法觀察到的係數 (如央行總裁面對的政治壓力大小), 則更加使得此類的數學條件毫無意義, 而理論模型本身的價值自然有限。

然而,以上所談到的「經濟解釋」與「經濟直覺」只是對於理論模型的「最低要求」,一個有意義的經濟理論模型必須要能夠與實際的經濟資料對話。誠如 McCloskey (2000c) 所言,經濟學應該科學化 (scientific),而非數學化 (mathematical)。以上述的定理為例,經濟學研究不應該只是找出購買力平價無法成立的數學條件,而是應該問這樣的條件與實際經濟現象的關連性何在? 你一定能夠建立一個理論模型,在其中加入一堆市場摩擦 (market friction) 使得購買力平價不成立,但重點是這些摩擦是否具有實證上的重要性? 因此,要判定一個模型的好壞,就要看該模型是否能夠通過實證上經濟資料的考驗,也就是說,經濟理論模型必須要能夠與實際的經濟資料對話。

所謂的「與實際的經濟資料對話」包括兩個層次,

(標準一) 經濟理論模型必須要有實證動機 (empirical motivation)。

(標準二) 經濟理論模型必須能夠透過估計檢定或是模型調校 (calibration) 等方式,評估該理論模型的良莠。

建構經濟理論模型的目的是要解釋經濟現象,如果理論的建構缺乏實證動機,則該理論只是一件藝術品,或許可以怡情養性,充實我們的心智能力,但對於經濟現象的了解與解釋,並無助益。更有甚者,如果理論模型建構的動機僅來自於:「之前文獻只考慮線性函數,在此我們考慮非線性函數...」,卻無法提供考慮非線性函數的經濟解釋或是實證動機,顯然無法說服別人這是一個有意義的研究。

對於數學家而言,他們會將模型設定條件一般化,或是嘗試不同的設定,然後看結果有何改變。一如 McCloskey (2000c) 提到諾貝爾物理學獎得主 Richard Feynman 曾說,

> Mathematicians are mainly interested in how various mathematical facts are demonstrated... They are not so interested in the result of what they prove.

但是對於經濟學家來說，任何模型的建構與修改都必須具有經濟意義。根據 Klein and Romero (2007) 的觀點，具有經濟意義的模型才足以稱為「經濟理論」，相對的，不具經濟意義模型的建構只是單純的「數學模型建立」(model building)。McCloskey (2000b) 曾經以 A-Prime/C-Prime 理論說明這種「數學模型建立」的荒謬性：

定理 1. *(The A-Prime/C-Prime Theorem) For each and every set of assumption A implying a conclusion C, there exists a set of alternative assumption, A′, arbitrarily close to A, such that A′ implies an alternative conclusion, C′, arbitrarily far from C.*

也就是說，在缺乏實證動機的情況下，你或許可以改變假設為 A', A'' 甚或是 A'''，但是因此得到不同於 C 的結論如 C', C'' 或 C''' 是不具任何意義的。重點在於，模型建構者能否說服讀者，A' 的假設比 A 更能貼近現實所觀察到的現象。

一如 Klein and Romero (2007) 所指出，有些論文中充斥著各式各樣的經濟學術語，譬如 traders, sellers, buyers, commodity bundles, 以及 endowments 等，但是在經濟學術語的包裝下，骨子裡卻是一篇不折不扣的數學習題 ("...the storytelling of the model does not map intelligibly to anything we might imagine in our natural knowledge of worldly phenomena to be explained")。因此，我們對「實證動機」的清楚定義為：「作者必須基於對現實現象的觀察做為理論建構的動機，並且作者所建立的理論模型必須能對此現象提出解釋或是刻劃」。

然而，對於研究動機的檢驗並不容易，再抽象或者無意義的文章，作者都會宣稱他有實證動機。因此，除了要能提供實證動機之外，更重要的是, 一個有意義的理論模型要能提供清楚的模型隱義 (model implication), 預測 (prediction) 與假說 (hypothesis), 從而可以進一步透過資料對於模型進行統計檢定 (包含樣本內檢定或是樣本外預測檢定)。亦或是對模型進行模型調校 (calibration), 再將模擬結果與實際資料做比較, 進而評估參數的合理性或是模型的表現良莠。[1] 最後, 值得強調的是, 我們認爲**同時**符合(標準一) 與(標準二) 是評斷模型是否具有意義的充分條件 (sufficient condition), 而非必要條件 (necessary condition)。

文獻上對於經濟理論模型的建構已有諸多討論。諸如 Friedman (1953), Gibbard and Varian (1978) 等。Deirdre N. McCloskey 對於經濟學方法論以及理論模型的評論, 更是不勝枚舉。詳見 McCloskey (2000c), McCloskey (2001), McCloskey (2002), McCloskey (2005) 等文章。而 McCloskey (2000a) 一書中更有許多對於理論模型的探討。然而, 在過去的文獻裡, 均以觀念上的討論爲主, 少數輔以一些對既有論文的檢視, 做爲正面或是負面的教材。我們在此進一步提供一個具體 (visible) 的匯率模型當作例子, 來說明什麼是有意義的經濟理論模型建構, 期望這樣的討論方式可以讓我們更能深入體會與了解如何建構經濟理論模型。

1.2 一個簡單的匯率模型

在國際金融文獻上存在一個令人費解的困惑, 亦即名目匯率的波動大小與市場基要 (market fundamentals) 的波動大小難以連結, 一般稱

---

[1]McCloskey and Ziliak (1996) 進一步討論對於模型進行統計檢定時應注意統計顯著性與經濟顯著性 (statistical versus economic significance) 之不同。相關討論已超出本章所欲探討之範圍, 有興趣的讀者可參閱 McCloskey and Ziliak (1996) 以及 Ziliak and McCloskey (2004)。

表1.1: 名目匯率與市場基要之樣本變異數

	$Var(\Delta s)$	$Var(\Delta f)$	$Var(\Delta s)/Var(\Delta f)$
Canada	0.062%	0.022%	2.79895
France	0.339	0.019	17.83122
Germany	0.371	0.052	7.17779
Italy	0.316	0.039	8.04458
Japan	0.360	0.071	5.07221
UK	0.256	0.398	0.64322

之為 exchange rate disconnect puzzle。以貨幣與實質產出之市場基要為例，$f = (m - m^*) - (y - y^*)$，其中 m 與 y 分別為貨幣總計數與實質產出的對數值。我們利用七大工業國 (G7)1972Q1-2005Q4的季資料 (以 U.S. 為基準國)，將(取對數後) 名目匯率變動 (Δs) 與市場基要變動 (Δf) 的樣本變異數報告於表 1.1 中，

我們不難看出，除了 UK 以外，$Var(\Delta s) > Var(\Delta f)$。因此，以先進國家為例，一個國際金融文獻上的實證事實 (stylized fact) 如表 1.1 所示，名目匯率的波動遠大於市場基要 (market fundamentals) 的波動。

因此，給定這樣一個實證事實，我們有足夠的動機建構一個匯率模型，並期待模型能夠描繪上述的經濟現象。

考慮以下之貨幣匯率模型，購買力平價條件為：

$$s_t = p_t - p_t^*, \qquad (1)$$

其中，s 為名目匯率，p 代表本國物價，p^* 為外國物價。以下的討論中，除了利率之外，其餘變數皆取對數值。貨幣供需均衡條件為：

$$m_t - p_t = \phi y_t - \lambda i_t, \qquad (2)$$

$$m_t^* - p_t^* = \phi y_t^* - \lambda i_t^*, \qquad (3)$$

等號左邊為實質貨幣供給, m 為名目貨幣供給; 等號右邊為貨幣需求函數, y 為產出, i 為名目利率。加上星號代表國外的經濟變數。最後, 加上未拋補利率平價條件:

$$i_t = i_t^* + E_t s_{t+1} - s_t, \tag{4}$$

結合第 (1)-(4) 式,

$$s_t = (m_t - m_t^*) - \phi(y_t - y_t^*) + \lambda(E_t s_{t+1} - s_t). \tag{5}$$

若令 $f_t = (m_t - m_t^*) - \phi(y_t - y_t^*)$, 則我們可以得到:[2]

$$s_t = \frac{1}{1+\lambda} f_t + \frac{\lambda}{1+\lambda} E_t s_{t+1}. \tag{6}$$

經反覆疊代, 我們可以將式 (6) 改寫成

$$s_t = \frac{1}{1+\lambda} \sum_{j=0}^{k} \left(\frac{\lambda}{1+\lambda}\right)^j E_t f_{t+j} + \left(\frac{\lambda}{1+\lambda}\right)^{k+1} E_t s_{t+k+1}. \tag{7}$$

為了得到 s_t 的唯一解, 我們排除泡沫 (bubbles) 的存在:

$$\lim_{k \to \infty} \left(\frac{\lambda}{1+\lambda}\right)^{k+1} E_t s_{t+k+1} = 0,$$

因此,

$$s_t = \frac{1}{1+\lambda} \sum_{j=0}^{\infty} \left(\frac{\lambda}{1+\lambda}\right)^j E_t f_{t+j}. \tag{8}$$

簡單地說, 名目匯率決定於未來預期市場基要的折現加總。

要了解市場基要與名目匯率匯率之間的關係, 必須對於市場基要的隨機過程模型有所假設, 我們首先考慮模型 A:

1. *(模型 A) $f_t = f_{t-1} + \varepsilon_t$, $\varepsilon_t \sim^{i.i.d.} (0, \sigma^2)$。亦即, 市場基要為一個隨機漫步模型 (random walk model)。*

---

[2] 這是一條隨機差分方程式。詳細分析將於第 16 章中討論。

根據隨機漫步的性質,[3] 我們可以就此解出 $E_t f_{t+j} = f_t, \forall j \geq 0$。因此,

$$s_t = \frac{1}{1+\lambda} \sum_{j=0}^{\infty} \left(\frac{\lambda}{1+\lambda}\right)^j f_t = f_t,$$

則

$$Var(\Delta s_t) = Var(\Delta f_t).$$

也就是說, 名目匯率的波動與市場基要的波動大小相同。顯然這與實際資料不合, 驗證的結果發現模型 A 是一個失敗的模型。

接下來, 我們考慮模型 B:

2. *(模型 B)* $f_t \sim^{i.i.d.} (\bar{f}, \sigma_f^2)$。亦即, 市場基要為一 i.i.d. 的隨機變數。

顯而易見, 既然 f_t 為 i.i.d., 則 $E_t f_{t+j} = E(f_{t+j}) = \bar{f}$, for all $j > 0$。因此,

$$s_t = \frac{1}{1+\lambda} f_t + \frac{\lambda}{1+\lambda} \bar{f}.$$

計算變異數可得

$$Var(\Delta s_t) = \left(\frac{1}{1+\lambda}\right)^2 Var(\Delta f_t) < Var(\Delta f_t).$$

亦即模型 B 隱含名目匯率波動小於市場基要波動, 與事實完全相反, 可說是失敗中的失敗!

模型 A 與模型 B 的失敗似乎給了我們建構理論模型的一個指引, 我們期待能夠解出 $\eta > 1$ 使得

$$Var(\Delta s_t) = \eta Var(\Delta f_t) > Var(\Delta f_t),$$

亦即模型可以描繪名目匯率波動大於市場基要波動的經濟現象。

底下我們考慮模型 C:

---

[3]我們將在第 6 章討論隨機漫步模型。

3. *(模型 C)* $\Delta f_t = \rho \Delta f_{t-1} + u_t$, $u_t \sim^{i.i.d.} (0, \sigma_u^2)$, $|\rho| < 1$, 亦即, Δf_t 服從一個定態 *AR(1)* 的隨機過程。

我們知道, 式 (8) 可改寫成

$$s_t = \frac{1}{1+\lambda} f_t + \frac{1}{1+\lambda}\left(\frac{\lambda}{1+\lambda}\right) E_t f_{t+1} + \frac{1}{1+\lambda}\left(\frac{\lambda}{1+\lambda}\right)^2 E_t f_{t+2} + \cdots,$$

$$= \left(1 - \frac{\lambda}{1+\lambda}\right) f_t + \left(\frac{\lambda}{1+\lambda}\right)\left(1 - \frac{\lambda}{1+\lambda}\right) E_t f_{t+1} + \left(\frac{\lambda}{1+\lambda}\right)^2 \left(1 - \frac{\lambda}{1+\lambda}\right) E_t f_{t+2} + \cdots,$$

$$= f_t + \left(\frac{\lambda}{1+\lambda}\right)(E_t f_{t+1} - f_t) + \left(\frac{\lambda}{1+\lambda}\right)^2 (E_t f_{t+2} - E_t f_{t+1}) + \cdots,$$

$$= f_t + \sum_{j=1}^{\infty} \left(\frac{\lambda}{1+\lambda}\right)^j E_t \Delta f_{t+j}.$$

由於 Δf_t 為定態 AR(1),[4] 則

$$E_t \Delta f_{t+j} = \rho^j \Delta f_t,$$

因此,

$$s_t = f_t + \frac{\lambda \rho}{1 + \lambda - \lambda \rho} \Delta f_t,$$

且

$$\Delta s_t = \Delta f_t + \frac{\lambda \rho}{1 + \lambda - \lambda \rho}(\Delta f_t - \Delta f_{t-1}).$$

令 $k = \frac{\lambda \rho}{1+\lambda-\lambda\rho}$, 則

$$\Delta s_t = (1+k)\Delta f_t - k\Delta f_{t-1}.$$

計算變異數,

$$Var(\Delta s_t) = (1+k)^2 Var(\Delta f_t) + k^2 Var(\Delta f_{t-1}) - 2(1+k)k Cov(\Delta f_t, \Delta f_{t-1}),$$

$$= \left[(1+k)^2 + k^2 - 2(1+k)k\rho\right] Var(\Delta f_t).$$

---

[4]我們將在第 3 章介紹定態 AR(1) 模型之性質。

經整理可得:

$$Var(\Delta s_t) = \frac{(1+\lambda-\lambda\rho)^2 + 2(1-\rho)\rho(1+\lambda)\lambda}{(1+\lambda-\lambda\rho)^2} Var(\Delta f_t).$$

當 $\rho > 0$ 時,

$$\frac{(1+\lambda-\lambda\rho)^2 + 2(1-\rho)\rho(1+\lambda)\lambda}{(1+\lambda-\lambda\rho)^2} > 1,$$

則 $Var(\Delta s_t) > Var(\Delta f_t)$, 亦即在「能夠刻劃名目匯率波動大於市場基要波動的經濟現象」的觀點下, 模型 C 似乎是一個成功的模型。

1.3 估計檢定與模型調校

我們證明了當 $\rho > 0$, $Var(\Delta s_t) - Var(\Delta f_t) > 0$, 亦即, 模型成功地刻劃名目匯率波動大於市場基要波動的經濟現象。許多理論模型的建構以此定性結果 (qualitative results) 為滿足, 並在得到符號正確後, 便宣稱模型之成功。

然而, 光是證明理論模型能解釋正負符號關係是不夠的, 我們應該進一步問, "how big is big" (見 McCloskey (2000c)), 也就是說, 我們應該使用其他方法來衡量模型的解釋力有多大。透過估計檢定與模型調校, 我們可以利用定量結果 (quantitative results) 評估模型的良窳。

舉例來說, 我們可以用模型調校來評估模型C。根據 Stock and Watson (1993)的估計, 貨幣需求的利率彈性 $\lambda \approx 40$ (每季), 而我們以季資料估計 G7 國家市場基要的 AR(1) 係數, 大致上介於 -0.43 到 0.39 之間。

值得注意的是, ρ 值越大, 係數 $\frac{(1+\lambda-\lambda\rho)^2 + 2(1-\rho)\rho(1+\lambda)\lambda}{(1+\lambda-\lambda\rho)^2}$ 的值亦越大。如果我們設定估計值中最大的數字 $\rho = 0.39$, 則 $Var(\Delta s_t) = 2.21 \times Var(\Delta f_t)$。顯然 2.21 相對於實際資料來說, 似乎是小了些 (見表 1.1)。

亦即模型 C 雖然可以說明名目匯率波動大於市場基要波動, 但是模型中參數在最佳的設定下, 仍然不足以解釋資料上如此巨幅的名目匯率波動, 因此, 透過「定量結果」的檢驗, 模型 C 依然算不上是一個成功的理論模型。

總言之, 如果我們疏於檢視模型的解釋力大小, 則可能會錯判理論模型的良莠。然而, 值得一提的是, 模型 C 雖然是一個「失敗」的模型, 但是相對於一些無法被驗證, 虛無飄渺的模型, 模型 C 至少還是提供了一個可以被否證 (falsification) 的機會。

1.4 結論

我們提出了兩個標準來檢視經濟理論模型的建構是否具有意義: (1) 經濟理論模型必須要有實證動機; (2) 經濟理論模型必須能夠透過估計檢定或是模型調校 (calibration) 等方式, 評估該理論模型的良莠。我們進一步以一個簡單的匯率模型當作例子, 闡明以上兩個標準。

經濟理論研究的目的, 是為了解釋經濟現象, 進而提供預測。一個與事實不符或是預測不準的經濟理論模型都是失敗的理論模型。然而, 失敗的理論模型並不代表它是一個沒有意義的理論模型。一個能夠提供資料驗證的理論模型, 就是一個有意義的模型。反之, 無法提供資料驗證的理論模型就只是僅供賞玩的藝術品。舉例來說, 如果有人認為央行干預外匯市場與否, 與央行總裁承受政治壓力大小有關, 並在模型中以參數 θ 來刻劃。經過複雜的模型設定與繁雜的數學推導, 得到的比較靜態分析結論為 θ 越大, 央行干預越多。聽起來這似乎是個有趣的模型, 然而這是一個沒有意義的模型, 因為 θ 無法被估計與檢定。由於 θ 是觀察不到的, 在相同的模型下, 我們也可以將 θ 詮釋為央行總裁被火星人捉去做實驗的次數, 進而得到「央行總裁被捉去做實驗的次數越多,央行干預越多」之結論。

　　無論如何,經濟理論研究應該要「物理化」而非「數學化」,經濟理論研究的對象是實際經濟現象,一如物理理論研究的對象是實際物理現象。當然這不代表我們主張不要使用數學,而是要學習物理學家如何使用數學。在科學研究中,「提出模型,建立假說,驗證,棄絕模型,提出新模型,建立新假說,驗證...」這周而復始的過程,正是促成經濟學研究不斷進步的原動力。

2 時間序列導論

- 時間序列資料
- 時間序列資料性質
- 定態時間序列
- 樣本動差
- 固定趨勢
- 季節性
- 如何收集總體與財金時間序列資料
- EViews 的使用簡介

本章介紹與我們生活息息相關的統計資料: 時間序列。我們會先介紹時間序列資料的性質, 接下來介紹兩個時間序列資料常見的特徵: 固定趨勢與季節性, 並說明如何建構固定趨勢與季節性的時間序列模型。

©陳旭昇 (February 4, 2013)

2.1 時間序列資料

時間序列資料與我們的生活息息相關, 舉凡股票價格, 實質國內生產毛額 (real GDP), 物價指數, 通貨膨脹率, 利率, 匯率等等, 都是我們在日常總體經濟或是財金議題中, 時時刻刻都會接觸到的資料。如果資料是在同一時間點橫跨不同個體所取得, 譬如 2007 年各國的國內生產毛額, 我們稱為橫斷面資料 (cross-sectional data)。

相對的, 所謂的時間序列資料 (time series data) 就是在不同時間點所記錄的資料, 譬如之前提到的 1972 年到 2007 年的股票價格資料。根據資料的收集時間頻率 (frequency) 不同, 時間序列資料可粗分為年資料 (annual data), 季資料 (quarterly data), 月資料 (monthly data), 週資料 (weekly data), 以及日資料 (daily data)。一般而言, 總體經濟資料為年資料, 季資料或是月資料, 屬低頻資料 (low-frequency data); 金融財務資料則有週資料, 日資料, 甚至是日內逐筆成交資料 (intra-day tick-by-tick data), 則為高頻資料 (high-frequency data)。

我們通常以

$$\{y_t : \ t \in \mathbb{T}\}$$

來代表時間序列資料, $\{y_t\}$ 又稱做隨機過程 (stochastic process)。其中 $y_t \in \mathbb{S}$ 為一定義在時間域的隨機變數, $\mathbb{S}$ 為狀態空間 (state space), 可以是間斷 (discrete), 也可以是連續 (continuous)。舉例來說, $\{y_t\}$ 若為 GDP, 則 $\{y_t\}$ 為連續隨機變數。如果 $\{y_t\}$ 為人口數, 則 $\{y_t\}$ 為間斷隨機變數。$\mathbb{T}$ 稱為一個指標集合 (index set), $\mathbb{T}$ 可以是間斷: $\mathbb{T} = \{0, 1, 2, \ldots\}$, 也可以是連續: $\mathbb{T} = [0, \infty)$。當 $\mathbb{T}$ 為連續時, 我們稱 $\{y_t\}$ 為連續時間序列, 這在部分財務金融的研究中會用到。由於資料蒐集上的限制 (我們無法時時刻刻將資料記錄下來), 一般總體與財

務時間序列資料都是以間斷的指標集合為主。因此, 當我們談到連續時間序列與間斷時間序列時, 分別指的是連續的指標集合與間斷的指標集合。

為了給讀者更清楚的例子, 我們將台灣國內生產毛額 (取自然對數) 以及新台幣兌美元匯率的時間序列資料繪於圖 2.1, 其中, 橫軸為時間點, 縱軸則為資料的值, 這樣的圖稱之為時間序列走勢圖 (time-series plot)。

這兩個時間數列資料提供我們幾個有趣的觀察。

1. 有的時間序列看來似乎具有一固定趨勢 (deterministic trend), 如台灣 GDP; 有的則無, 如新台幣兌美元匯率。

2. 時間序列資料具有序列相關 (serial correlation), 也就是說, 本期的資料與之前或是之後的資料具相關性。舉例來說, 今天的股票價格必然受到過去價格的影響, 同時也必然影響將來的價格。這是時間序列資料與橫斷面資料最大的不同處。如果我們以 $\{x_i\}_{i=1}^{N}$ 代表橫斷面資料, 而 $\{y_t\}_{t=1}^{T}$ 代表時間序列資料, 則 $Corr(x_i, x_j) = 0$, 但是 $Corr(y_i, y_j) \neq 0$。[1]

我們將在下一節中更進一步探討時間序列資料性質。在介紹時間序列資料性質之前, 有一種混合時間序列資料與橫斷面資料的資料特別值得一提, 我們稱之為追蹤資料 (panel data), 以

$$y_{it}, \quad i = 1, 2, \ldots, N, \quad t = 1, 2, \ldots, T$$

表示之, 其中 i 代表國家, t 代表時間。譬如說, 表 2.1 列出了七大工業國家 2000-2009 以 PPP 衡量之每人實質 GDP 資料 (PPP Converted

---

[1] 習慣上, 我們以下標 i 代表橫斷面資料, 下標 t 代表時間序列資料, 因此, 從事個體計量的學者大多處理橫斷面資料, 慣用下標 i, 而從事總體計量的學者大多處理時間序列資料, 慣用下標 t, 是故有 i 派學者與 t 派學者之戲謔說法。

圖2.1: 時間序列資料: 台灣 GDP 以及新台幣兌美元匯率 (取自然對數), 季資料, 1972Q1–2007Q4

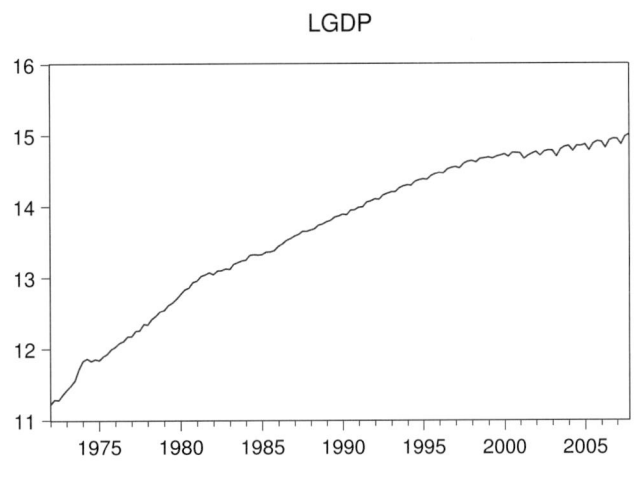

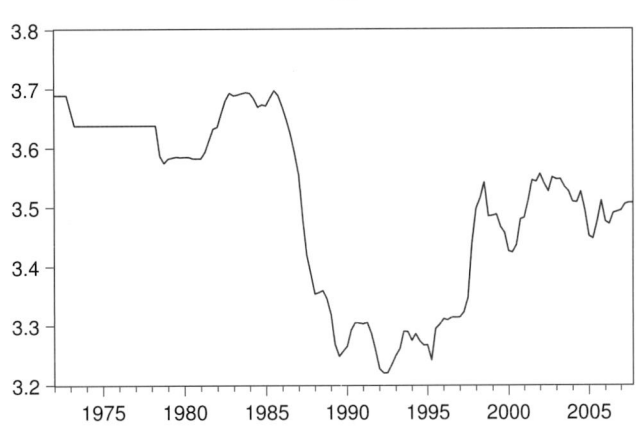

表 2.1: 七大工業國家 2000–2009 以 PPP 衡量之每人實質 GDP (美元)

	Canada	France	Germany	Italy	Japan	U.K.	U.S
2000	33459	29271	30948	28882	30953	30233	39175
2001	33678	29639	31243	29334	30979	30837	38959
2002	34363	29767	31127	29386	30965	31380	39149
2003	34784	29930	31052	29239	31303	32336	39789
2004	35640	30492	31389	29404	32117	33223	40908
2005	36449	30974	31611	29376	32761	34183	42535
2006	37181	31380	32660	29915	33423	34958	43258
2007	37702	32018	33642	30200	34222	35653	43692
2008	37515	31981	34076	29495	33736	35436	43326
2009	36208	30821	32487	27692	31958	33386	41102

GDP Per Capita, at 2005 constant prices)。[2] 因此, $y_{Japan,2000} = 30953$ 代表日本在 2000 年的每人實質 GDP 為 30953 美元。

最後, 值得一提的是, 如圖 2.1 的時間序列走勢圖, 為一平滑的曲線, 或許會造成讀者之誤解, 忽略掉時間序列資料在時間軸上為間斷的資料點。我們以台灣 1978–2011 的失業率為例, 以不同方式呈現於圖 2.2 中。根據第二個圖, 我們就可以清楚解讀出時間序列資料為間斷的性質。

2.2 時間序列資料性質

§ 2.2.1 基本概念

在介紹時間序列資料性質前, 先說明幾個時間序列分析常用的概念。給定時間序列 $\{y_t\}_{t=1}^T$, 若 y_t 代表第 t 期的資料, 則我們稱 y_{t-1} 為 y_t 的落後一期資料 (first lag), 同理, y_{t-k} 為 y_t 的落後 k 期資料。y_t 與

---
[2] 資料取自 Penn-World Table 7.0, 資料名稱為 rgdpch。

圖 2.2: 台灣失業率 (1978–2011)

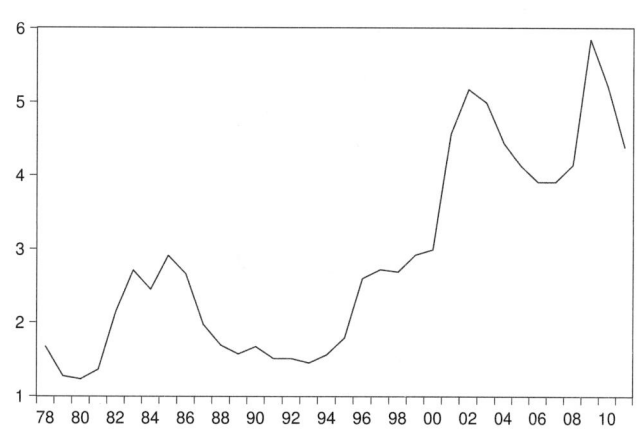

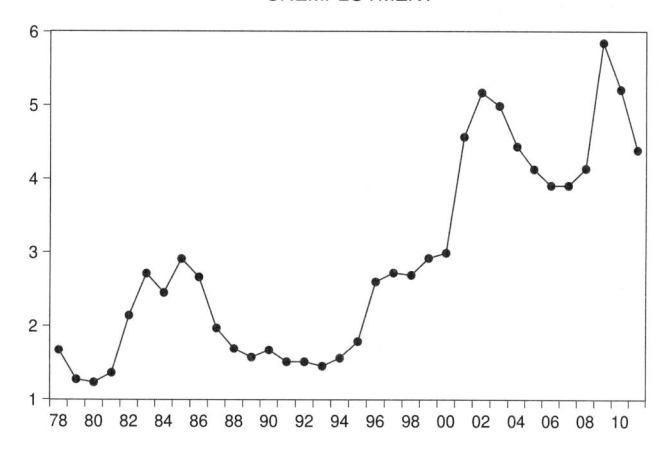

y_{t-1} 之間的差異稱作 y_t 的一階差分, 以 $\Delta y_t = y_t - y_{t-1}$ 表示。值得注意的是, 如果我們先將變數取自然對數後再取一階差分, 就會得到變數成長率的近似值。根據泰勒近似 (Taylor approximation),

$$\log(1+x) \approx x,$$

因此,

$$\begin{aligned}\Delta \log y_t &= \log y_t - \log y_{t-1}, \\ &= \log\left(\frac{y_t}{y_{t-1}}\right), \\ &= \log\left(1 + \frac{y_t - y_{t-1}}{y_{t-1}}\right), \\ &\approx \frac{y_t - y_{t-1}}{y_{t-1}} = \frac{\Delta y_t}{y_{t-1}}.\end{aligned}$$

一般來說, 當 y_t 變動不大時 (亦即 Δy_t 較小時), $\log y_t - \log y_{t-1}$ 會是 $(y_t - y_{t-1})/y_{t-1}$ 的一個良好近似。

除了一階差分之外, 另一個常用的變化率是總體經濟變數的年增率 (annual growth rate), 也就是與去年同期數據之比較。以月資料為例,

$$\Delta^{12} \log y_t = \log y_t - \log y_{t-12},$$

譬如說, 2011 年 1 月到 2012 年 1 月的物價年增率為:

$$\Delta^{12} \log y_{2012M1} = \log y_{2012M1} - \log y_{2011M1},$$

如果是季資料, 則其年增率的計算如下:

$$\Delta^4 \log y_t = \log y_t - \log y_{t-4}.$$

舉例來說, 若 y_t 代表台灣的消費者物價指數月資料, 則 $\Delta \log y_t$ 所代表的物價膨脹率為月增率, 而 $\Delta^{12} \log y_t$ 就是物價膨脹率的年增率。我

們將 $y_t, \log y_t, 100 \cdot \Delta \log y_t$, 與 $100 \cdot \Delta^{12} \log y_t$ 分別以 CPI, LCPI, PIM 以及 PIA 表示, 並繪在圖 2.3 中。

習慣上, 我們會將總體經濟變數取對數, 原因之一就是, 取對數後再差分就會得到成長率。然而, 原本已經是百分率的變數如利率或是失業率, 就不需取對數。

§ 2.2.2　落後運算元

落後運算元 (lag operator) 是一個時間序列分析中常用的線性運算元,[3] 給定任一時間點的資料: y_t, 其落後 k 期的資料點 y_{t-k} 可以透過落後運算元求得。

定義 1. *(落後運算元)* L 為一落後運算元使得

$$L^k y_t \equiv y_{t-k}.$$

其性質如下:

1. 給定常數 $c, Lc = c.$

2. $\left(L^k + L^j\right) y_t = L^k y_t + L^j y_t = y_{t-k} + y_{t-j}.$

3. $L^k L^j y_t = L^k(L^j y_t) = L^k y_{t-j} = y_{t-j-k}.$

4. $L^0 y_t = y_t.$

5. $L^{-k} y_t = y_{t+k}.$

6. 對於 $|\phi| < 1$,

$$(1 + \phi L + \phi^2 L^2 + \phi^3 L^3 + \ldots) y_t = \frac{1}{1 - \phi L} y_t.$$

---

[3] 也稱落後運算子或是落後運算因子。

圖 2.3: 台灣消費者物價指數以及物價膨脹率 (月資料, 1981M1-2012M6)

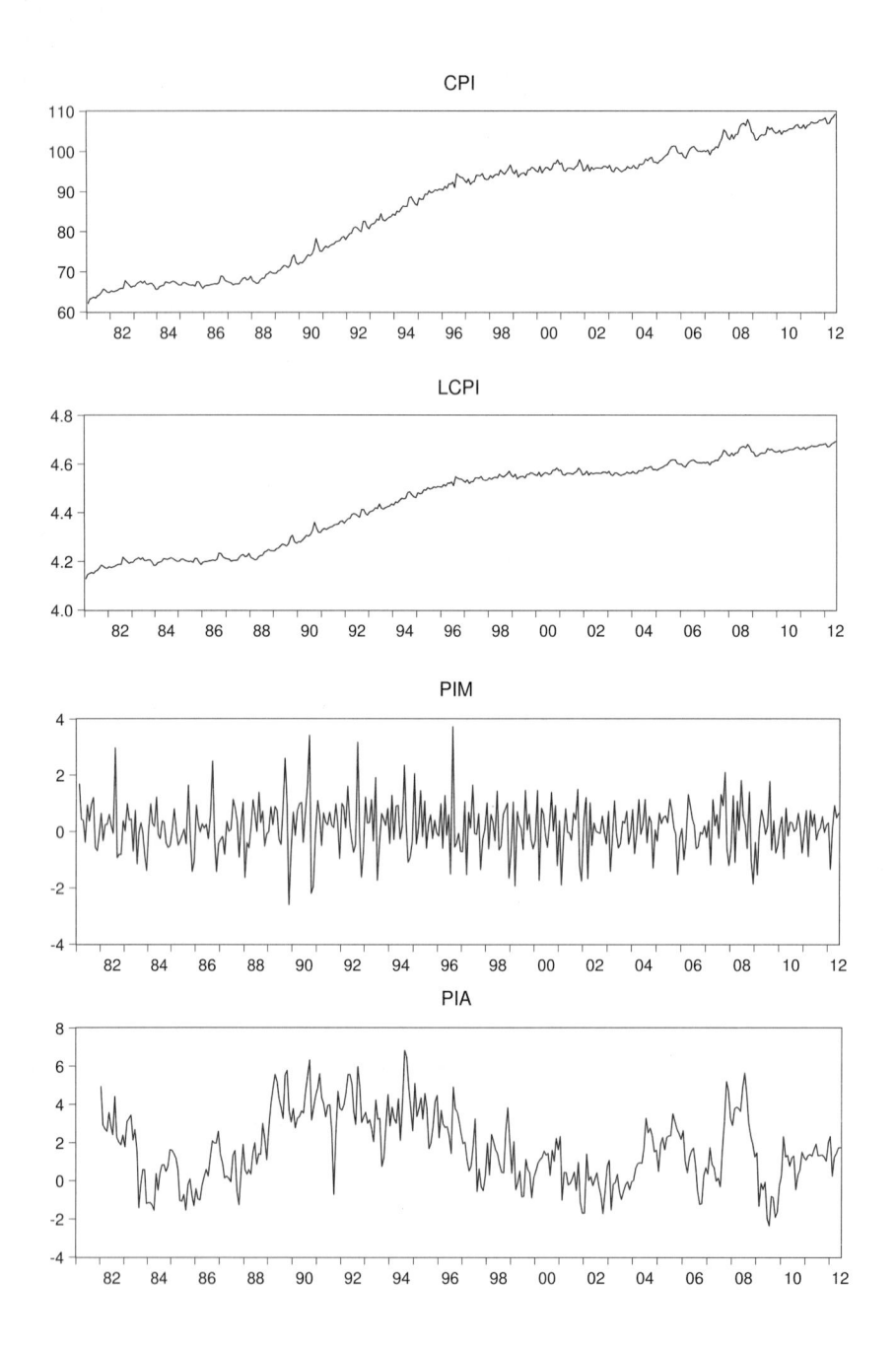

利用落後運算元,時間序列 y_t 的一階差分可以表示為:

$$\Delta y_t = y_t - y_{t-1} = y_t - Ly_t = (1-L)y_t,$$

而 k 階差分為:

$$\Delta^k y_t = y_t - y_{t-k} = y_t - L^k y_t = (1-L^k)y_t.$$

此外,我們還能定義落後運算多項式 (polynomial in the lag operator)。

定義 2. *(p 階落後運算多項式)*

$$\phi(L) = 1 - \phi_1 L - \phi_2 L^2 - \cdots - \phi_p L^p = \sum_{j=0}^{p} \phi_j L^j,$$

其中 $\phi_0 = 1$。

因此,

$$\phi(L)y_t = (1 - \phi_1 L - \phi_2 L^2 - \ldots - \phi_p L^p)y_t$$
$$= y_t - \phi_1 y_{t-1} - \phi_2 y_{t-2} - \cdots - \phi_p y_{t-p}$$

當 $p \to \infty$,我們也可以定義無窮期落後運算多項式:

定義 3. *(無窮期落後運算多項式)*

$$\phi(L) = 1 - \phi_1 L - \phi_2 L^2 - \cdots = \sum_{j=0}^{\infty} \phi_j L^j,$$

其中 $\phi_0 = 1$。

§ 2.2.3　百分率與百分點

之前提過,有些資料如利率,會以百分率 (percentage) 的方式呈現。舉例來說,表 2.2 為台灣中央銀行所提供之利率資料。其中,台灣 2012

表 2.2: 台灣利率資料 (來源: 中央銀行)

	重貼現率	擔保放款融通	基準放款利率	隔夜拆款	商業本票 31-91天期	十年期公債
2012:M1	1.875	2.250	2.887	0.403	0.79	1.29
2012:M2	1.875	2.250	2.887	0.399	0.79	1.27
2012:M3	1.875	2.250	2.887	0.402	0.79	1.27
2012:M4	1.875	2.250	2.887	0.476	0.79	1.28
2012:M5	1.875	2.250	2.887	0.512	0.81	1.23

年 5 月金融業拆款市場利率為 0.512%, 亦即 0.00512。注意到拆款市場利率由 0.476 升到 0.512, 代表上升 0.512 − 0.476 = 0.036 個百分點 (percentage point), 若以百分率表示, 則升幅為

$$\frac{0.512 - 0.476}{0.476} = 0.0756,$$

亦即上升 7.56% 或是說上升百分之 7.56。

§ 2.2.4　指數

有些重要的總體時間序列會以指數 (index number) 的形式呈現, 並以某些特定數值為參考點。如果我們以 Z_t 代表時間序列 X_t 的指數, 則

$$Z_t = 100 \times \left(\frac{X_t}{X_0}\right). \tag{1}$$

如果 X_0 代表某特定時間的數值, 則 $t = 0$ 稱之為基期, 且 $Z_0 = 100$。譬如資料上如果說明 2005=100, 就代表 2005 年為基期。雖然一般我們會以某特定時間為基期, 但是 X_0 也可以是過去某段期間的平均值, 舉例來說, 資料上如果說明 1998-1999=100, 就代表

$$X_0 = \frac{X_{1998} + X_{1999}}{2}.$$

表2.3: 新台幣對美元匯率及其指數 (2000 年–2011 年)

	匯率 (S_t)	指數 2000=100	指數 2005=100	指數 2000-2001=100
2000	31.2252	100.00	97.07	96.04
2001	33.8003	108.25	105.08	103.96
2002	34.5752	110.73	107.49	106.34
2003	34.4176	110.22	107.00	105.86
2004	33.4218	107.03	103.90	102.80
2005	32.1671	103.02	100.00	98.94
2006	32.5313	104.18	101.13	100.06
2007	32.8418	105.18	102.10	101.01
2008	31.5167	100.93	97.98	96.94
2009	33.0495	105.84	102.74	101.65
2010	31.6422	101.34	98.37	97.32
2011	29.4637	94.36	91.60	90.62

表 2.3 報告了 2000–2011 年新台幣對美元匯率的原始值, 以及分別以 $S_{2000} = 31.2252$, $S_{2005} = 32.1671$ 以及 $(S_{2000} + S_{2001})/2 = 32.5128$ 為參考點的指數。

將時間序列資料轉換成指數型式的一個重要功能是為了做比較。舉例來說, 表 2.4 中分別呈現新台幣對美元及日圓對美元匯率, 以及以 2000 年為基期之匯率指數。

如果我們硬將新台幣以及日圓匯率兩數列畫在一起, 則將如圖 2.4 中的第一張圖所示, 由於數值差距太大, 無法讓人對兩數列的動態走勢做出有意義的比較。我們將此兩數列轉換成以 2000 年為基期的匯率指數, 並畫在圖 2.4 中的第二張圖。我們可以據此看出, 在 2000 年之後日圓的升值幅度遠遠大於新台幣。

最後值得一提的是, 任何已經以指數呈現的時間序列資料, 都可以將其視為原始資料, 選定不同基期後, 根據第 (1) 式重新建構 (be re-

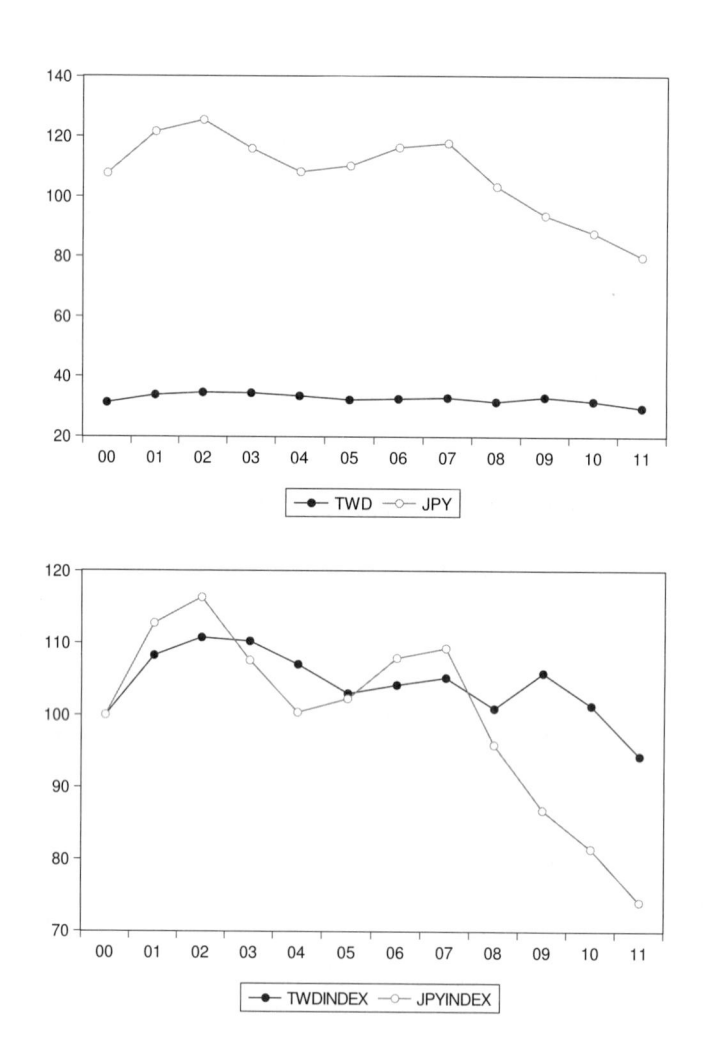

圖 2.4: 新台幣對美元 (TWD) 及日圓對美元 (JPY) 匯率, 以及以 2000 年為基期之匯率指數 (2000-2011)

表2.4: 新台幣對美元及日圓對美元匯率 (2000 年–2011 年)

	新台幣	日圓	指數 (2000=100) 新台幣	日圓
2000	31.2252	107.7650	100.00	100.00
2001	33.8003	121.5290	108.25	112.77
2002	34.5752	125.3880	110.73	116.35
2003	34.4176	115.9335	110.22	107.58
2004	33.4218	108.1926	107.03	100.40
2005	32.1671	110.2182	103.02	102.28
2006	32.5313	116.2993	104.18	107.92
2007	32.8418	117.7535	105.18	109.27
2008	31.5167	103.3595	100.93	95.91
2009	33.0495	93.5701	105.84	86.83
2010	31.6422	87.7799	101.34	81.45
2011	29.4637	79.8070	94.36	74.06

based) 新的指數資料。

§2.2.5 時間序列的重要動差

對於任一組隨機樣本, 我們關心的動差不外乎是均數 (mean) 與變異數 (variance)。

定義 4. *(均數與變異數)* 時間序列 $\{y_t\}_{t=-\infty}^{\infty}$, 其均數與變異數定義為

$$\mu_t = E(y_t) = \int_{y_t} z f_{y_t}(z) dz,$$

$$\sigma_t^2 = Var(y_t) = \int_{y_t} (z - \mu_t)^2 f_{y_t}(z) dz.$$

然而, 由於時間序列資料具有序列相關的特殊結構, 我們對於資料的過去, 現在與未來之間的連結就會特別感興趣。我們用自我共變異

函數 (autocovariance functions) 與自我相關函數 (autocorrelation functions) 來刻劃時間序列資料的序列相關性。y_t 的 k 階自我共變異函數 (kth-order autocovariance functions) 為 y_t 與 y_{t-k} 的共變異數:

定義 5. *(k 階自我共變異函數)* 時間序列 $\{y_t\}_{t=-\infty}^{\infty}$, $Var(y_t) < \infty$, 其 k 階自我共變異函數定義為

$$\gamma(t,k) = Cov(y_t, y_{t-k}) = E[(y_t - \mu_t)(y_{t-k} - \mu_{t-k})].$$

注意到
$$\gamma(t,0) = Cov(y_t, y_t) = Var(y_t),$$
亦即 $\gamma(t,0)$ 就是時間序列的變異數。

同理, 我們可以定義 y_t 的 k 階自我相關函數 (kth-order autocorrelation functions) 為 y_t 與 y_{t-k} 的相關係數:

定義 6. *(k 階自我相關函數)*

$$\rho(t,k) = \frac{Cov(y_t, y_{t-k})}{\sqrt{Var(y_t)}\sqrt{Var(y_{t-k})}}.$$

一般而言, 衡量時間序列的序列相關性 (總體經濟學所關心的變數持續性, persistency) 多簡單地以一階自我相關函數來刻畫:

$$\rho(t,1) = \frac{Cov(y_t, y_{t-1})}{\sqrt{Var(y_t)}\sqrt{Var(y_{t-1})}}.$$

2.3 定態時間序列

§ 2.3.1 弱定態時間序列

定義 7. *(弱定態時間序列)* 如果對於所有 t 及 $t-k$ 而言,一個時間序列 $\{\ldots, y_{t-2}, y_{t-1}, y_t, y_{t+1}, y_{t+2}, \ldots\}$ 符合以下條件:

1. $E(y_t) = E(y_{t-k}) = \mu$.

2. $Var(y_t) < \infty$.

3. $Cov(y_t, y_{t-k}) = E(y_t - \mu)(y_{t-k} - \mu) = \gamma(k)$.

則我們稱 y_t 為弱定態 *(weak stationary)*,又稱共變異定態 *(covariance stationary)*,或是簡單地稱之為定態 *(stationary)*。

簡單地說,一個時間序列為弱定態的條件為

1. 該時間序列的均數為常數,不隨時間變動而改變。

2. 該時間序列的變異數為有限。

3. 該時間序列的自我共變異數為 k 的函數,與 t 無關。

所謂的定態,意思就是時間序列隨著時間演變,要有穩定的結構,在此,我們要求時間序列的一階動差 (均值) 與二階動差 (變異數與共變數) 具有穩定的結構,而一個具有穩定的結構的時間序列才是可預測的,亦即,我們可以用過去的歷史資料預測未來。

給定 y_t 為定態,我們有如下性質:

1. 變異數為常數,不隨時間變動而改變

$$\gamma(0) = Var(y_t) = Var(y_{t-j}).$$

2. k 階自我相關函數為 j 的函數

$$\rho(j) = \frac{Cov(y_t, y_{t-j})}{\sqrt{Var(y_t) \cdot Var(y_{t-j})}} = \frac{\gamma(j)}{\gamma(0)}.$$

3. 自我共變異函數與自我相關函數為對稱 (symmetric)

$$\gamma(j) = \gamma(-j), \quad \rho(j) = \rho(-j)$$

§ 2.3.2 嚴格定態時間序列

我們可以定義一個更為嚴格的定態概念,稱為嚴格定態 (strict stationary)。

定義 8. *(嚴格定態時間序列)* 如果對於任何 k, 以及 $(t_1, t_2, \ldots, t_n)$,

$$(y_{t_1}, y_{t_2}, \ldots, y_{t_n})' \stackrel{d}{=} (y_{t_1+k}, y_{t_2+k}, \ldots, y_{t_n+k})'$$

則稱時間序列 y_t 為嚴格定態。

換句話說, 若時間序列 y_t 為嚴格定態, 則其聯合機率分配不會因為時點改變而改變 (invariant under time shift)。舉例來說, (y_2, y_8) 與 (y_{14}, y_{20}) 具有相同的聯合機率分配。嚴格定態的概念並不困難, 但是實際驗證上較不容易。

性質 1. *(嚴格定態 vs. 弱定態)* 如果時間序列 y_t 為嚴格定態且 $E(y_t^2) < \infty$, 則 y_t 必為弱定態。

為了讓讀者了解定態時間序列, 我們在此介紹一個常用的時間序列: 白雜訊 (white noise)。[4]

---

[4]White noise 的翻譯相當分歧,常見翻譯有:「白噪音」、「白訊」、「白色干擾」、「純雜訊」等。

定義 9. *(白雜訊)* 給定時間序列 $\{\varepsilon_t\}$ 具有以下性質

1. $E(\varepsilon_t)=0 \quad \forall\ t$

2. $E(\varepsilon_t^2) = \sigma^2 \quad \forall\ t$

3. $E[\varepsilon_t \varepsilon_{t-k}]=0 \quad \forall\ k, t$

則稱 ε_t 為白雜訊, 且以

$$\varepsilon_t \sim WN(0, \sigma^2).$$

表示之。

我們不難發現白雜訊就是一個定態的時間序列。[5]

圖 2.5 畫出了一個以電腦模擬出來的白雜訊 ($\sigma^2 = 1$), 很明顯地, 該序列以 $\mu = 0$ 為中心上下波動震盪。一般而言, 由於時間序列統計模型中的隨機干擾項 (disturbance) 或是隨機衝擊項 (shock) 大多假設為白雜訊, 白雜訊逐被視為時間序列統計模型的基石 (building block)。

2.4 樣本動差

我們在之前提過, 給定 y_t 為定態, $Var(y_t) = Var(y_{t-k})$, 則自我共變異數 $\gamma(k)$ 與自我相關係數 $\rho(k)$ 變成

$$\gamma(k) = Cov(y_t, y_{t-k}) = E(y_t - \mu)(y_{t-k} - \mu),$$
$$\rho(k) = \frac{Cov(y_t, y_{t-k})}{Var(y_t)}.$$

以上的自我共變異數與自我相關係數 ρ_k 可由樣本自我共變異數 $\hat{\gamma}_k$ 與樣本自我相關係數 $\hat{\rho}_k$ 予以估計。

---

[5]有的教科書將白雜訊定義成 $\varepsilon_t \sim^{i.i.d.} (0, \sigma^2)$, 見 Tsay (2005)。如果白雜訊定義成 i.i.d. 序列, 則白雜訊為嚴格定態, 亦為弱定態。

圖2.5: 一個電腦模擬出來的白雜訊, $\varepsilon_t \sim WN(0,1)$

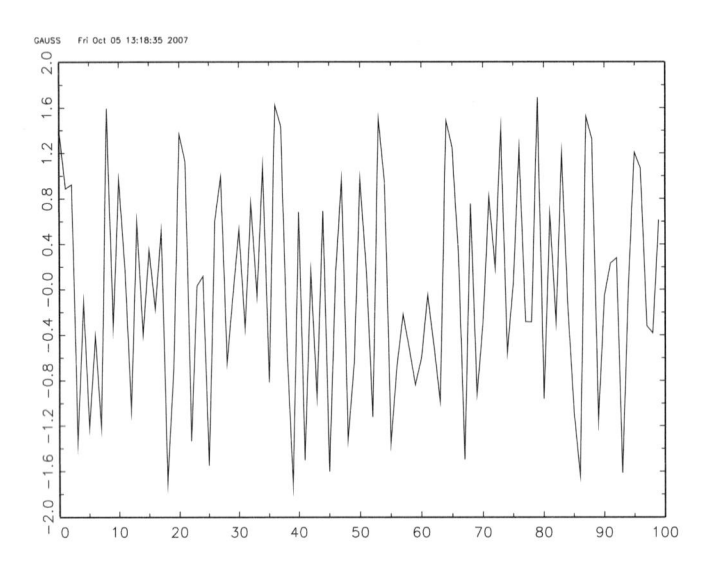

定義 10. *(樣本自我共變異數與樣本自我相關係數)*

1. 樣本自我共變異數

$$\hat{\gamma}(k) = \widehat{Cov(y_t, y_{t-k})} = \frac{1}{T} \sum_{t=k+1}^{T} (y_t - \bar{y})(y_{t-k} - \bar{y}).$$

2. 樣本自我相關係數

$$\hat{\rho}(k) = \frac{\widehat{Cov(y_t, y_{t-k})}}{\widehat{Var(y_t)}} = \frac{1}{T} \sum_{t=1}^{T} (y_t - \bar{y})^2.$$

其中 $\bar{y} = \frac{1}{T} \sum_{t=1}^{T} y_t$ 為樣本均數。

　　一個時間序列資料的自我相關係數越高, 我們就稱此時間序列資料的持續性越大 (persistent), 通常我們以樣本一階自我相關係數來檢視一個時間序列的持續性。我們可以計算圖 2.1 與圖 2.3 中各個時間序列的一階自我相關係數為例, 結果見表 2.5。根據表 2.5 的結果, 我們

表2.5: 樣本一階自我相關係數

變數	$\hat{\rho}_1$
國內生產毛額	0.976
匯率	0.983
消費者物價指數	0.992
物價膨脹率 (月增率)	-0.098
物價膨脹率 (年增率)	0.817

國內生產毛額, 匯率, 以及消費者物價指數均為對數值。

知道國內生產毛額, 匯率, 消費者物價指數以及物價膨脹年增率都具有很高的持續性, 而物價膨脹月增率的自我相關程度不高, 甚至為負的自我相關。

例 1. *(樣本自我相關係數)*

1. 打開 *EViews* 的 *Workfile*: Taiwan_Data_Q, 其中 lgdp 為台灣的國內生產毛額

2. 以左鍵按此變數兩下

3. 選擇 **View/Correlogram**, 一個新視窗 **Correlogram Specification** 會跳出來

4. 選擇 **Level**, **Lags to include** 輸入 36

按 OK 後結果如圖 2.6 所示。

其中, **AC** 就是樣本自我相關係數 ρ_k, 而 **PAC** 為樣本自我偏相關係數 ρ_k, 其意義在於移除其他階次的影響後, 第 k 階落後項 y_{t-k} 與 y_t 的相關係數。注意到樣本自我偏相關係數 ρ_k 就是以下迴歸式

$$y_t = \beta_0 + \beta_1 y_{t-1} + \beta_2 y_{t-2} + \cdots + \beta_k y_{t-k} + \varepsilon_t$$

圖2.6: 樣本自我相關係數

Correlogram of LGDP

Date: 10/27/07   Time: 20:02
Sample: 1972Q1 2007Q4
Included observations: 144

Autocorrelation	Partial Correlation		AC	PAC	Q-Stat	Prob
		1	0.976	0.976	139.98	0.000
		2	0.952	0.002	274.24	0.000
		3	0.929	-0.010	402.86	0.000
		4	0.905	-0.009	525.99	0.000
		5	0.882	-0.023	643.58	0.000
		6	0.859	0.004	755.91	0.000
		7	0.837	0.015	863.42	0.000
		8	0.816	0.014	966.48	0.000
		9	0.796	-0.003	1065.2	0.000
		10	0.777	-0.001	1159.9	0.000
		11	0.757	-0.020	1250.3	0.000
		12	0.736	-0.024	1336.6	0.000
		13	0.714	-0.038	1418.4	0.000
		14	0.692	-0.002	1495.9	0.000
		15	0.671	-0.002	1569.3	0.000
		16	0.650	-0.011	1638.7	0.000
		17	0.629	-0.022	1704.1	0.000
		18	0.608	0.000	1765.7	0.000
		19	0.588	-0.003	1823.8	0.000
		20	0.567	-0.015	1878.4	0.000
		21	0.546	-0.034	1929.3	0.000
		22	0.526	0.004	1976.9	0.000
		23	0.505	-0.011	2021.3	0.000
		24	0.485	-0.002	2062.5	0.000
		25	0.464	-0.030	2100.6	0.000
		26	0.445	0.005	2135.8	0.000
		27	0.425	-0.004	2168.3	0.000
		28	0.406	-0.015	2198.2	0.000
		29	0.386	-0.026	2225.5	0.000
		30	0.367	-0.004	2250.2	0.000
		31	0.348	-0.003	2272.7	0.000
		32	0.329	-0.010	2293.0	0.000
		33	0.310	-0.003	2311.3	0.000
		34	0.293	-0.002	2327.6	0.000
		35	0.275	-0.010	2342.2	0.000
		36	0.258	0.003	2355.2	0.000

中的 β_k 係數。

圖 2.6 中的最後兩行分別是 就是 Ljung-Box Q-統計量 (**Q-stat**) 以及其 p-value。k-階 Q-統計量, $Q(k)$ 欲檢定的虛無假設為:

$$H_0 : \rho_1 = \rho_2 = \cdots = \rho_k = 0$$

其中,

$$Q(k) = T(T+2) \sum_{j=1}^{k} \frac{[\hat{\rho}(j)]^2}{T-j} \sim^A \chi^2(k).$$

2.5 固定趨勢

如果我們觀察圖 2.1 與圖 2.3 中的國內生產毛額與消費者物價指數, 不難發現這兩個變數似乎存在著一個隨著時間成長的趨勢 (trend)。為了捕捉成長趨勢, 一個簡單的時間序列模型為固定趨勢模型:

$$y_t = \beta_0 + \beta_1 \text{Time}_t + \varepsilon_t, \quad \varepsilon_t \sim^{i.i.d.} (0, \sigma^2).$$

其中 Time_t 為時間的虛擬變數, 第 1 期時 $\text{Time}_1 = 1$, 第 2 期時 $\text{Time}_2 = 2,\ldots$, 依此類推, 則 $\text{Time}_t = t$。因此, 固定趨勢模型可寫成:

$$y_t = \beta_0 + \beta_1 t + \varepsilon_t.$$

如果資料有隨著時間增加而增加的固定趨勢, 則 $\beta_1 > 0$; 反之, 如果資料有隨著時間增加而減少的固定趨勢, 則 $\beta_1 < 0$。

然而, 固定趨勢未必是線性, 也可能存在二次式:

$$y_t = \beta_0 + \beta_1 t + \beta_2 t^2 + \varepsilon_t,$$

甚至是更高階次均有可能:

$$y_t = \beta_0 + \beta_1 t + \beta_2 t^2 + \cdots + \beta_k t^k + \varepsilon_t.$$

以上的模型都可以用最小平方法予以估計, 此時我們的解釋變數為時間的虛擬變數: $t = \{1, 2, \ldots, T\}$。

我們以國內生產毛額為例, 估計出來的線性固定趨勢模型為

$$\hat{y}_t = \underset{(0.041673)}{11.85583} + \underset{(0.000504)}{0.025129} \; t,$$

二次式固定趨勢模型為

$$\hat{y}_t = \underset{(0.013957)}{11.32318} + \underset{(0.000451)}{0.047635} \; t + \underset{(0.00000)}{-0.000157} \; t^2.$$

我們同時將國內生產毛額 (Actual), 配適值 (Fitted), 以及殘差 (Residual) 繪在圖 2.7 與圖 2.8。我們不難發現, 二次式固定趨勢模型的估計結果中, 配適值與實際值幾乎重合, 亦即二次式固定趨勢模型對於國內生產毛額具有較佳的配適。值得一提的是, 在 EViews 中, @trend 就是時間的虛擬變數, 而時間的虛擬變數的二次方就是 @trend^2。

因此, 利用固定趨勢模型所得到的殘差項:

$$\hat{\varepsilon}_t = y_t - \hat{y}_t$$

就是去除固定趨勢後之資料 (detrended data)。

以下我們說明如何以 EViews 估計固定趨勢模型。

1. 打開 EViews 的 Workfile: Taiwan_Data_Q, 其中 lgdp 為台灣的國內生產毛額

2. 選擇 **Quick/Estimate Equation...**, 一個 **Equation Estimation** 的視窗就會跳出來

3. 在 **Specification** 中輸入

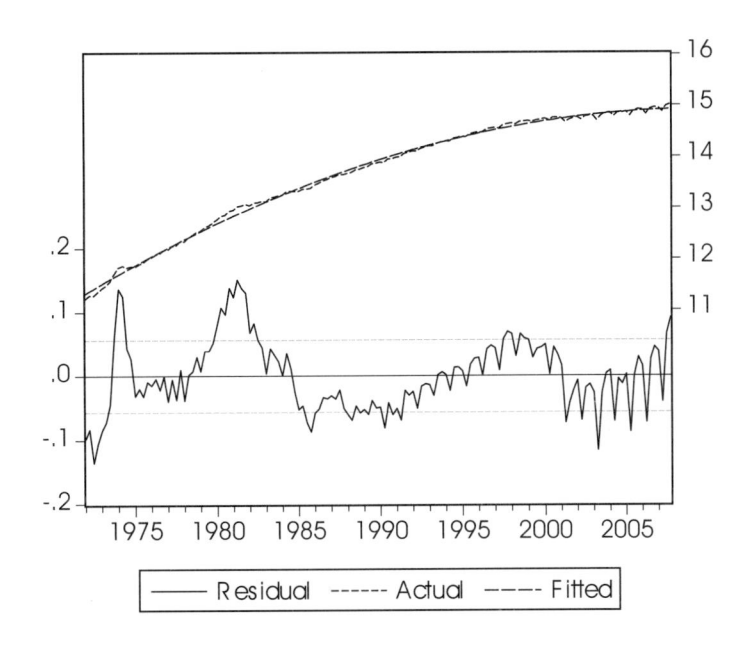

圖2.7: 國內生產毛額的固定趨勢一次式模型

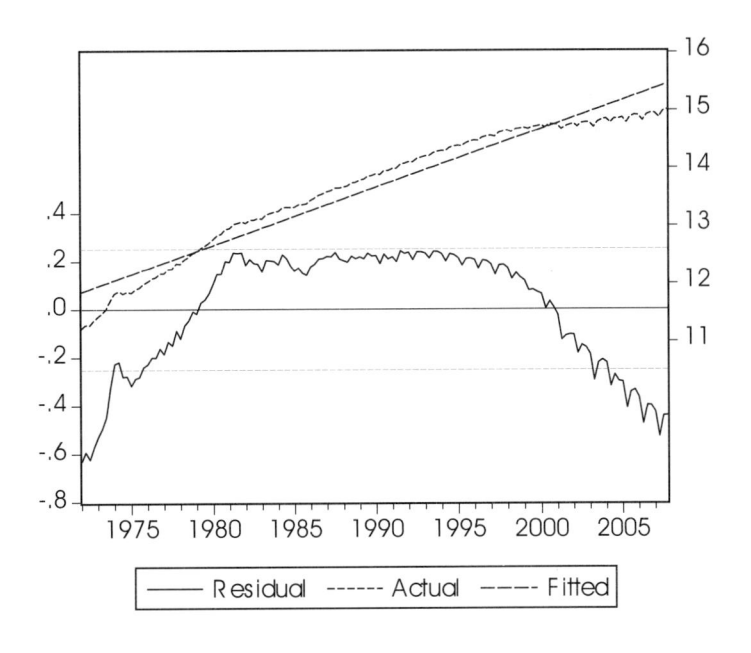

圖2.8: 國內生產毛額的固定趨勢二次式模型

2.5 固定趨勢

圖2.9: 國內生產毛額的固定趨勢一次式模型估計結果

```
Dependent Variable: LGDP
Method: Least Squares
Date: 10/27/07   Time: 19:10
Sample: 1972Q1 2007Q4
Included observations: 144

              Coefficient   Std. Error   t-Statistic   Prob.

     C         11.85583     0.041673     284.4981     0.0000
  @TREND        0.025129    0.000504      49.87144    0.0000

R-squared            0.945990   Mean dependent var    13.65253
Adjusted R-squared   0.945610   S.D. dependent var     1.077711
S.E. of regression   0.251340   Akaike info criterion  0.089772
Sum squared resid    8.970405   Schwarz criterion      0.131020
Log likelihood      -4.463613   Hannan-Quinn criter.   0.106533
F-statistic       2487.161     Durbin-Watson stat     0.024235
Prob(F-statistic)    0.000000
```

```
lgdp c @trend
```

按**確定**後, 就會得到如圖 2.9 之結果

4. 在估計結果的視窗中, 按

   View/Actual,Fitted,Residual/Actual,Fitted,Residual Graph,

   就會得到圖 2.7

2.6 季節性

有時我們的時間序列資料會因「一年之間」季節或是曆日更替而存在一個規律的循環, 我們稱為時間序列資料的季節性 (seasonality)。四季變化當然是重要的季節性因素, 然而, 所謂的季節性並不侷限於氣

圖2.10: 澳洲紅酒的月銷售量 (1980:1–1995:7)

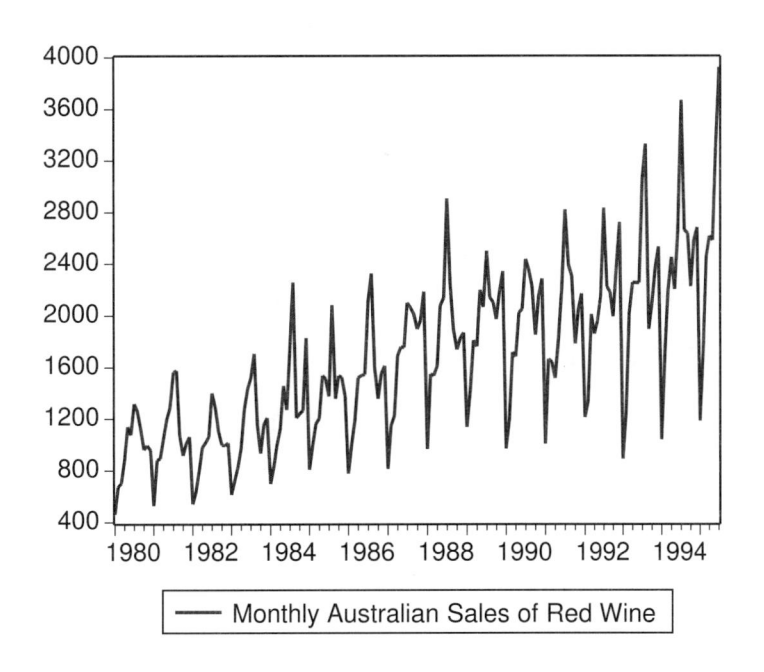

候變化。舉例來說, 夏季對於電力需求較高, 農產品的生產因氣候變化而增減, 以及零售業銷售量因假日 (如美國的感恩節與聖誕節假期) 而增高。此外, 季節性是定義在「一年之間」的規律循環, 如果時間序列資料為年資料或是其資料頻率低於一年, 則沒有季節性的問題。

圖 2.10 畫出澳洲紅酒的月銷售量 (1980:1–1995:7), 我們可以看出一個明顯的季節循環, 亦即銷售量的高峰期在 7 月與 8 月, 而在每年的 1 月達到最低。

一般而言, 除非季節性因素是研究的重點, 季節調整 (seasonal adjustment) 是我們對於季節性時間序列最簡單的處理方式。許多時間序列資料在公布時已經做過季節調整, 如美國普查局 (the U.S. Census Bereau) 發展並使用 X-11 與 X-12 調整法。EViews 提供我們許多

表2.6: 虛擬變數的設定

季節	D_1	D_2	D_3
春季	1	0	0
夏季	0	1	0
秋季	0	0	1
冬季	0	0	0

不同季節調整選項, 此外, 你也可以利用虛擬變數 (dummy variables) 以迴歸模型將季節性去除。以四季為例, 我們的虛擬變數為

$$D_1 = \begin{cases} 1 & 春季 \\ 0 & 其他 \end{cases}$$

$$D_2 = \begin{cases} 1 & 夏季 \\ 0 & 其他 \end{cases}$$

$$D_3 = \begin{cases} 1 & 秋季 \\ 0 & 其他 \end{cases}$$

顯而易見地, 當 $D_1 = D_2 = D_3 = 0$ 就代表冬季。亦即, 虛擬變數的設定可以用表 2.6 呈現。

根據虛擬變數, 我們設定以下的迴歸模型:

$$y_t = \beta_0 + \beta_1 D_1 + \beta_2 D_2 + \beta_3 D_3 + \varepsilon_t,$$

並得到去除季節因素的資料為

$$y_t^{adj} = y_t - \hat{\beta}_1 D_1 - \hat{\beta}_2 D_2 - \hat{\beta}_3 D_3.$$

注意到在 EViews 中, 季節虛擬變數的設定為@SEAS(), 以 D_1, D_2 與 D_3 為例, 分別為 @SEAS(1),@SEAS(2) 與 @SEAS(3)。亦即, 選擇 **Quick/Estimate Equation...** 後, 在 **Specification** 中輸入

```
y c @seas(1) @seas(2) @seas(3)
```

即可。估計完成後, 選擇 **Proc** 中的選項 **Make Residual Series...**, 就會得到估計的殘差序列 $\hat{\varepsilon}_t$, 而去除季節因素的資料就是

$$y_t^{adj} = \hat{\beta}_0 + \hat{\varepsilon}_t.$$

底下提供一個例子, 說明如何 X11, X12 以及迴歸模型從事季節調整。

例 2. 首先打開 *EViews* 的 *Workfile:* Wine.wf1。選擇變數 wine (澳洲紅酒的月銷售量, *1980:1-1995:7*)。一個新視窗會跳出。選擇

  Proc/Seasonal Adjustment,

你就會看到四種選項:

1. **Census X12**

2. **X11 Historical...**

3. **Tramo/Seats...**

4. **Moving Average Methods...**

讀者可自行參考使用手冊以了解這些方法之異同。在這裡, 我們簡單選取 **X11 Historical...**, 然後選擇

1. *Census X11-Multiplicative,*

2. *If Significant (Trading day adjustments/Holiday adjustment),*

並將以 *X11* 調整法得到的季節調整後數列命名為 wine_sa11。此外, 我們也用 *X12* 調整法, 在原設定下 *(default)*, 得到以 *X12* 調整法下的季節調整後數列 wine_sa12。

圖 2.11: 澳洲紅酒的月銷售量與三種不同方法下的季節調整後數列

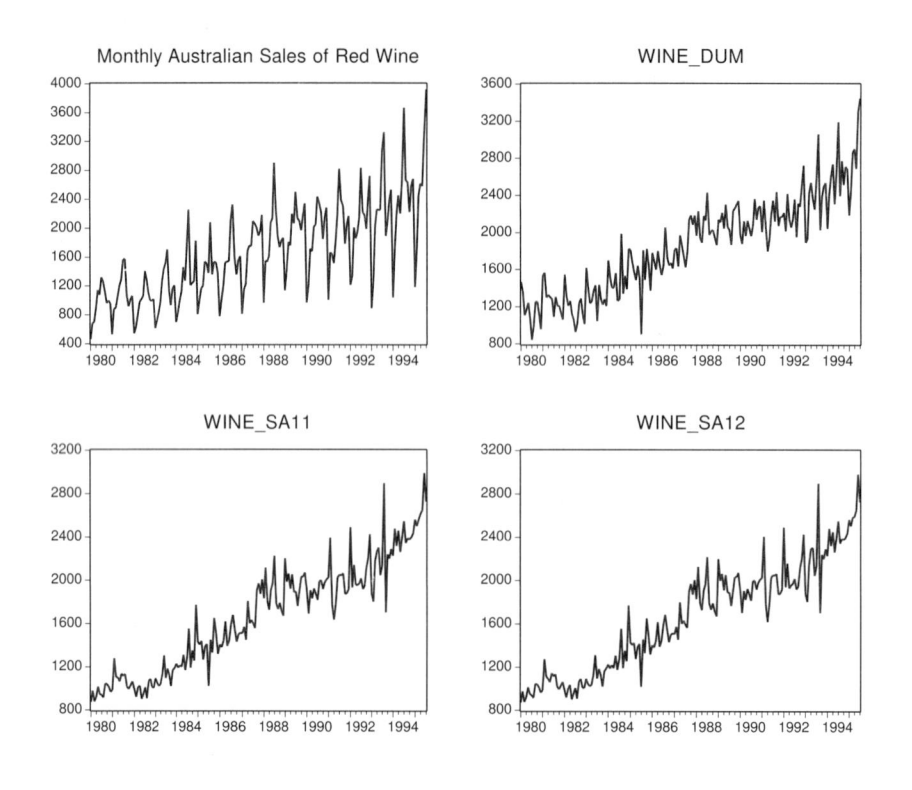

我們也可以利用虛擬變數估計以下迴歸式:

$$\text{wine} = \beta_0 + \beta_1 D_1 + \cdots + \beta_{11} D_{11} + \varepsilon_t,$$

得到殘差 $\hat{\varepsilon}_t$ 後,再加上均數 $\hat{\beta}_0$,就會得到以季節虛擬變數調整後數列並命名為 `wine_dum`。

我們將原來未經調整的數列 wine 與其他三個不同方法下的季節調整後數列畫在圖 2.11 中。我們也算出三個不同方法下的季節調整後數列之間的相關係數,表 2.7 的結果顯示,三個季節調整後數列相當雷同。

透過上述例子,我們知道各種季節調整方法不盡相同,背後的理論

表2.7: 三個不同方法下的季節調整後數列之間的相關係數

	WINE_DUM	WINE_SA11	WINE_SA12
WINE_DUM	1	0.9607	0.9606
WINE_SA11		1	0.9999
WINE_SA12			1

基礎亦相當複雜。至於哪一種方法最好, 目前尚無定論, 不過調整後數列似乎是大同而小異。基本的要求是: 我們應該對不同時間序列變數以相同的方法作季節調整。

2.7　如何收集總體與財金時間序列資料

§ 2.7.1　國際資料

各國常用的總體與財金時間序列資料可以由以下三個需付費的來源取得:

1. Datastream 資料庫。

2. 國際貨幣基金會 (International Monetary Fund, IMF) 所出版之國際財務資料統計 (International Financial Statistics, IFS)。

3. 世界銀行 (World Bank) 所出版之世界經濟發展指標 (World Development Indicators, WDI)。

此外, 網路上亦有免費的資料可取得:

1. 聯合國 (UNdata): http://data.un.org/

2. OECD.Stat Extracts: http://stats.oecd.org/

3. YAHOO Finance: http://finance.yahoo.com/

4. 世界銀行: http://data.worldbank.org/

5. Penn World Table: http://pwt.econ.upenn.edu/

6. 國際清算銀行 Bank for International Settlements (有效匯率資料): http://www.bis.org/statistics/eer/index.htm

若是美國的資料, 可由以下網站取得:

1. 美國商業部的經濟分析局 (Bureau of Economic Analysis, BEA): http://www.bea.gov/

2. 美國勞動部的勞動統計局 (Bureau of Labor Statistics, BLS): http://www.bls.gov/data/home.htm

3. 美國聖路易斯的聯邦儲備銀行 (Federal Reserve Bank of St. Louis) 所建構的聯邦儲備經濟資料 (Federal Reserve Economic Data, FRED): http://research.stlouisfed.org/fred2/

網路上亦有一免費時間序列資料庫, Time Series Data Library: http://www-personal.buseco.monash.edu.au/%7Ehyndman/TSDL/

§ 2.7.2　台灣資料

台灣的資料可以免費地由以下網站取得:

1. 主計處的總體經濟資料庫: http://ebas1.ebas.gov.tw/pxweb/Dialog/statfile9L.asp

2. 中央銀行統計資料:

    http://www.cbc.gov.tw/np.asp?ctNode=305&mp=1

至於需付費的資料庫則有 AREMOS 經濟統計資料庫以及台灣經濟新報 TEJ 資料庫。

2.8　EViews 的使用簡介

EViews 為 Quantitative Micro Software (QMS) 所發展之計量軟體，請參考其官方網頁: http://www.eviews.com/ 以了解更多資訊。簡單地以 google 搜尋, 也可以在網路上找到許多中文操作說明可以參考。然而, 無庸置疑是, 仔細閱讀使用手冊是學習任何軟體的不二法門。我在此僅介紹一些簡單的基本操作。

§ 2.8.1　建立工作檔

執行 EViews 後, 最重要的一件事就是建立一個工作檔 (Workfile)。

1. 選擇 **File/New/Workfile...**, 會有一個 **Workfile Create** 的視窗跳出來

2. 根據資料性質填入相關資訊, 舉例來說, 如果資料為 1972Q1–2005Q4 的季資料:

    (a) **Frequency:** 選擇 **Quarterly**

    (b) **Start date:** 輸入 **1972:1**

    (c) **End date:** 輸入 **2005:4**

3. 然後按 OK, 就會有一個工作檔 (Workfile:UNTITLED) 出現, 你可以選擇 **File/Save** 將之命名與存檔

§ 2.8.2 輸入資料

EViews 有許多不同方法將資料輸入 (import), 而原始資料檔可以是 EXCEL 的 XLS 檔, 也可以是文字檔等。在此, 我以原始資料檔為 EXCEL 的 XLS 檔作為例子, 介紹最簡單的複製與貼上法 (copy and paste)。

1. 打開原始資料的 XLS 檔, 資料應已存放在 EXCEL 的工作表, 假設檔案內有兩個變數

2. 在 EViews 的工作檔下, 選擇 **Quick/Empty Group(Edit Series)**, 一個新的視窗 **Group:UNTITLED** 會跳出來

3. 將原始資料由 EXCEL 的工作表複製 (由於有兩變數, 因此複製了兩行 column)

4. 在 **Group:UNTITLED** 按右鍵選擇 **Paste**

5. Group 中將會有兩行序列, 分別名為 **ser01** 與 **ser02**

6. 關閉 Group, 你可以選擇是否要為此 Group 命名

7. 此時, 在 Workfile 中就會出現 **ser01** 與 **ser02**, 你亦可針對任一變數按右鍵, 選擇 **Rename...** 予以重新命名

§ 2.8.3 重要指令

在 EViews 將重要而常用的指令匯集在 **Quick** 中。選擇 **Quick** 後, 有以下選項:

1. **Sample:** 選擇樣本期間

2. **Generate Series:** 製造新的序列。舉例來說, 若原來序列為 **gdp**, 則輸入

   ```
   lgdp = log(gdp)
   ```

   就是將序列取(自然)對數。輸入

   ```
   dlgdp = lgdp - lgdp(-1)
   ```

   或是

   ```
   dlgdp = d(lgdp)
   ```

   就是將序列取一階差分, 其中 lgdp(-1) 代表序列 **lgdp** 的落後一期序列

3. **Show:** 將序列叫出來

4. **Graph:** 繪圖

5. **Empty Group (Edit Series):** 複製, 貼上或是編輯序列

6. **Series Statistics:** 單一時間序列的敘述統計量如平均值, 變異數等

7. **Group Statistics:** 多變量時間序列的敘述統計量如共變數, 相關係數等

8. **Estimate Equation:** 估計迴歸方程式等

9. **Estimate VAR:** 估計向量自我迴歸

習　題

1. 到主計處網站下載台灣的 1961Q1 到 2006Q4 以固定價格計算之民間消費資料。

    (a) 將資料叫入 EViews, 並命名為 **ctw**。

    (b) 將 **ctw** 取對數後, 命名為 **lctw**。

    (c) 將 **lctw** 取一階差分後, 命名為 **dlctw**。

    (d) 畫出 **lctw** 與 **dlctw**。

    (e) 找出 **lctw** 與 **dlctw** 的一階自我相關係數。

    (f) 對 **lctw** 估計一個二次式的固定趨勢模型。

    (g) 畫出**lctw**的原始值 (Actual), 配適值 (Fitted), 以及殘差 (Residual)。

    (h) 請將 **ctw** 轉換成以 2000Q1–2000Q4 為基期的指數資料。

2. 試說明為什麼四季只能設定 3 個虛擬變數? 什麼情況下我們可以設定 4 個虛擬變數?

3. 證明白雜訊 (white noise) 是一個定態時間序列。

4. 試說明如何以 Ljung-Box Q-統計量檢定時間序列是否為白雜訊 (white noise)。

5. 將表 2.3 中以 2000 年為基期的匯率指數資料轉換成以 2003 年為基期的匯率指數資料。

6. 若 y_t 為嚴格定態, 試說明 $\{y_t\}$ 為具有相同分配之隨機變數。

7. 試驗證 i.i.d. 序列為一嚴格定態之時間序列。

3 定態時間序列 I: 自我迴歸模型

- 定態時間序列模型
- 一階自我迴歸模型
- AR(1) 模型之估計
- AR(1) 模型的預測
- AR(1) 模型之衝擊反應函數
- 實例應用: 購買力平價困惑
- p 階自我迴歸模型
- 實例應用: 估計 AR(p) 模型以及計算衝擊反應函數與半衰期
- Yule-Walker 方程式
- 附錄

在本章中,我們將介紹最常用的線性定態時間序列模型: 自我迴歸模型。

©陳旭昇 (February 4, 2013)

圖 3.1: 匯率的固定趨勢三次式模型

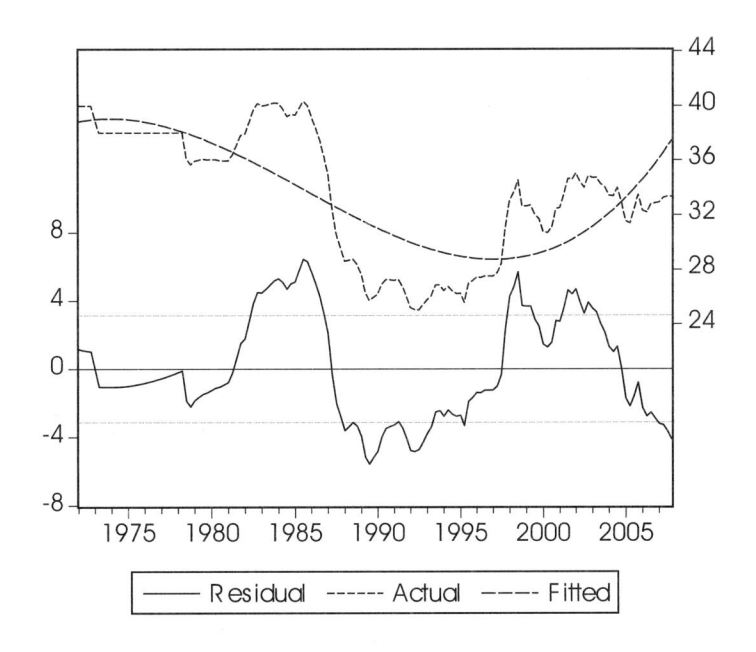

3.1 定態時間序列模型

有的時間序列資料並不具明顯增加或減少的固定趨勢或是季節性,如圖 2.1 中的新台幣兌美元匯率走勢就是一個明顯的例子,我們可以肯定看出固定趨勢一次式模型一定無法解釋匯率走勢,然而,即使我們考慮非線性的固定趨勢三次式模型,其配適程度如圖 3.1 所見,依然十分地不理想,模型配適部分 (Fitted) 對於匯率走勢的解釋有限。

在時間序列模型中,無法被固定趨勢或是季節性所解釋的部分,稱之為波動 (cycles) 或是稱做不規則部 (irregular part)。假設此波動或是不規則部分為定態,則我們常以線性的 ARMA 時間序列模型予以刻劃。**AutoRegressive Moving Average (ARMA)** 時間序列模型的經典教科書首推 Box et al. (1994),是故 ARMA 模型又稱為 Box-Jenkins

模型, 以彰顯 George Box 等人對於 ARMA 模型的描述與估計, 預測與診斷, 以及動態關係的傳遞等課題之貢獻。本章我們介紹 AR 模型。下一章我們將介紹 MA 以及 ARMA 模型, 並介紹 Wold Representation 定理以解釋爲何 ARMA 模型是定態時間序列的一個良好近似。

3.2 一階自我迴歸模型

無論是單純統計上的預測, 或是具有經濟意義的計量模型, 自我迴歸模型 (autoregressive models) 是定態時間序列模型中, 最常使用的一種模型。簡單的說, 自我迴歸模型就是將時間序列自己過去的歷史資料當作解釋變數。

如果我們簡單地僅納入前一期的資料當作解釋變數, 就稱爲一階自我迴歸模型 (first-order autoregressive model), 簡稱爲 AR(1) 模型。

定義 11. *(AR(1) 模型)*

$$y_t = \beta_0 + \beta_1 y_{t-1} + \varepsilon_t, \quad \varepsilon_t \sim^{i.i.d.} (0, \sigma^2)$$

其中, β_1 稱作一階自我迴歸係數 *(first-order autoregression coefficient)*。

根據反覆疊代,

$$\begin{aligned}
y_t &= \beta_0 + \beta_1(\beta_0 + \beta_1 y_{t-2} + \varepsilon_{t-1}) + \varepsilon_t, \\
&= \beta_0(1 + \beta_1) + \beta_1^2 y_{t-2} + \varepsilon_t + \beta_1 \varepsilon_{t-1}, \\
&= \beta_0(1 + \beta_1 + \beta_1^2 + \cdots) + (\varepsilon_t + \beta_1 \varepsilon_{t-1} + \beta_1^2 \varepsilon_{t-2} + \cdots) + \lim_{k \to \infty} \beta_1^k y_{t-k}, \\
&= \beta_0 \sum_{j=0}^{\infty} \beta_1^j + \sum_{j=0}^{\infty} \beta_1^j \varepsilon_{t-j} + \lim_{k \to \infty} \beta_1^k y_{t-k}.
\end{aligned}$$

當 $|\beta_1| < 1$, 則

$$\lim_{k \to \infty} \beta_1^k y_{t-k} = 0,$$

因此,

$$y_t = \beta_0 \sum_{j=0}^{\infty} \beta_1^j + \sum_{j=0}^{\infty} \beta_1^j \varepsilon_{t-j},$$

$$= \underbrace{\frac{\beta_0}{1-\beta_1}}_{\mu} + \sum_{j=0}^{\infty} \beta_1^j \varepsilon_{t-j},$$

$$= \mu + \sum_{j=0}^{\infty} \beta_1^j \varepsilon_{t-j}.$$

我們可以得到期望值為

$$E[y_t] = \mu + (0 + 0 + \cdots) = \mu, \quad \forall t$$

變異數為

$$\gamma(0) = \mathrm{Var}(y_t)$$
$$= \sigma^2 [1 + \beta_1^2 + \beta_1^4 + \cdots]$$
$$(給定 |\beta_1| < 1)$$
$$= \frac{\sigma^2}{1-\beta_1^2} < \infty$$

以及自我共變異數為

$$\gamma(j) = \mathrm{Cov}(y_t, y_{t-j}) = E[y_t - \mu][y_{t-j} - \mu]$$
$$= E\left[(\varepsilon_t + \beta_1 \varepsilon_{t-1} + \beta_1^2 \varepsilon_{t-2} + \cdots)(\varepsilon_{t-j} + \beta_1 \varepsilon_{t-j-1} + \beta_1^2 \varepsilon_{t-j-2} + \cdots)\right]$$
$$= \beta_1^j E[\varepsilon_{t-j}\varepsilon_{t-j}] + \beta_1^{j+1} \beta_1 E[\varepsilon_{t-j-1}\varepsilon_{t-j-1}] + \beta_1^{j+2} \beta_1^2 E[\varepsilon_{t-j-2}\varepsilon_{t-j-2}] + \cdots$$
$$= \sigma^2 \beta_1^j [1 + \beta_1^2 + \beta_1^4 + \cdots]$$
$$(給定 |\beta_1| < 1)$$
$$= \frac{\sigma^2 \beta_1^j}{1-\beta_1^2} < \infty$$

顯然地, $|\beta_1| < 1$ 使得此 AR(1) 序列具有不變的均數, 有限的變異數, 以及與 t 無關的自我共變異數。

圖3.2: 兩個電腦模擬的定態 AR(1) 序列 (實線為 $\beta_1 = 0.95$, 虛線為 $\beta_1 = 0.50$)

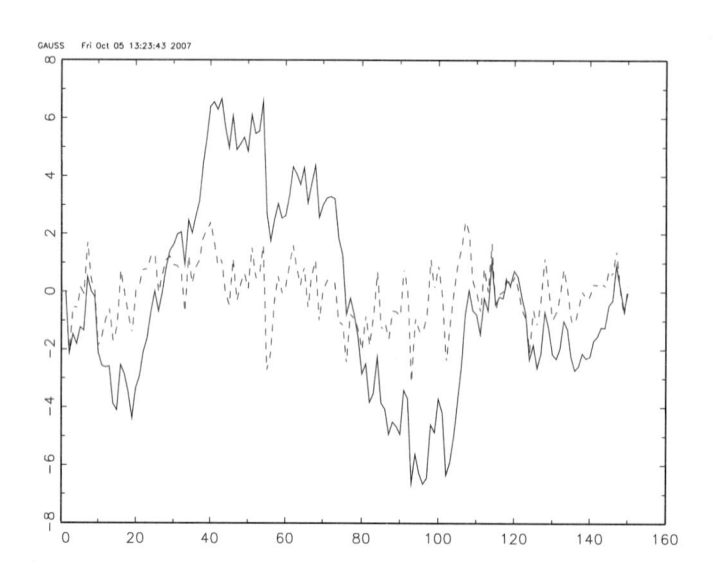

性質 2. *(定態 AR(1) 模型)* 時間序列

$$y_t = \beta_0 + \beta_1 y_{t-1} + \varepsilon_t, \quad \varepsilon_t \sim^{i.i.d.} (0, \sigma^2)$$

為定態的條件是 $|\beta_1| < 1$。

我們將兩個電腦模擬的定態 AR(1) 序列畫在圖 3.2 中 (實線為 $\beta_1 = 0.95$, 虛線為 $\beta_1 = 0.50$)。顯而易見地，當 $\beta_1 = 0.95$, 序列呈現較長的持續性 (persistent), 而 $\beta_1 = 0.50$ 時, AR(1) 序列就會比較像上下震盪的白雜訊 (見第 2 章圖 2.5)。

有些人會考慮沒有截距項的 AR(1) 模型:

$$x_t = \beta_1 x_{t-1} + \varepsilon_t.$$

事實上,放不放截距項並沒有太大影響。具有截距項的 AR(1) 模型為

$$y_t = \beta_0 + \beta_1 y_{t-1} + \varepsilon_t,$$

兩邊同時減去 μ,

$$y_t - \mu = \beta_0 - \mu + \beta_1 y_{t-1} + \varepsilon_t.$$

式子的右邊同時加減 $\beta_1 \mu$ 可得

$$\begin{aligned} y_t - \mu &= \beta_0 - \mu + \beta_1 \mu + \beta_1(y_{t-1} - \mu) + \varepsilon_t, \\ &= \beta_0 - (1 - \beta_1)\mu + \beta_1(y_{t-1} - \mu) + \varepsilon_t, \\ &= \beta_0 - (1 - \beta_1)\frac{\beta_0}{1 - \beta_1} + \beta_1(y_{t-1} - \mu) + \varepsilon_t, \\ &= \beta_1(y_{t-1} - \mu) + \varepsilon_t. \end{aligned}$$

若令 $x_t = y_t - \mu$, 我們就得到沒有截距項的 AR(1) 模型。因此, 只要將沒有截距項的 AR(1) 序列想成是一個去掉均值的序列 (a series expressed in deviation from its mean) 即可。亦即 x_t 是一個均值為 0 的序列:

$$E(x_t) = E(y_t) - \mu = \mu - \mu = 0.$$

3.3 AR(1) 模型之估計

β_1 的最小平方估計式為

$$\hat{\beta}_1 = \frac{\widehat{Cov(y_t, y_{t-1})}}{\widehat{Var(y_t)}} = \frac{\sum_{t=2}^{T}(y_t - \bar{y})(y_{t-1} - \bar{y})}{\sum_{t=2}^{T}(y_t - \bar{y})^2},$$

細心的讀者不難發現這就是之前介紹過的樣本一階自我相關係數。在給定相關條件下, $\hat{\beta}_1$ 為 β_1 的一致估計式,[1]

$$\hat{\beta}_1 \xrightarrow{p} \beta_1.$$

---

[1]關於 AR 係數的大樣本性質,我們在第 15 章中會有進一步說明與介紹。

圖3.3: 匯率的一階自我迴歸模型

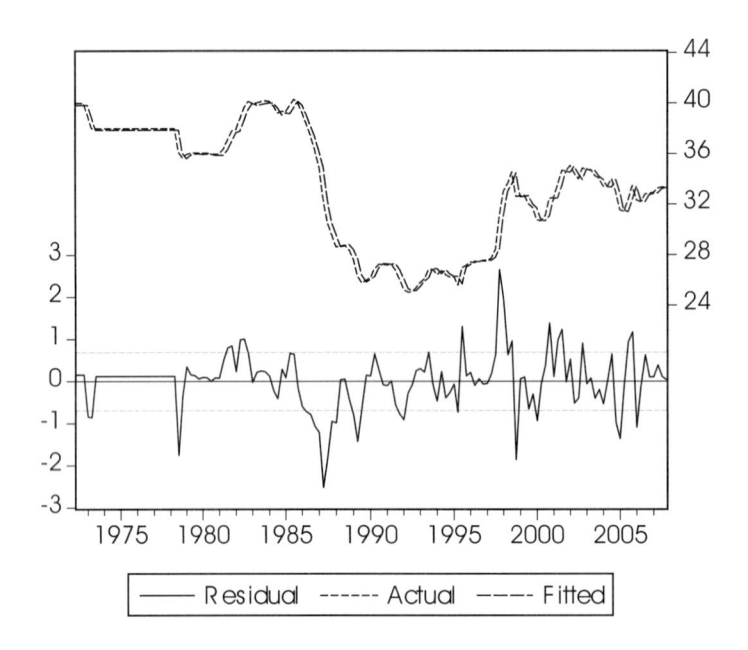

我們以一個 AR(1) 模型估計匯率資料, 所得估計結果如下:

$$\hat{y}_t = \underset{(0.41)}{0.52} + \underset{(0.01)}{0.98}\, y_{t-1},$$

我們也將配適程度繪於圖 3.3, 相對於固定趨勢模型, 顯然一個 AR(1) 模型對於匯率走勢有極佳的解釋力, 配適值與實際值相當接近。

3.4　AR(1) 模型的預測

為了簡化符號, 我們考慮一個均值為零 (去除均值) 的 AR(1) 模型:

$$y_t = \beta_1 y_{t-1} + \varepsilon_t,$$

假如我們在第 t 期想要預測 k 期之後的 y_{t+k} 值,則我們可以將 y_{t+k} 以遞迴的方式改寫:

$$\begin{aligned} y_{t+k} &= \beta_1 y_{t+k-1} + \varepsilon_{t+k}, \\ &= \beta_1 [\beta_1 y_{t+k-2} + \varepsilon_{t+k-1}] + \varepsilon_{t+k}, \\ &= \beta_1^2 y_{t+k-2} + \beta_1 \varepsilon_{t+k-1} + \varepsilon_{t+k}, \\ &= \beta_1^3 y_{t+k-3} + \beta_1^2 \varepsilon_{t+k-2} + \beta_1 \varepsilon_{t+k-1} + \varepsilon_{t+k}, \\ &\vdots \\ &= \beta_1^k y_t + \beta_1^{k-1} \varepsilon_{t+1} + \cdots + \beta_1 \varepsilon_{t+k-1} + \varepsilon_{t+k}, \\ &= \beta_1^k y_t + \beta_1^{k-1} \varepsilon_{t+1} + \cdots + \beta_1 \varepsilon_{t+k-1} + \varepsilon_{t+k} \end{aligned}$$

我們已知,在損失函數 (loss function) 為均方差 (mean squared error, MSE) 的評選準則下,[2] 利用資訊集合 $\Omega_t = \{y_t, y_{t-1}, \ldots\}$ 作為條件之條件期望值:

$$E(y_{t+1}|\Omega_t) = E_t(y_{t+1})$$

是 y_{t+1} 的最佳預測式 (optimal forecast)。[3] 一般而言,條件期望值未必是資訊集合中的元素之線性函數,然而在本書中,我們假設條件期望值為線性投影 (linear projection),亦即將 y_{t+1} 投射到 Ω_t 所撐開的線性空間延展 (linear span) 之投影作為對 y_{t+1} 的預測:

$$P(y_{t+1}|H_t) = \sum_{j=0}^{\infty} \beta_j y_{t-j},$$

其中 $H_t = S_p[y_t, y_{t-1}, \ldots]$ 為線性空間延展。如果 y_t 的聯合機率分配為常態,則條件期望值等於線性投影,如果 y_t 不是常態,則線性投影不失為條件期望值的良好近似。為了減少增加符號上的負擔,我們依然

---

[2] 亦即極小化均方差 $E[(y_{t+1} - g(\Omega_t))^2]$,其中 $\Omega_t = \{y_t, y_{t-1}, \ldots\}$ 為資訊集合。
[3] 參見 Hamilton (1994),頁 72-73。

用 $E(y_{t+1}|\Omega_t)$ 來表示以 Ω_t 為資訊集合的線性投影 (線性預測式),但是讀者應謹記此處的 $E(y_{t+1}|\Omega_t)$ 已假設為線性函數。[4]

由於 y_t 已經包含於 Ω_t 之中,則 $E_t(y_t) = y_t$,此外,因為 $\varepsilon_t \sim i.i.d.$ $(0, \sigma^2)$,則

$$E_t(\varepsilon_{t+1}) = 0.$$

性質 3. 透過 *Law of Iterated Projections* (參見 *pp.100, Hamilton (1994)*),對於所有 $k > 0$,

$$E_t(\varepsilon_{t+k}) = 0.$$

簡單地說,將未來的外生衝擊 (ε_{t+k}) 投射到第 t 期的資訊集合後,將會得到 0。因此,給定

$$y_{t+k} = \beta_1^k y_t + \beta_1^{k-1}\varepsilon_{t+1} + \cdots + \beta_1\varepsilon_{t+k-1} + \varepsilon_{t+k},$$

則

$$E_t(y_{t+k}) = \beta_1^k y_t.$$

現在考慮時間序列資料 $\{y_t\}_{t=1}^T$,亦即我們位處在第 T 期,而擁有歷史資料 $\{y_1, y_2, \ldots, y_T\}$。如果我們設定的模型為 AR(1),根據以上說明,我們對第 $T + k$ 期的預測為

$$E(y_{T+k}|\Omega_T) = E_T(y_{T+k}) = \beta_1^k y_T,$$

然而,由於 β_1 為未知參數,實務上我們必須先利用資料 $\{y_1, y_2, \ldots, y_T\}$ 找出估計式: $\hat{\beta}_1$,接下來建構出 y_{T+k} 的預測式:[5]

$$\widehat{E_T(y_{T+k})} = \hat{\beta}_1^k y_T.$$

---
[4]在 Hamilton (1994) 書中,就在期望運算符號上加頂小帽子: $\hat{E}(y_{t+1}|\Omega_t)$ 代表線性預測式,以資區別。

[5]也就是 $E_T(y_{T+k})$ 的估計式。

$\widehat{E_T(y_{T+k})}$ 這個符號告訴我們許多訊息。頭上戴的小帽子代表這是一個以隨機樣本建構的預測式，而下標 T 與 $T+k$ 則代表我們在第 T 期利用已知資訊預測第 $T+k$ 的值。

3.5 AR(1) 模型之衝擊反應函數

§ 3.5.1 衝擊反應函數

衝擊反應函數 (impulse response functions, IRF) 提供我們資訊了解動態體系內的內生變數因應外生變動 (impulse) 的反應 (response)。以 AR(1) 序列為例，衝擊反應函數係指給定外生衝擊 ε_t 的一次變動下，此 AR(1) 序列相對應的動態變化。衝擊反應函數的概念在總體經濟理論中非常重要，譬如說，實質景氣循環模型 (real business cycle models) 著重於探討如實質產出，消費，投資等總體經濟變數如何因技術衝擊 (technology shocks) 而有不同的動態行為。此外，我們也會對貨幣政策衝擊 (monetary shocks) 如何影響實質產出，匯率，以及股票報酬等變數之動態行為感興趣。

我們可將 AR(1) 寫成

$$y_t = \mu + (\varepsilon_t + \beta_1 \varepsilon_{t-1} + \beta_1^2 \varepsilon_{t-2} + \cdots) + \lim_{k\to\infty} \beta_1^k y_{t-k},$$

因此，

$$y_{t+j} = \mu + (\varepsilon_{t+j} + \beta_1 \varepsilon_{t+j-1} + \beta_1^2 \varepsilon_{t+j-2} + \cdots + \beta_1^j \varepsilon_t + \cdots) + \lim_{k\to\infty} \beta_1^k y_{t-k}.$$

表3.1: 衝擊反應函數

$\frac{\partial y_t}{\partial \varepsilon_t}$	$\frac{\partial y_{t+1}}{\partial \varepsilon_t}$	$\frac{\partial y_{t+2}}{\partial \varepsilon_t}$	$\cdots$	$\frac{\partial y_{t+j}}{\partial \varepsilon_t}$
$\Psi(0)$	$\Psi(1)$	$\Psi(2)$	$\cdots$	$\Psi(j)$
1	β_1	β_1^2	$\cdots$	β_1^j

定義 12. *(衝擊反應函數)* 假設在第 t 期時有一外生衝擊 $\varepsilon_t = 1$, 而對於所有 $j \neq 0$, $\varepsilon_{t+j} = 0$。則定義衝擊反應函數 $\Psi(j)$ 為

$$\Psi(j) = \frac{\partial y_{t+j}}{\partial \varepsilon_t} = \beta_1^j.$$

亦即, 隨著時間的推移, 第 t 期外生衝擊 $\varepsilon_t > 0$ 對於 y 在第 t 期, 第 $t+1$ 期, 第 $t+2$ 期... 到第 $t+j$ 期的動態反應如表 16 所示

不同的 β_1 值將會導致 y_t 的不同動態行為。茲考慮以下不同的 β_1 值:

1. $0 < \beta_1 < 1$

2. $-1 < \beta_1 < 0$

3. $\beta_1 > 1$

4. $\beta_1 < -1$

並分別以 $\beta_1 = 0.8, -0.8, 1.5$ 以及 -1.5 為例子, 將衝擊反應函數畫在圖 3.4。

由圖 3.4 可知, 當 $|\beta_1| < 1$ ($\beta_1 = 0.8, -0.8$), 亦即該 AR(1) 序列為定態, y_t 的衝擊反應函數會收斂到零。以總體經濟理論來看, 代表變數在受到外生衝擊後, 最後依然會回到其穩定均衡 (steady state)。反之, 若

圖3.4: 四種不同 β_1 設定下的衝擊反應函數

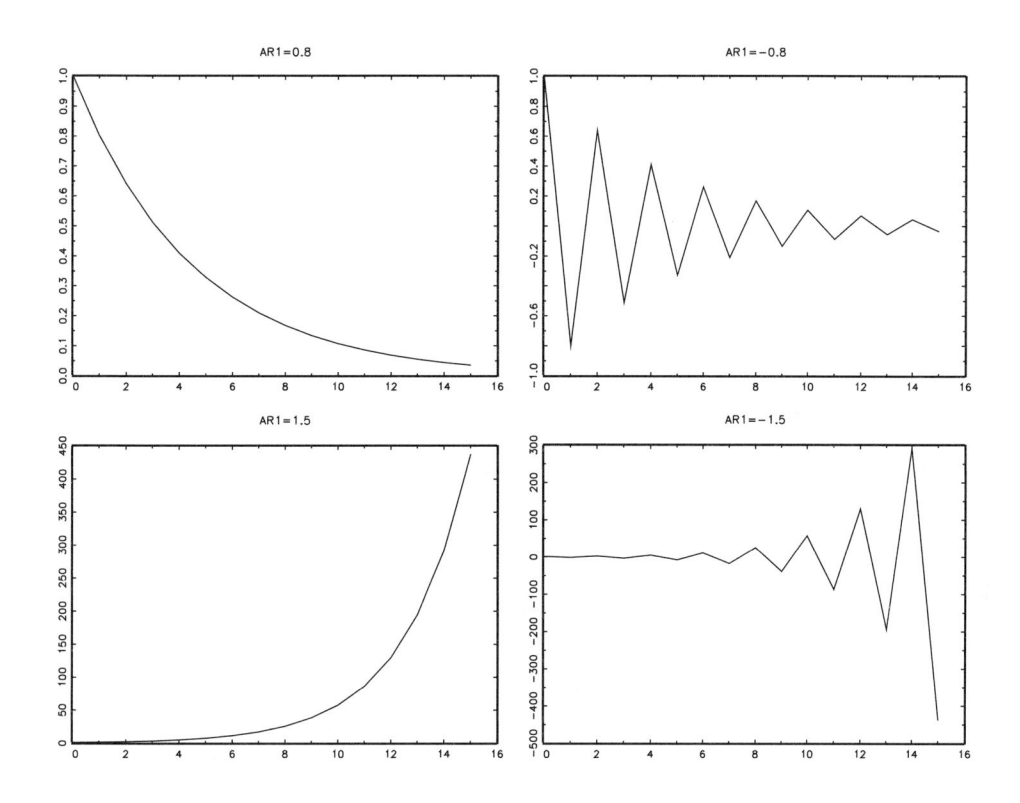

$|\beta_1| > 1$ ($\beta_1 = 1.5, -1.5$), 亦即該 AR(1) 序列爲非定態, y_t 的衝擊反應函數會發散到無窮大, 也就是說不會回到其穩定均衡。若 β_1 爲正值, 衝擊反應函數會單調地 (monotonically) 收斂或發散; 若 β_1 爲負值, 衝擊反應函數會以鋸齒狀的方式收斂或發散。

最後要說明的是, 以上我們所討論的是理論的衝擊反應函數 (theoretical IRF)。然而實務上, 參數 β_1 未知, 我們就以 β_1 的估計式 $\hat{\beta}_1$ 帶入求得實證的衝擊反應函數 (empirical IRF):

$$\hat{\Psi}(j) = \hat{\beta}_1^j.$$

§ 3.5.2　半衰期

當給定序列為定態,則衝擊反應函數會收斂,有時我們會想知道其收斂的速度。一種衡量收斂速度的指標為半衰期 (half-life)。亦即當經濟變數受到一單位外生衝擊後,其反應程度降到一半 (0.5) 時所需時間。

定義 13. *(半衰期)* 滿足

$$\beta_1^\tau = 0.5$$

之 τ 值就稱做半衰期 *(half-life)*。

透過簡單的計算與移項,我們可得

$$\tau = \frac{\log(0.5)}{\log(\beta_1)}.$$

顯而易見, β_1 越大,時間序列的持續性越久,則半衰期就越長。亦即,

$$\frac{d\tau}{d\beta_1} = -\log(0.5)[\log(\beta_1)]^{-2}\frac{1}{\beta_1} > 0.$$

3.6　實例應用: 購買力平價困惑

我們以購買力平價困惑 (purchasing power parity puzzle) 當作例子來看衝擊反應函數與半衰期在總體經濟學上的應用。根據單一價格法則 (law of one price),在沒有交易成本的情形下, 相同的產品 (如相同的筆記型電腦) 在利用匯率轉換成同一幣值後,在不同國家應該賣相同價錢 (以同一種貨幣衡量)。如果存在價差,套利行為將會使價格差異消失。

假設對於所有商品而言,單一價格法則均成立,則我們可以加總得到購買力平價 (Purchasing Power Parity, PPP),

$$P_t = P_t^* S_t,$$

其中 P 與 P^* 分別代表本國與外國的物價指數, S 代表名目匯率。

我們定義實質匯率為

$$Q = \frac{P_t^* S_t}{P_t},$$

取自然對數後,

$$q_t = s_t + p_t^* - p_t.$$

因此, 根據購買力平價, q_t 必須是一個定態的數列, 受到外生衝擊使經濟體系偏離 PPP 均衡後, 仍然會回到穩定均衡 (steady state), 亦即其衝擊反應函數會收斂。

實證上, 以 AR(1) 模型估計實質匯率 q_t (月資料) 所得到 β_1 的估計值均非常高, 大致在 0.98 到 0.99 之間。Rogoff (1996) 指出了兩個購買力平價困惑。

1. 0.98 到 0.99 之間的估計值高到讓人無法在統計上拒絕實質匯率非定態 ($\beta_1 = 1$) 的假設。[6] 經濟體系會恆久偏離 PPP 均衡, 亦即 PPP 長期而言不成立。

2. 即使我們能夠利用較具檢定力的統計檢定拒絕 PPP 的恆久偏離, 但是其調整回均衡的半衰期在實證上的估計結果為 3 到 5 年 (36 到 60 個月), 遠超過任何目前存在的總體經濟理論如名目價格僵固等模型所能解釋。

例 3. 打開 *EViews* 的 *Workfile*: G7EX。其中有 6 個變數: lrs_ca, lrs_fr, lrs_ge, lrs_it, lrs_jp, 以及 lrs_uk, 分別為加拿大, 法國, 德國, 義大利, 日本, 以及英國等七大工業國家 *(G7)* 貨幣對美元的 *(取對數後之)* 實質匯率月資料 *(物價指數為消費者物價指數)*。樣本期間為 *1972:1–2005:12*, 我們將這些時間序列畫在圖 *3.5* 中。

我們可以估計這些實質匯率的 AR(1) 係數與半衰期, 實證結果如表 3.2 所示。

---
[6]這種狀況 ($\beta_1 = 1$) 就是實質匯率具有單根, 我們在第 6 章會深入討論。

圖 3.5: 七大工業國家 (G7) 貨幣對美元的實質匯率月資料 (1972:1–2005:12)

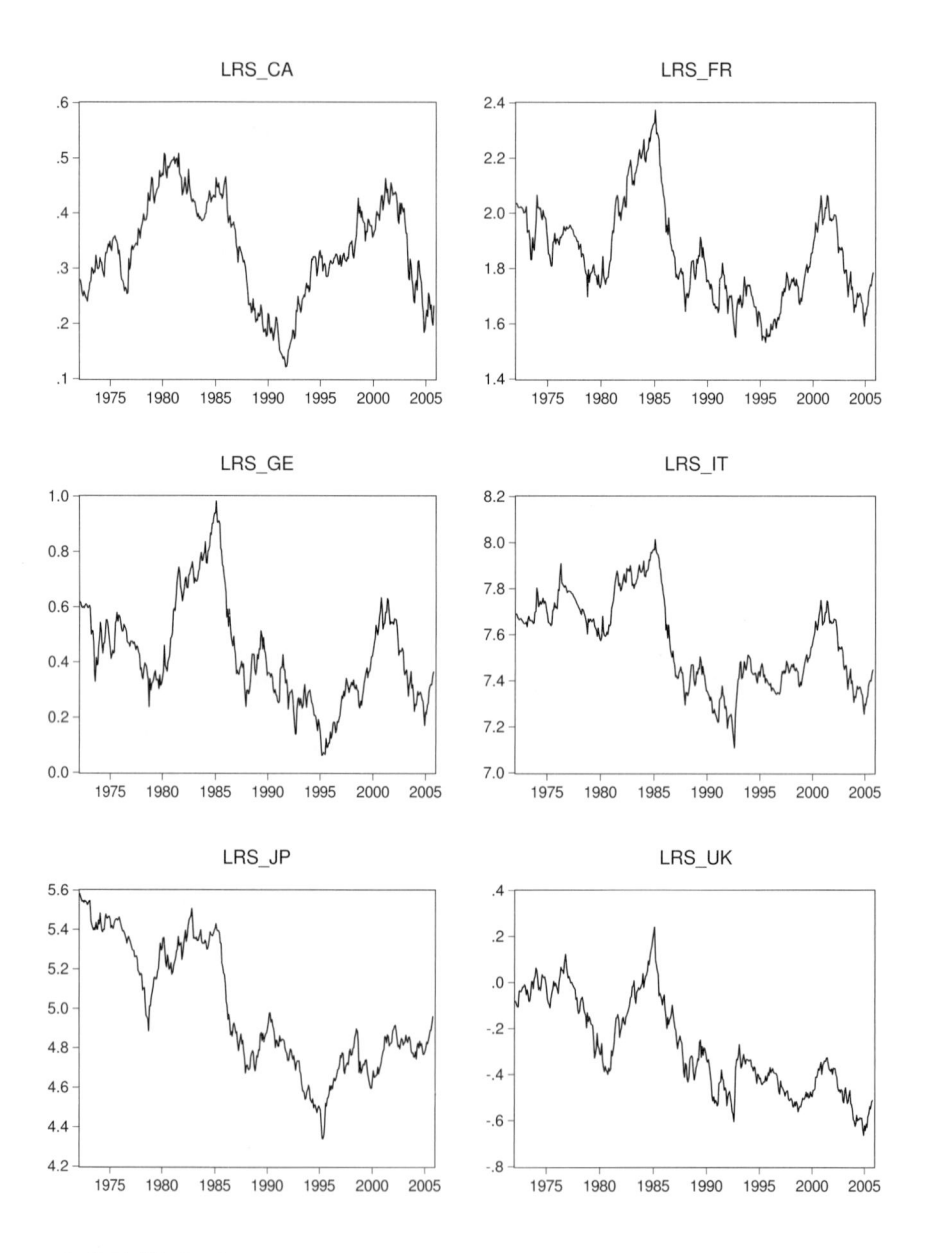

表3.2: 實質匯率的 AR(1) 係數估計與半衰期

國家	AR(1) 係數估計值	標準差	半衰期
加拿大	0.986	0.0085	50
法國	0.982	0.0090	39
德國	0.983	0.0088	40
義大利	0.988	0.0077	57
日本	0.990	0.0053	69
英國	0.989	0.0075	63

顯而易見地, 每個國家實質匯率的 AR(1) 係數都非常高, 至少都有 0.98 以上, 而多數國家實質匯率半衰期都落入 Rogoff (1996) 所整理的 3 到 5 年 (36 到 60 個月) 共識, 甚至高於 60 個月 (如日本與英國)。

3.7 p 階自我迴歸模型

§ 3.7.1 AR(p) 模型

在 AR(1) 模型中, 我們只考慮了變數的前一期作為解釋變數, 這樣的模型可能忽略了其他歷史資料的解釋能力。事實上, 我們可以輕易地將 AR(1) 模型擴充成落後期數為 p 的 AR(p) 模型:

$$y_t = \beta_0 + \beta_1 y_{t-1} + \beta_2 y_{t-2} + \cdots + \beta_p y_{t-p} + \varepsilon_t,$$

利用落後運算元,

$$\beta(L) y_t = \beta_0 + \varepsilon_t,$$

其中

$$\beta(L) = 1 - \beta_1 L - \beta_2 L^2 - \cdots - \beta_p L^p.$$

性質 4. *(定態 AR(p) 模型)* 時間序列

$$y_t = \beta_0 + \beta_1 y_{t-1} + \cdots + \beta_p y_{t-p} + \varepsilon_t, \quad \varepsilon_t \overset{i.i.d.}{\sim} (0, \sigma^2).$$

為定態的條件為

$$\beta(z) = 1 - \beta_1 z - \beta_2 z^2 - \cdots - \beta_p z^p = 0$$

之根的範數 *(modulus)* 大於一 *(落於單位圓之外)*。

這就是一般化的 AR(p) 模型的定態條件。值得注意的是, 如果有任一個根的範數小於一 (落於單位圓之內), 則此 AR(p) 為一爆炸 (explosive) 的序列; 若有任一個根的範數等於一 (落於單位圓之上), 則我們稱該序列具有單根 (unit root)。爆炸的序列或是單根序列都是非定態的時間序列。

我們會在下一章給予此定態條件更多的說明, 在本章中, 我們先看幾個例子。以 AR(1) 為例, 多項式方程式為

$$1 - \beta_1 z = 0,$$

其根為

$$z = \frac{1}{\beta_1}.$$

因此, AR(1) 為定態的條件為

$$\left|\frac{1}{\beta_1}\right| > 1,$$

亦即 $|\beta_1| < 1$。

例 4. *(兩實根)* 判斷以下 AR(2) 模型是否為定態:

$$y_t = 0.5 + 0.3 y_{t-1} + 0.4 y_{t-2} + \varepsilon_t,$$

多項式方程式 $\beta(z) = 0$ 為

$$1 - 0.3z - 0.4z^2 = 0.$$

其根為

$$z = \frac{-3 \pm \sqrt{9 + 160}}{8} = \frac{5}{4} \text{ or } -2.$$

亦即,

$$|z_1| = \left|\frac{5}{4}\right| > 1,$$
$$|z_2| = |-2| > 1.$$

因此, 此 AR(2) 序列為定態。

例 5. *(共軛複根)* 若 AR(2) 模型為

$$y_t = 0.5 + 0.3y_{t-1} - 0.4y_{t-2} + \varepsilon_t,$$

請問是否為定態?

多項式方程式 $\beta(z) = 0$ 為

$$1 - 0.3z + 0.4z^2 = 0.$$

其根為

$$z_1 = \frac{3}{8} + \frac{\sqrt{151}}{8}i,$$
$$z_2 = \frac{3}{8} - \frac{\sqrt{151}}{8}i.$$

因此,

$$|Z_1| = |Z_2| = \sqrt{\left(\frac{3}{8}\right)^2 + \left(\frac{\sqrt{151}}{8}\right)^2} = \sqrt{2.5} > 1.$$

因此, 此 AR(2) 序列為定態。

一般來說, 若 $p \geq 2$, 我們可以利用電腦幫我們算出 $\beta(z) = 0$ 的根, 進而判斷 AR(p) 模型是否為定態。在此, 我們介紹幾個有用的充分條件或是必要條件, 以幫助我們快速判斷 AR(p) 模型的定態性質。

性質 5. *(AR(p) 模型的定態條件)*

1. AR(p) 模型為定態的必要條件為
$$\sum_{i=1}^{p} \beta_i < 1.$$

2. AR(p) 模型為定態的充分條件為
$$\sum_{i=1}^{p} |\beta_i| < 1.$$

3. 若
$$\sum_{i=1}^{p} \beta_i = 1,$$
則該序列至少存在一個單根。

§ 3.7.2　AR(p) 模型之估計

顯而易見地, AR(p) 模型

$$y_t = \beta_0 + \beta_1 y_{t-1} + \cdots + \beta_p y_{t-p} + \varepsilon_t,$$

$$\varepsilon_t \sim^{i.i.d.} (0, \sigma^2),$$

是一個多元迴歸模型,解釋變數分別為 $y_{t-1}, y_{t-2}, \ldots, y_{t-p}$,因此 $\beta_0, \beta_1, \ldots, \beta_p$ 可以利用最小平方法予以估計。然而接下來的問題是,我們要如何決定最適的落後期數?

實務上,有許多方法可以選擇,我們在這裡介紹一個常用且簡單的方法: 資訊評選準則 (information criteria)。一般而言,評選模型的標準為:使資訊評選準則的值越小越好。我們首先介紹 Akaike 資訊評選準則 (Akaike information criterion)。

定義 14. *(Akaike 資訊評選準則)*

$$AIC(p) = \log\left(\frac{UV(p)}{T}\right) + (p+1)\frac{2}{T},$$

其中, $UV(p)$ 為 $AR(p)$ 模型的未解釋變異 (或稱殘差平方和), 亦即

$$UV(p) = \sum_t \hat{\varepsilon}_t^2,$$

$$\hat{\varepsilon}_t = y_t - \hat{y}_t = y_t - (\hat{\beta}_0 + \hat{\beta}_1 y_{t-1} + \cdots + \hat{\beta}_p y_{t-p})$$

AIC 主要為兩個部分所組成, 第一部分為 UV 的函數, 一個好的模型, 我們自然希望它的未解釋變異越小越好, 這就像是我們在多元迴歸分析所學到的 $(1 - R^2)$。然而, 一如我們在多元迴歸分析中曾經學過, 每增加一個解釋變數, UV 就會隨之減少 (或是至少不變), 因此, 每多考慮一個落後期, 我們的 AIC 就會越小 (或是至少不變), 這將使我們選擇一個無窮多落後期數的 AR 模型。為了彌補此缺點, 一如修正的判定係數, 我們必須考慮多加入一個變數落後期作為解釋變數的懲罰項: $(p+1)\frac{2}{T}$。在平衡 AIC 這兩個衝突的部分後, 我們就以極小化 AIC 作為模型選擇標準。實務上, 我們會先決定一個最大 p 值: p_{max}, 然後在 $p = 0, 1, 2, \ldots, p_{max}$ 中, 選擇一個 p 使得 $AIC(p)$ 最小。

另外一個類似且常用的資訊評選準則為貝氏資訊評選準則 (Bayes information criterion), 或稱 Schwarz 資訊評選準則 (Schwarz information criterion)。

定義 15. *(貝氏資訊評選準則)*

$$BIC(p) = \log\left(\frac{UV(p)}{T}\right) + (p+1)\frac{\log T}{T},$$

注意到 BIC 與 AIC 不同之處僅在於懲罰項, 只要 $T > 8$, 則 $\log T > 2$, 亦即 BIC 對於多增加一個變數落後期作為解釋變數的懲罰較 AIC

表3.3: AIC 以及 BIC: 新台幣兌美元匯率的 AR(p) 模型

p	AIC	BIC
0	-0.971422	-0.950798
1	-4.830441	-4.789003
2	-5.061372	-4.998925
3	-5.041551	-4.957898
4	-5.020766	-4.915708
5	-5.015202	-4.888534

大, 因此 BIC 傾向於選擇一個變數落後期數較少的模型。

再以新台幣兌美元匯率為例子, 令 p_{max} = 5, 我們將不同 AR(p) 模型的 AIC 與 BIC 報告於表 3.3。

由表中可知, 無論是 AIC 或是 BIC 都建議匯率走勢的最適模型為 AR(2)。實務上, AIC 與 BIC 可能會建議不同的落後期數, 理論上, BIC 所決定的落後期數 $\hat{p}_{BIC}$ 為真實落後期數 p 的一致估計式, 但是電腦模擬顯示, 當樣本小的時候, AIC 的表現較 BIC 為佳。

最後, 我們介紹 p 階自我迴歸係數最小平方估計式的性質。

性質 6. 給定 AR(p) 模型

$$y_t = \beta_0 + \beta_1 y_{t-1} + \beta_2 y_{t-2} + \cdots + \beta_p y_{t-p} + \varepsilon_t,$$

且滿足

1. y_t 為嚴格定態, 具遍歷性且 $E(y_t^2) < \infty$

2. $\varepsilon \sim^{i.i.d.} (0, \sigma^2)$

則最小平方估計式 $\hat{\beta}_0, \hat{\beta}_1, \ldots, \hat{\beta}_p$ 為 $\beta_0, \beta_1, \ldots, \beta_p$ 的一致估計式。

這些條件將在第 15 章中有進一步的介紹。注意到這裡我們只討論一致性而非不偏性的原因在於, 由於 AR(p) 模型的解釋變數為 $\{y_{t-1}, y_{t-2}, \ldots, y_{t-p}\}$, 其最小平方估計式存在無可避免之偏誤。

§3.7.3　AR(p) 模型之預測

求算 AR(p) 模型的預測式較為複雜, 為了簡化符號, 我們考慮一個均值為零 (去除均值) 的 AR(p) 模型:

$$y_t = \beta_1 y_{t-1} + \beta_2 y_{t-2} + \cdots + \beta_p y_{t-p} + \varepsilon_t.$$

我們可以先將 AR(p) 模型寫成一階形式 (first-order form),

$$\underbrace{\begin{bmatrix} y_t \\ y_{t-1} \\ \vdots \\ y_{t-p+1} \end{bmatrix}}_{Y_t} = \underbrace{\begin{bmatrix} \beta_1 & \beta_2 & \cdots & \beta_{p-1} & \beta_p \\ 1 & 0 & \cdots & 0 & 0 \\ 0 & 1 & \cdots & 0 & 0 \\ \vdots & & \ddots & \vdots & \vdots \\ 0 & 0 & \cdots & 1 & 0 \end{bmatrix}}_{\Phi} \underbrace{\begin{bmatrix} y_{t-1} \\ y_{t-2} \\ \vdots \\ y_{t-p} \end{bmatrix}}_{Y_{t-1}} + \underbrace{\begin{bmatrix} \varepsilon_t \\ 0 \\ \vdots \\ 0 \end{bmatrix}}_{\epsilon_t}$$

$$\underbrace{Y_t}_{p \times 1} = \underbrace{\Phi}_{p \times p} \underbrace{Y_{t-1}}_{p \times 1} + \underbrace{\epsilon_t}_{p \times 1}$$

這樣的形式又稱作「伴隨形式」(companion form), 或是狀態空間表現法 (state space representation)。

根據第 3.4 節 AR(1) 的預測式為

$$E_t(Y_{t+j}) = \Phi^j Y_t,$$

因此, 如果我們想挑出 $E_t(Y_{t+j})$ 中的第一列 $E_t(y_{t+j})$, 我們就在 $E_t(Y_{t+j})$ 前乘上 $[1 \ 0 \ \cdots \ 0]$ 之「選取向量」,

$$E_t(y_{t+j}) = [1 \ 0 \ \cdots \ 0] \Phi^j Y_t.$$

最後的問題在於,如何求算 Φ^j? 如果透過電腦運算,則將 Φ 自乘 j 次即可。然而,如果想要找出 Φ^j 的解析解,根據基礎線性代數,我們可以將 Φ^j 對角線化 (diagonalization):

$$\Phi = P\Lambda P^{-1},$$

其中 P 為 Φ 的特性向量 (eigenvectors) 組成之矩陣,Λ 為 Φ 的特性根 (eigenvalues) 組成之矩陣,

$$\Lambda = \underbrace{\begin{bmatrix} \lambda_1 & 0 & \cdots & 0 \\ 0 & \lambda_2 & & \vdots \\ \vdots & & \ddots & 0 \\ 0 & \cdots & 0 & \lambda_p \end{bmatrix}}_{p \times p}$$

因此,

$$\Phi^j = \underbrace{(P\Lambda P^{-1})(P\Lambda P^{-1})\cdots(P\Lambda P^{-1})}_{\text{連乘 } j \text{ 次}} = P\Lambda^j P^{-1}$$

$$= P\begin{bmatrix} \lambda_1^j & 0 & \cdots & 0 \\ 0 & \lambda_2^j & & \vdots \\ \vdots & & \ddots & 0 \\ 0 & \cdots & 0 & \lambda_p^j \end{bmatrix} P^{-1}$$

實務上,由於 β_j 未知,Φ 也因而未知,我們遂以 $\hat{\Phi}$ 替代之

$$\hat{\Phi} = \begin{bmatrix} \hat{\beta}_1 & \hat{\beta}_2 & \cdots & \hat{\beta}_{p-1} & \hat{\beta}_p \\ 1 & 0 & \cdots & 0 & 0 \\ 0 & 1 & \cdots & 0 & 0 \\ \vdots & & \ddots & \vdots & \vdots \\ 0 & 0 & \cdots & 1 & 0 \end{bmatrix}$$

定態時間序列 I:
自我迴歸模型

§ 3.7.4　AR(p) 模型之衝擊反應函數

如前所述, AR(p) 模型的 AR(1) 形式為

$$Y_t = \Phi Y_{t-1} + \epsilon_t,$$

Y_t, Φ 與 ϵ_t 的定義參見第 3.7.3 節。

因此,

$$Y_{t+j} = \Phi^{j+1} Y_{t-1} + \Phi^j \epsilon_t + \Phi^{j-1} \epsilon_{t+1} + \ldots \Phi \epsilon_{t+j-1} + \epsilon_{t+j}.$$

我們在 Y_{t+j} 前乘上 $[1 \ 0 \ \cdots \ 0]$ 之「選取向量」以挑出 Y_{t+j} 中的第一列 y_{t+j},

$$\underbrace{y_{t+j}}_{1\times 1} = \underbrace{[1 \ 0 \ 0 \ \cdots \ 0]}_{1\times p} \underbrace{Y_{t+j}}_{p\times 1}$$

依此類推, 如果我們想挑出 ε_t 對 y_{t+j} 的影響, 就在 Φ^j 的前後乘上「選取向量」以挑出 Φ^j 中的第 (1,1) 個元素,

$$\frac{\partial y_{t+j}}{\partial \varepsilon_t} = (\Phi^j)^{11}$$

$$= [1 \ 0 \ \cdots \ 0] \Phi^j \begin{bmatrix} 1 \\ 0 \\ \vdots \\ 0 \end{bmatrix}$$

一如上一節所述, 實務上我們以 $\hat{\Phi}$ 替代 Φ 來找出實證上的衝擊反應函數。

§ 3.7.5 半衰期

根據定義, AR(p) 模型的半衰期 (τ) 可由衝擊反應函數求出:

$$\begin{bmatrix} 1 & 0 & \cdots & 0 \end{bmatrix} \Phi^{\tau} \begin{bmatrix} 1 \\ 0 \\ \vdots \\ 0 \end{bmatrix} = \frac{1}{2}.$$

3.8 實例應用: 估計 AR(p) 模型以及計算衝擊反應函數與半衰期

如果你是利用 GAUSS, OX, 或是 Matlab 等計量軟體, 則依照上一節所介紹的矩陣運算, 就能將 AR(p) 模型的衝擊反應函數與半衰期計算出來。EViews 事實上也可以做矩陣的運算。我們再以 Workfile: G7EX 中的美元兌英鎊實質匯率, lrs_uk 為例, 底下我們提供一個簡單的 EViews 程式 (參見程式檔: exarp.prg) 來估計一個 AR(3) 模型, 並計算出衝擊反應函數: **irf**。

```
ls lrs_uk  lrs_uk(-1 to -3) c
matrix(3,3) phi
phi(1,1) = c(1)
phi(1,2) = c(2)
phi(1,3) = c(3)
phi(2,1) = 1
phi(2,2) = 0
```

```
phi(2,3) = 0
phi(3,1) = 0
phi(3,2) = 1
phi(3,3) = 0

matrix phi0 = @identity(3)
vector(71) irf
irf(1)  = 1
scalar j
for j=2 to 71
phi0=phi*phi0
irf(j)=phi0(1,1)
next
```

　　根據我們得到 **irf** 向量, 我們知道第 1 期的衝擊為 1.00, 要到第 63 期才會下降到原始衝擊的一半, 變成 0.50, 則半衰期就是 63 個月。我們將此美元兌英鎊實質匯率的 AR(3) 模型的衝擊反應函數畫在橫軸為期數 j 的圖 3.6 中, 我們也同時畫出 0.50 的水平線, 而半衰期正是此水平線與衝擊反應函數的交點所對應之期數。

　　以上我們提供一個比較複雜的 EViews 程式來估計 AR(p) 模型, 並以矩陣運算求出衝擊反應函數與半衰期。然而, 對於 AR(p) 模型, 我們在 EViews 中可以用取巧的方式, 把 AR(p) 模型當作單一變數的 VAR(p) 模型。我們會在第 8–11 章中詳細說明什麼是 VAR(p) 模型, 在此我們僅簡單介紹如何以 EViews 的 **Estimate VAR** 的功能估

3.8 實例應用: 估計 AR(p) 模型以及計算衝擊反應函數與半衰期

圖 3.6: 美元兌英鎊實質匯率 AR(3) 模型的衝擊反應函數

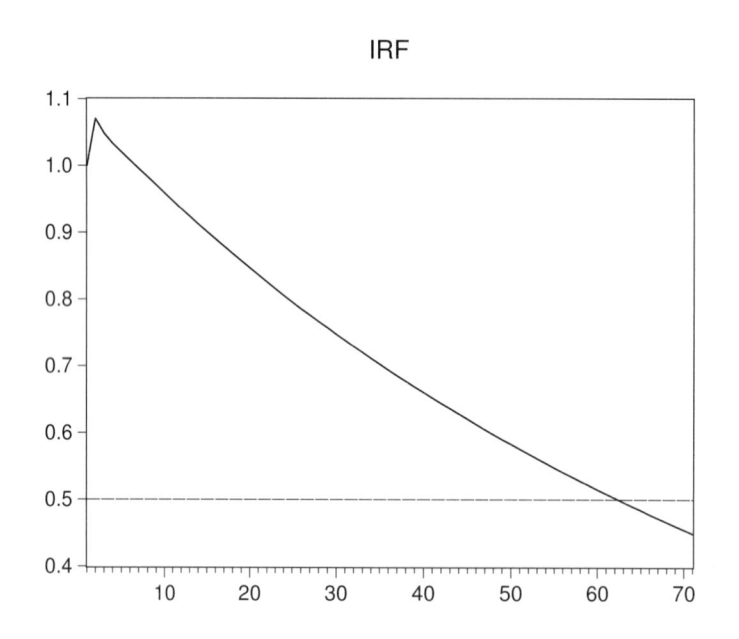

計 AR(p) 模型。

打開 Workfile: G7EX, 點選其中的美元兌英鎊實質匯率, lrs_uk, 選擇 **Quick/Estimate VAR...**, 一個 VAR Specification 的視窗就會跳出來, 選擇

1. VAR Type: Unrestricted VAR

2. Endogenous Variables: lrs_uk

3. Lag Intervals for Endogenous: 1 3

然後按**確定**, 估計結果的視窗 (Var:UNTITLED) 就會跳出來。在估計結果視窗中的右上角按 **Impulse**, 會有一個 Impulse Responses 的視窗跳出來。

1. 在 **Display** 的選項中,

    (a) **Periods** 輸入 71

    (b) **Response Standard Errors** 選擇 **None**

2. 接下來, 在 **Impulse Definition** 的選項中選擇 **Residual - one unit**, 然後按**確定**,

你就會得到一個與圖 3.6 一樣的衝擊反應函數。

3.9 Yule-Walker 方程式

給定定態 AR(p) 模型:

$$y_t = c + \beta_1 y_{t-1} + \cdots + \beta_p y_{t-p} + \varepsilon_t, \quad \varepsilon_t \overset{i.i.d.}{\sim} (0, \sigma^2)$$

則

$$E[y_t] = c + \beta_1 E[y_{t-1}] + \cdots + \beta_p E[y_{t-p}]$$
$$\Rightarrow \mu = c + \beta_1 \mu + \cdots + \beta_p \mu$$
$$\Rightarrow \mu = \frac{c}{1 - \beta_1 - \beta_2 - \cdots - \beta_p}$$
$$\Rightarrow y_t - \mu = \beta_1(y_{t-1} - \mu) + \cdots + \beta_p(y_{t-p} - \mu) + \varepsilon_t$$
$$\Rightarrow \beta(L)[y_t - \mu] = \varepsilon_t$$
$$\Rightarrow y_t - \mu = \beta(L)^{-1}\varepsilon_t = \varphi(L)\varepsilon_t$$

亦即, 我們可以改寫此 AR(p) 模型為:

$$y_t = \mu + \sum_{j=0}^{\infty} \varphi_j \varepsilon_{t-j}.$$

給定
$$y_t - \mu = \beta_1(y_{t-1} - \mu) + \cdots + \beta_p(y_{t-p} - \mu) + \varepsilon_t,$$

將 $(y_t - \mu)$ 乘上 $(y_t - \mu)$ 後取期望值,
$$\gamma(0) = \beta_1\gamma(1) + \cdots + \beta_p\gamma(p) + \sigma^2$$

其中
$$E\left[(y_t - \mu)\varepsilon_t\right] = E\left[\left(\sum_{j=0}^{\infty}\varphi_j\varepsilon_{t-j}\right)\varepsilon_t\right] = \sigma^2$$

接下來將 $(y_t - \mu)$ 乘上 $(y_{t-1} - \mu)$ 後取期望值,
$$\gamma(1) = \beta_1\gamma(0) + \cdots + \beta_p\gamma(p-1)$$

依此類推, 最後將 $(y_t - \mu)$ 乘上 $(y_{t-p} - \mu)$ 後取期望值,
$$\gamma(p) = \beta_1\gamma(p-1) + \cdots + \beta_p\gamma(0)$$

將以上 $p+1$ 條方程式除以 $\gamma(0)$ 可得

$$1 = \beta_1\rho(1) + \cdots + \beta_p\rho(p) + \frac{\sigma^2}{\gamma(0)} \tag{1}$$

$$\rho(1) = \beta_1 + \cdots + \beta_p\rho(p-1) \tag{2}$$

$$\vdots$$

$$\rho(p) = \beta_1\rho(p-1) + \cdots + \beta_p. \tag{3}$$

聯立求解方程式 (2) 到方程式式 (3) 可得 $\rho(1), \rho(2), \ldots, \rho(p)$ (注意到這裡有 p 條方程式), 其中, 方程式 (1) 到 (3) 就被稱做 Yule-Walker 方程式。

此外, 由於
$$\rho(j) = \beta_1\rho(j-1) + \beta_2\rho(j-2) + \cdots + \beta_p\rho(j-p),$$

我們可以根據 $\rho(1), \rho(2), \ldots, \rho(p)$ 求得 $\rho(p+1), \rho(p+2), \ldots$.

最後, 根據第 (1) 式, 我們可以求得

$$\gamma(0) = \frac{\sigma^2}{1 - \beta_1 \rho(1) - \cdots - \beta_p \rho(p)}.$$

3.10 附錄

在此附錄我們簡單討論當 AR(1) 模型包含截距項時之預測式。給定

$$y_t = \beta_0 + \beta_1 y_{t-1} + \varepsilon_t,$$

則

$$\begin{aligned}
y_{t+k} &= \beta_0 + \beta_1 y_{t+k-1} + \varepsilon_{t+k}, \\
&= \beta_0 + \beta_1 [\beta_0 + \beta_1 y_{t+k-2} + \varepsilon_{t+k-1}] + \varepsilon_{t+k}, \\
&= \beta_0 + \beta_0 \beta_1 + \beta_1^2 y_{t+k-2} + \beta_1 \varepsilon_{t+k-1} + \varepsilon_{t+k}, \\
&= \beta_0 + \beta_0 \beta_1 + \beta_0 \beta_1^2 + \beta_1^3 y_{t+k-3} + \beta_1^2 \varepsilon_{t+k-2} + \beta_1 \varepsilon_{t+k-1} + \varepsilon_{t+k}, \\
&\quad \vdots \\
&= \beta_0 + \beta_0 \beta_1 + \cdots + \beta_0 \beta_1^{k-1} + \beta_1^k y_t + \beta_1^{k-1} \varepsilon_{t+1} \\
&\quad + \cdots + \beta_1 \varepsilon_{t+k-1} + \varepsilon_{t+k}, \\
&= \beta_0 (1 + \beta_1 + \beta_1^2 + \cdots + \beta_1^{k-1}) + \beta_1^k y_t + \beta_1^{k-1} \varepsilon_{t+1} \\
&\quad + \cdots + \beta_1 \varepsilon_{t+k-1} + \varepsilon_{t+k}
\end{aligned}$$

此外, 線性投影為

$$P(y_{t+1} | H_t) = \alpha + \sum_{j=0}^{\infty} \beta_j y_{t-j},$$

其中 $H_t = S_p[1, y_t, y_{t-1}, \ldots]$ 為線性空間延展。因此,

$$E_t(y_{t+k}) = \beta_0(1 + \beta_1 + \beta_1^2 + \cdots + \beta_1^{k-1}) + \beta_1^k y_t.$$

則我們對第 $T + k$ 期的預測為

$$E(y_{T+k}|\Omega_T) = E_T(y_{T+k}) = \mu(\beta_0, \beta_1) + \beta_1^k y_T,$$

其中 $\mu(\beta_0, \beta_1) = \beta_0(1 + \beta_1 + \beta_1^2 + \cdots + \beta_1^{k-1})$ 為一常數。

因此,如果是 AR(p) 模型,則其一階形式為

$$Y_t = C + \Phi Y_{t-1} + \epsilon_t,$$

Y_t, Φ 以及 ϵ_t 之定義同前所述,而

$$C = \begin{bmatrix} \beta_0 \\ 0 \\ \vdots \\ 0 \end{bmatrix}.$$

則 y_{t+k} 的預測式為

$$E_t(y_{t+k}) = \begin{bmatrix} 1 & 0 & \cdots & 0 \end{bmatrix} \left[\left(I + \Phi + \Phi^2 + \cdots + \Phi^{k-1}\right) C + \Phi^k Y_t \right].$$

習 題

1. 給定以下 AR(p) 序列:

   (I) $y_t = 1.2 y_{t-1} - 0.2 y_{t-2} + \epsilon_t$

   (II) $y_t = 1.2 y_{t-1} - 0.4 y_{t-2} + \epsilon_t$

(III) $y_t = 1.2y_{t-1} + 1.2y_{t-2} + \varepsilon_t$

(IV) $y_t = -1.2y_{t-1} + \varepsilon_t$

(VI) $y_t = 0.7y_{t-1} + 0.25y_{t-2} - 0.175y_{t-3} + \varepsilon_t$

其中 $\varepsilon_t \sim WN(0, \sigma^2)$.

(a) 將以上序列以落後運算元 (lag operators) 表示。

(b) 判斷以上序列是否為定態。

(c) 利用 EViews 畫出其衝擊反應函數並計算半衰期。

2. 給定以下 AR(1) 模型：

$$y_t = \phi_0 + \phi_1 y_{t-1} + \varepsilon_t,$$

其中 $\varepsilon \sim^{i.i.d.} (0, \sigma^2)$ 且 $|\phi_1| < 1$. 如果我們不再假設 $\{-\infty < t < \infty\}$, 而是 $\{0 \leq t < \infty\}$, 並假設 y_t 的起始值, y_0 為一常數, 試檢驗 y_t 為非定態的時間序列。亦即, AR(1) 序列若有一固定起始值, 則非定態。

3. 承上題, 如果 y_t 的起始值, y_0 為一隨機變數, 試寫下 y_t 為定態的條件。

4. 給定時間序列模型：

$$y_t = y_{t-1} + \varepsilon_t,$$

其中 $\varepsilon \sim^{i.i.d.} (0, \sigma^2)$. 試驗證 y_t 為非定態。

5. 給定 y_t 為定態 AR(2) 序列：

$$y_t = c + \phi_1 y_{t-1} + \phi_2 y_{t-2} + \varepsilon_t,$$

其中 $\varepsilon \sim^{i.i.d.} (0, \sigma^2)$. 試求

(a) $E(y_t)$

(b) $Var(y_t)$

(c) $\gamma(j)$

(d) $\rho(j)$

6. 給定 y_t 為以下 AR(2) 序列:

$$y_t = 1.3y_{t-1} - 0.5y_{t-2} + \varepsilon_t,$$

其中 $\varepsilon \sim^{i.i.d.} (0, \sigma^2)$.

(a) 將此 AR(2) 模型以落後運算元改寫之。

(b) 驗證 y_t 是否為定態。

(c) 計算 $E(y_t)$。

(d) 計算其自我共變異數, $\gamma(j), j = 1, 2, \ldots$

(e) 找出其 Yule-Walker 方程式。

(f) 計算 $Var(y_t)$。

7. 到主計處網站下載台灣的 1961Q1 到 2006Q4 以固定價格計算之民間消費資料。將資料叫入 EViews, 並命名為 **ctw**。將 **ctw** 取對數後, 命名為 **lctw**。將 **lctw** 取一階差分後, 命名為 **dlctw**。

(a) 以 AR(p) 模型估計序列 **dlctw**, 在給定 $p_{max} = 12$ 下, 報告 AIC(p) 與 BIC(p), $p = 1, 2, \ldots, 12$.

(b) 報告以 AIC 所挑選之 AR(p) 模型估計結果。

(c) 報告以 BIC 所挑選之 AR(p) 模型估計結果。

(d) 以 AR(5) 模型估計序列 **dlctw**, 畫出衝擊反應函數。

4 定態時間序列 II: ARMA 模型

- 移動平均模型
- ARMA 模型
- ARMA 模型之估計
- ARMA 模型之預測以及衝擊反應函數
- Wold Representation 定理
- 實例應用: ARMA(p,q) 模型之估計

在本章中, 我們將進一步將自我迴歸模型擴充到一般化的自我迴歸暨移動平均模型 (Autoregressive Moving Average Model) 簡稱 ARMA 模型。

©陳旭昇 (February 4, 2013)

4.1 移動平均模型

我們首先探討移動平均模型 (moving average model)。

定義 16. *(q 階移動平均模型)* 若隨機過程 $\{y_T\}$ 為現在與過去 q 期隨機衝擊 $(\varepsilon_t, \varepsilon_{t-1}, \ldots, \varepsilon_{t-q})$ 之加權平均:

$$y_t = \varepsilon_t + \theta_1 \varepsilon_{t-1} + \cdots + \theta_q \varepsilon_{t-q},$$

$$\varepsilon_t \sim^{i.i.d.} (0, \sigma^2),$$

則稱為 q 階移動平均模型 *(q-order moving average model)*, 簡稱 $MA(q)$ 模型。

利用落後運算元, 可以改寫成

$$y_t = \theta(L)\varepsilon_t,$$

其中

$$\theta(L) = 1 + \theta_1 L + \theta_2 L^2 + \cdots + \theta_q L^q.$$

如果讓 $q \to \infty$, 則我們可以得到:

定義 17. *(無窮階移動平均模型)*

$$y_t = \sum_{j=0}^{\infty} \psi_j \varepsilon_{t-j}.$$

簡稱 $MA(\infty)$ 模型。

注意到此 $MA(\infty)$ 模型要有意義, 我們必須要求部分和 (partial sum):

$$\sum_{j=0}^{n} \psi_j \varepsilon_{t-j}$$

能夠均方收斂 (converge in mean square) 到某隨機變數, 並以

$$\sum_{j=0}^{\infty} \psi_j \varepsilon_{t-j}$$

代表該隨機變數。一個可以保證此無窮階移動平均序列良好定義 (亦即均方收斂到某隨機變數) 的條件為:

$$\sum_{j=0}^{\infty} |\psi_j| < \infty, \qquad (1)$$

亦即其係數 $\{\psi_j\}$ 為「絕對可加」(absolutely summable)。在此我們定義隨機變數 $y_t = \sum_{j=0}^{\infty} \psi_j \varepsilon_{t-j}$ 為其極限, 亦即給定第 (1) 式成立的情況下,

$$\sum_{j=0}^{n} \psi_j \varepsilon_{t-j} \xrightarrow{m.s.} y_t.$$

注意到第 (1) 式也是 MA(∞) 序列的定態條件。

性質 7. *(MA(∞) 的定態條件)* 時間序列

$$y_t = \sum_{j=0}^{\infty} \psi_j \varepsilon_{t-j}, \quad \varepsilon_t \overset{i.i.d.}{\sim} (0, \sigma^2)$$

為定態之條件是:

$$\sum_{j=0}^{\infty} |\psi_j| < \infty.$$

此定態條件的直覺如下。因為 ε_t 為一個具有「有限變異數」的 i.i.d. 序列, 故 ε_t 為定態。而 $\sum_{j=0}^{\infty} |\psi_j| < \infty$ 使得 y_t 收斂, 亦即 y_t 為定態 ε_t 序列的良好定義 (well-defined) 之函數, 故 y_t 亦為定態。[1] 簡言之, 一個具有絕對可加係數的 MA(∞) 序列為定態序列。因此, 根據性質 7, 我們可以進一步得到以下性質:

性質 8. *(MA(q) 的定態條件)* 有限階次移動平均模型 *MA(q)* 必為定態。

理由很簡單, MA(q) 模型的係數個數必為有限, 則必定為絕對可加。

接下來, 我們介紹 MA(q) 序列的可逆性。

---

[1] 參見 Durrett (2010), 定理 7.1.1 (pp.329)。

性質 9. *(MA(q)的可逆性)* 給定

$$y_t = \theta(L)\varepsilon_t,$$

如果 $\theta(z) = 0$ 之根落於單位圓之外, 則 $MA(q)$ 序列可以寫成:

$$\frac{1}{\theta(L)}y_t = \varepsilon_t,$$

且稱該 $MA(q)$ 序列具「可逆性」(invertible)。

在上一章中, 我們說明了 $AR(p)$ 序列 $\beta(L)y_t = \varepsilon_t$ 為定態的條件是:「$\beta(z) = 0$ 的所有根均落在單位圓之外。」我們在此將重新檢視這個定態條件。我們首先介紹底下的重要性質:[2]

性質 10. *(Absolutely Summable Inverses of Lag Polynomials)* 給定一個 p 階落後運算多項式:

$$\beta(L) = 1 - \beta_1 L - \beta_2 L^2 - \cdots - \beta_p L^p.$$

如果 $\beta(z) = 0$ 的根均落在單位圓之外, 則

$$\beta(L)^{-1} = \varphi(L) = \varphi_0 + \varphi_1 L + \varphi_2 L^2 + \cdots$$

其中

$$\sum_{j=0}^{\infty} |\varphi_j| < \infty,$$

亦即 $\beta(L)$ 的逆落後運算多項式之係數為「絕對可加」。

因此, 給定一個 $AR(p)$ 序列:

$$\beta(L)y_t = \varepsilon_t, \quad \varepsilon_t \sim^{i.i.d.} (0, \sigma^2)$$

如果 $\beta(z) = 0$ 的所有根均落在單位圓之外, 根據性質 10,

$$y_t = \beta(L)^{-1}\varepsilon_t = \varphi(L)\varepsilon_t = (\varphi_0 + \varphi_1 L + \varphi_2 L^2 + \cdots)\varepsilon_t = \sum_{j=0}^{\infty} \varphi_j \varepsilon_{t-j},$$

---

[2] 參見 Hayashi (2000, pp.374)。

且
$$\sum_{j=0}^{\infty}|\varphi_j|<\infty.$$

亦即, y_t 可以寫成一個具有絕對可加係數的 MA(∞) 序列, 根據性質 7, 序列 y_t 為定態。

4.2 ARMA 模型

我們將 AR 與 MA 模型結合在一起, 形成一個 ARMA(p,q) 模型:

$$y_t = \beta_1 y_{t-1} + \cdots + \beta_p y_{t-p} + \varepsilon_t + \theta_1 \varepsilon_{t-1} + \cdots + \theta_q \varepsilon_{t-q},$$

其中 $\varepsilon_t \sim^{i.i.d.} (0, \sigma^2)$。

給定

$$\beta(L) = 1 - \beta_1 L - \beta_2 L^2 - \cdots \beta_p L^p,$$
$$\theta(L) = 1 + \theta_1 L + \theta_2 L^2 + \cdots \theta_q L^q,$$

則 ARMA(p,q) 可寫成

$$\beta(L) y_t = \theta(L) \varepsilon_t.$$

注意到為了簡化符號, 我們在此考慮的 y_t 為減去均數之序列 (demeaned series)。

我們在此進一步說明 ARMA 模型的定態性質:

性質 11. *(ARMA (p,q) 模型的定態條件)* 給定

$$\beta(L) y_t = \theta(L) \varepsilon_t,$$

如果 $\beta(z) = 0$ 的根均落在單位圓之外, 則 y_t 為定態。

根據性質 10, 若 $\beta(z) = 0$ 的根均落在單位圓之外, 則 ARMA(p,q) 可寫成 MA(∞):

$$y_t = \beta(L)^{-1}\theta(L)\varepsilon_t,$$

$$= \underbrace{\left[\frac{1 + \theta_1 L + \theta_2 L^2 + \cdots + \theta_q L^q}{1 - \beta_1 L - \beta_2 L^2 - \cdots - \beta_p L^p}\right]}_{\psi(L)}\varepsilon_t,$$

$$= \psi(L)\varepsilon_t,$$

$$= \varepsilon_t + \psi_1\varepsilon_{t-1} + \psi_2\varepsilon_{t-2} + \cdots,$$

$$= \text{MA}(\infty).$$

其中 $\psi_0 = 1$,

$$\sum_{j=0}^{\infty}|\psi_j| < \infty.$$

因此, 根據性質 7, 序列 y_t 為定態。

性質 12. *(ARMA(p,q) 模型的可逆條件)* 給定

$$\beta(L)y_t = \theta(L)\varepsilon_t,$$

如果 $\theta(z) = 0$ 的根均落在單位圓之外, 則 y_t 為可逆。

若 $\theta(z) = 0$ 的根均落在單位圓之外, 則

$$\underbrace{\theta(L)^{-1}\beta(L)}_{b(L)} y_t = \varepsilon_t,$$

亦即

$$b(L)y_t = \varepsilon_t,$$

其中

$$b(L) = 1 - b_1 L - b_2 L^2 - \cdots,$$

因此, ARMA (p,q) 模型可寫成 AR(∞):

$$y_t = \varepsilon_t + b_1 y_{t-1} + b_2 y_{t-2} + \cdots = \text{AR}(\infty).$$

4.3 ARMA 模型之估計

欲估計 ARMA 模型有一個大問題是: 我們有資料 $\{y_T, y_{T-1}, \ldots, y_1\}$, 卻無法觀察到 $\{\varepsilon_T, \varepsilon_{T-1}, \ldots, \varepsilon_1\}$。一種做法是給定起始值下以遞迴 (recursively) 的方式找出 $\{\varepsilon_T, \varepsilon_{T-1}, \ldots, \varepsilon_1\}$，然後再以非線性最小平方法 (nonlinear least square method) 將 β_j 與 θ_j 估計出來。

給定 ARMA(p,q) 模型,

$$y_t = \beta_1 y_{t-1} + \cdots + \beta_p y_{t-p} + \varepsilon_t + \theta_1 \varepsilon_{t-1} + \cdots + \theta_q \varepsilon_{t-q}$$

假設我們擁有資料 $\{y_t\}_{t=1}^T$, 以及起始值:

$$\underline{y_0} = (y_0, y_{-1}, \ldots, y_{-p+1})$$
$$\underline{\varepsilon_0} = (\varepsilon_0, \varepsilon_{-1}, \ldots, \varepsilon_{-q+1})$$

且

$$\varepsilon_t \sim^{i.i.d.} N(0, \sigma^2).$$

令 $\beta = (\beta_1, \ldots, \beta_p), \theta = (\theta_1, \ldots, \theta_q)$，則聯合機率分配為

$$f(y_T, y_{T-1}, \ldots, y_1 | \beta, \theta, \sigma^2, \underline{y_0}, \underline{\varepsilon_0})$$
$$= f(y_T | y_{T-1}, \ldots, y_1, \beta, \theta, \sigma^2, \underline{y_0}, \underline{\varepsilon_0}) \cdot f(y_{T-1}, \ldots y_1 | \beta, \theta, \sigma^2, \underline{y_0}, \underline{\varepsilon_0})$$
$$\vdots$$
$$= \prod_{t=1}^{T} f(y_t | y_{t-1}, \ldots, y_1, \beta, \theta, \sigma^2, \underline{y_0}, \underline{\varepsilon_0})$$

由於給定 $(y_{t-1},\ldots,y_1,\underline{y_o},\underline{\varepsilon_o},\beta,\theta,\sigma^2)$, y_t 的條件分配為

$$y_t|(y_{t-1},\ldots,y_1,\underline{y_o},\underline{\varepsilon_o},\beta,\theta,\sigma^2)$$
$$\sim N(\beta_1 y_{t-1} + \cdots + \beta_p y_{t-p} + \theta_1 \varepsilon_{t-1} + \cdots + \theta_q \varepsilon_{t-q}, \sigma^2)$$

我們可以得到

$$f(y_t|y_{t-1},y_{t-2},\ldots y_1,\beta,\theta,\sigma^2,\underline{y_o},\underline{\varepsilon_o})$$
$$= \frac{1}{\sqrt{2\pi\sigma^2}}\exp\left\{-\frac{(y_t - \beta_1 y_{t-1} - \cdots - \beta_p y_{t-p} - \theta_1 \varepsilon_{t-1} - \cdots - \theta_q \varepsilon_{t-q})^2}{2\sigma^2}\right\}$$

則對數概似函數為

$$\log L = \frac{-T}{2}\log\sigma^2 - \frac{T}{2}\log 2\pi$$
$$-\frac{1}{2}\sum_{t=1}^{T}\frac{(y_t - \beta_1 y_{t-1} - \cdots - \beta_p y_{t-p} - \theta_1 \varepsilon_{t-1} - \cdots - \theta_q \varepsilon_{t-q})^2}{\sigma^2}$$

由於我們無法觀察到 $\{\varepsilon_T, \varepsilon_{T-1},\ldots,\varepsilon_1\}$，我們將以遞迴 (recursively) 的方式將它們找出來。首先注意到，

$$\varepsilon_t = y_t - \beta_1 y_{t-1} - \cdots - \beta_p y_{t-p} - \theta_1 \varepsilon_{t-1} - \cdots - \theta_q \varepsilon_{t-q}.$$

因此，

1. 給定 $\underline{y_o},\underline{\varepsilon_o},y_1,\beta,\theta$ 我們可以得到 $\varepsilon_1(\beta,\theta)$

2. 給定 $\underline{y_o},\underline{\varepsilon_o},y_1,y_2,\varepsilon_1(\beta,\theta),\beta,\theta$ 我們可以得到 $\varepsilon_2(\beta,\theta)$

3. 依此類推，我們可以得到 $\varepsilon_t(\beta,\theta)$, $t = 1,2,\ldots T$，注意到 $\varepsilon_t(\beta,\theta)$ 為 β 與 θ 的非線性函數。

因此，我們可以得到估計式為

$$(\hat{\beta}_{ml},\hat{\theta}_{ml}) = \arg\min\sum_{t=1}^{T}(y_t - \beta_1 y_{t-1} - \cdots - \beta_p y_{t-p}$$
$$- \theta_1\varepsilon_{t-1}(\beta,\theta) - \cdots - \theta_q\varepsilon_{t-q}(\beta,\theta))^2$$

$$\hat{\sigma}_{ml}^2 = \frac{1}{T} \sum_{t=1}^{T}(y_t - \hat{\beta}_1 y_{t-1} - \cdots - \hat{\beta}_p y_{t-p} - \hat{\theta}_1 \varepsilon_{t-1}(\hat{\beta},\hat{\theta}) - \ldots - \hat{\theta}_q \varepsilon_{t-q}(\hat{\beta},\hat{\theta}))^2$$

$$= \frac{1}{T} \sum_{t=1}^{T} \hat{\varepsilon}_t(\hat{\beta},\hat{\theta})^2$$

4.4 ARMA 模型之預測以及衝擊反應函數

一如 AR(p) 模型, 我們可以將一個 ARMA(p,q) 模型

$$y_t = \beta_1 y_{t-1} + \beta_2 y_{t-2} + \cdots + \beta_p y_{t-p} + \varepsilon_t + \theta_1 \varepsilon_{t-1} + \cdots + \theta_q \varepsilon_{t-q}$$

改寫成一階形式,

$$\begin{bmatrix} y_t \\ y_{t-1} \\ \vdots \\ y_{t-p+1} \\ \varepsilon_t \\ \varepsilon_{t-1} \\ \vdots \\ \varepsilon_{t-q+1} \end{bmatrix} = \begin{bmatrix} \beta_1 & \cdots & \cdots & \cdots & \beta_p & \theta_1 & \cdots & \cdots & \cdots & \theta_q \\ 1 & 0 & \cdots & \cdots & 0 & 0 & 0 & \cdots & \cdots & 0 \\ 0 & \ddots & & & \vdots & 0 & \ddots & & & \vdots \\ \vdots & & \ddots & & \vdots & \vdots & & \ddots & & \vdots \\ 0 & \cdots & & 1 & 0 & 0 & \cdots & & 0 & 0 \\ 0 & \cdots & \cdots & \cdots & 0 & 0 & 0 & \cdots & \cdots & 0 \\ 0 & 0 & \cdots & \cdots & 0 & 1 & 0 & \cdots & \cdots & 0 \\ \vdots & & \ddots & & \vdots & \vdots & \ddots & & & \vdots \\ 0 & \cdots & & 0 & 0 & 0 & \cdots & \cdots & 1 & 0 \end{bmatrix} \begin{bmatrix} y_{t-1} \\ y_{t-2} \\ \vdots \\ y_{t-p} \\ \varepsilon_{t-1} \\ \varepsilon_{t-2} \\ \vdots \\ \varepsilon_{t-q} \end{bmatrix} + \begin{bmatrix} 1 \\ 0 \\ \vdots \\ 0 \\ 1 \\ 0 \\ \vdots \\ 0 \end{bmatrix} \varepsilon_t$$

亦即

$$\underbrace{Y_t}_{(p+q)\times 1} = \underbrace{\Phi}_{(p+q)\times(p+q)} Y_{t-1} + \epsilon_t$$

$$= \sum_{j=0}^{\infty} \Phi^j \epsilon_{t-j}$$

之後的步驟就與第 3 章中所介紹的一樣,

1. 預測式

$$E_t(y_{t+j}) = [1\ 0 \cdots 0]\Phi^j Y_t.$$

2. 衝擊反應函數

$$\Psi(j) = \frac{\partial y_{t+j}}{\partial \varepsilon_t} = [1 \ 0 \cdots 0]\Phi^j \begin{bmatrix} 1 \\ 0 \\ \vdots \\ 0 \\ 1 \\ 0 \\ \vdots \\ 0 \end{bmatrix}.$$

實務上則以 $\hat{\Phi}$ 替代之。

4.5　Wold Representation 定理

定理 2. *(Wold Representation 定理)* 任何均值為零的定態時間序列 $\{y_t\}$ 都能寫成

$$y_t = \sum_{j=0}^{\infty} \varphi_j \varepsilon_{t-j} = \varphi(L)\varepsilon_t.$$

其中

1. $\varepsilon_t \equiv y_t - \mathrm{P}(y_t|H_{t-1})$ 稱為干擾項 (innovation)，乃是將序列 y_t 投射到 $H_t = S_p[y_t, y_{t-1}, y_{t-2}....]$ 的投射殘差 (projection residual)

2. $\varphi(L) = 1 + \varphi_1 L + \varphi_2 L^2 + \cdots$

3. $\sum_{j=0}^{\infty} \varphi_j^2 < \infty,\ \varphi_0 = 1$ (y_t 為定態)

4. $\varepsilon_t \sim WN(0, \sigma^2)$.

5. $\varphi(z) = 0$ 的根均落於單位圓外 (y_t 可逆)

6. $\{\varphi_j\}$ 與 $\{\varepsilon_t\}$ 具唯一性 (unique)

值得注意的是, Wold Representation 定理是 $\{y_t\}$ 的「一種」表示法, 卻不是「唯一」的表示法。而 $\{\varphi_j\}$ 與 $\{\varepsilon_t\}$ 的唯一性是指 Wold Representation 只有一個, 「僅此一家, 別無分號」。也就是說, 如果兩個時間序列具有相同的 Wold Representation, 則它們為相同的時間序列。

Wold Representation 定理說明了任何定態時間序列都能以一個線性模型表示之。然而, 問題是 Wold Representation 定理告訴我們此線性模型為無窮多個干擾項所組成, 因而 $\varphi(L)$ 中就有無窮多個有待估計的參數, 這在實務上並不可行。

一個實務上的解決方式是以 $\frac{\theta(L)}{\beta(L)}$ 來近似 (approximate) $\varphi(L)$,

$$\varphi(L) \approx \frac{\theta(L)}{\beta(L)},$$
$$\beta(L) = 1 - \beta_1 L - \beta_2 L^2 - \cdots - \beta_p L^p,$$
$$\theta(L) = 1 + \theta_1 L + \theta_2 L^2 + \cdots + \theta_q L^q.$$

亦即, 以一個 ARMA(p,q) 來近似 Wold Representation。

4.6 實例應用: ARMA(p,q) 模型之估計

我們在此介紹如何利用 EViews 估計 ARMA(p, q) 模型。假定 $p = 2$, $q = 1$,

$$y_t = \beta_0 + \beta_1 y_{t-1} + \beta_2 y_{t-2} + \varepsilon_t + \theta \varepsilon_{t-1}.$$

打開 Workfile: Taiwan_Data_Q, 點選其中的取自然對數後之新台幣兌美元匯率, ls, 選擇 **Quick/Estimate Equation...**, 一個 Equation Estimation 的視窗就會跳出來，你可以在 Equation Specification 中輸入

```
ls c ls(-1 to -2) ma(1),
```

也可以用

```
ls c ar(1) ar(2) ma(1).
```

利用第二種方式的好處是, 你可以在 **Equation** 的視窗中, 點選 **View/ARMA Structural...**, 然後選擇以下三種選項

1. **Roots**
2. **Correlogram**
3. **Impulse Response**

其中第一個選項報告 $\beta(z) = 0$ 之根的倒數: z_1^{-1} 與 z_2^{-1}; 以及 $\theta(\omega)=0$ 之根的倒數: ω_1^{-1}; 第二個選項報告該序列的自我相關函數以及該 ARMA(2,1) 模型之理論自我相關函數; 最後一個選項則是報告此 ARMA(2,1) 模型的衝擊反應函數。估計結果如圖 4.1 所示。

接下來, 在估計結果的視窗中, 點選

View/ARMA Structure.../Roots,

然後按 OK, 就會得到圖 4.2。其中, $\beta(z) = 0$ 之根的倒數分別為: $z_1^{-1} = 0.96$, $z_2^{-1} = 0.56$, 而 $\theta(\omega) = 0$ 之根的倒數為 $\omega_1^{-1} = 0.08$。不難發現此三個根的倒數全落在單位圓內, 亦即, 此三個根全落在單位圓外。

最後, 我們可以選擇

View/ARMA Structure.../Impulse Response,

圖 4.1: ARMA(2,1) 估計結果

```
Dependent Variable: LS
Method: Least Squares
Date: 09/05/07   Time: 16:43
Sample (adjusted): 1972:3 2007:4
Included observations: 142 after adjustments
Convergence achieved after 8 iterations
Backcast: 1972:2
```

	Coefficient	Std. Error	t-Statistic	Prob.
C	3.464545	0.085820	40.36971	0.0000
AR(1)	1.516098	0.151257	10.02330	0.0000
AR(2)	-0.533734	0.149067	-3.580496	0.0005
MA(1)	-0.084751	0.178677	-0.474325	0.6360

R-squared	0.983602	Mean dependent var	3.497304
Adjusted R-squared	0.983245	S.D. dependent var	0.147681
S.E. of regression	0.019116	Akaike info criterion	-5.048818
Sum squared resid	0.050428	Schwarz criterion	-4.965556
Log likelihood	362.4661	Hannan-Quinn criter.	1.998440
F-statistic	6.2E-123		

Inverted AR Roots	.96	.56
Inverted MA Roots	.08	

圖 4.2: AR 與 MA 之根的倒數

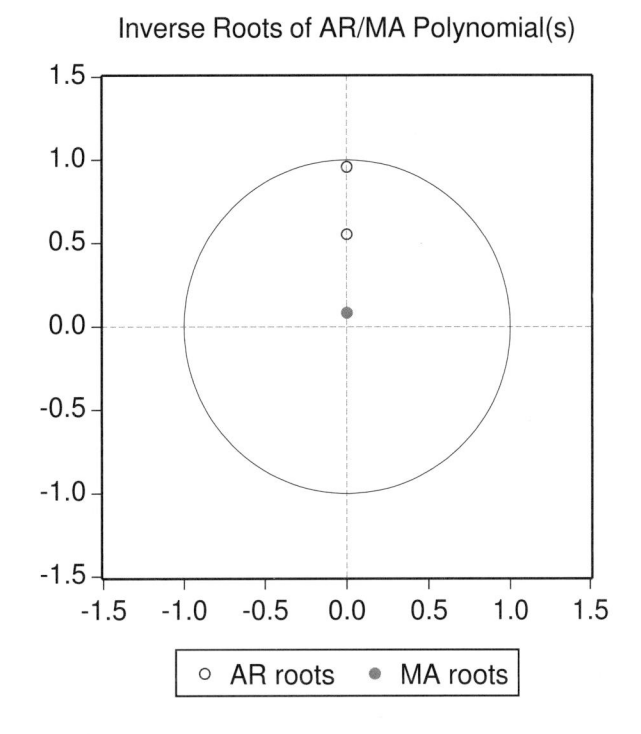

在 **Impulse** 的選項中點選 **User specified**, 輸入 1.0, 亦即 1 單位的外生衝擊, 然後按 OK 後就會得到圖 4.3 所示的衝擊反應函數以及累積衝擊反應函數。注意到虛線部分為信賴區間。

值得注意的是, 在 EViews 中以 `ls c ls(-1 to -2) ma(1)` 與 `ls c ar(1) ar(2) ma(1)` 兩種方式估計所得到的截距項估計值會不同。理由在於, 如果使用 `ls c ls(-1 to -2) ma(1)`, 所估計的模型是

$$y_t = \beta_0 + \beta_1 y_{t-1} + \beta_2 y_{t-2} + \varepsilon_t + \theta \varepsilon_{t-1}. \tag{2}$$

圖 4.3: 衝擊反應函數以及累積衝擊反應函數

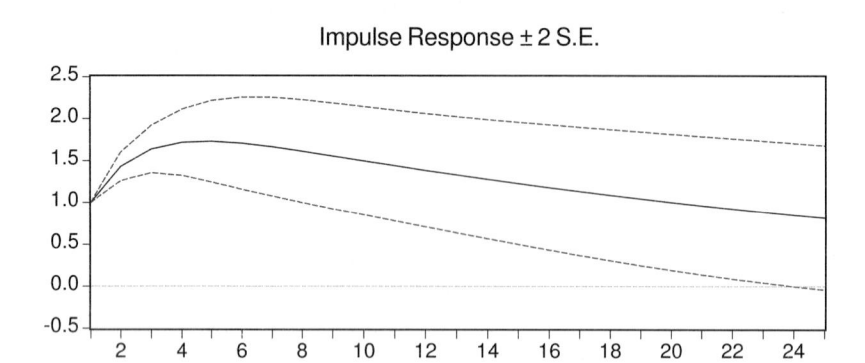

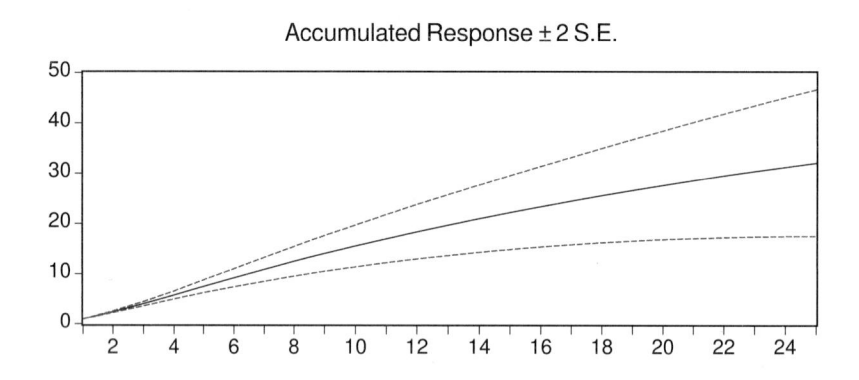

而利用 ls c ar(1) ar(2) ma(1) 所估計的 ARMA(2,1) 模型如下:

$$y_t = c + u_t, \tag{3}$$

$$u_t = \beta_1 u_{t-1} + \beta_2 u_{t-2} + \varepsilon_t + \theta \varepsilon_{t-1}. \tag{4}$$

將 (3), (4) 兩式合併

$$(y_t - c) = \beta_1(y_{t-1} - c) + \beta_2(y_{t-2} - c) + \varepsilon_t + \theta \varepsilon_{t-1},$$

重新整理可得

$$y_t = (1 - \beta_1 - \beta_2)c + \beta_1 y_{t-1} + \beta_2 y_{t-2} + \varepsilon_t + \theta \varepsilon_{t-1}.$$

亦即與第 (2) 式做比較可得知:

$$\beta_0 = (1 - \beta_1 - \beta_2)c.$$

習　題

1. 給定 y_t 為 MA(1) 序列:

$$y_t = \varepsilon_t + \theta \varepsilon_{t-1},$$

其中 $\varepsilon_t \sim WN(0, \sigma^2)$.

　　(a) 計算 y_t 的自我共變數 $\gamma(j)$, $\forall j \geq 0$.

　　(b) y_t 是否為定態的時間序列?

2. 給定 y_t 為 ARMA(2,2) 序列:

$$y_t - 1.5 y_{t-1} + 0.54 y_{t-2} = \varepsilon_t - 1.2 \varepsilon_{t-1} - 1.6 \varepsilon_{t-2}.$$

其中 $\varepsilon_t \sim WN(0, \sigma^2)$.

(a) y_t 是否為定態的時間序列?

(b) y_t 是否為可逆的時間序列?

3. 給定以下定態序列:
$$y_t = \frac{L - \phi}{1 - \phi L} \varepsilon_t,$$
其中 L 為落後運算元, $|\phi| < 1$ 且 $\varepsilon_t \sim WN(0, \sigma^2)$. 若我們知道 y_t 為 ARMA(p, q) 序列, 試求 p 與 q 之值。[提示: y_t 不是 ARMA(1,1) 序列!]

4. 給定一個定態的 ARMA(1,1) 序列:
$$y_t = \phi y_{t-1} + \varepsilon_t + \theta \varepsilon_{t-1},$$
其中 $\varepsilon_t \sim WN(0, \sigma^2)$. 試找出此 ARMA(1,1) 的 Yule-Walker 方程式。

5. 給定 ARMA(1,1) 序列:
$$(1 - \phi_1 L) y_t = (1 + \theta_1 L) \varepsilon_t$$
試說明如果 $-\phi_1 \approx \theta_1$, 會造成什麼問題?

6. 給定 $\varepsilon_t \sim WN(0, \sigma^2)$, 試找出以下 MA 序列的期望值, 變異數, 以及 j 階自我共變異數, $\gamma(j)$:

(a) $y_t = \varepsilon_t + \theta_1 \varepsilon_{t-1}$

(b) $y_t = \varepsilon_t + \theta_1 \varepsilon_{t-1} + \theta_2 \varepsilon_{t-2}$

(c) $y_t = \varepsilon_t + \theta_1 \varepsilon_{t-1} + \theta_2 \varepsilon_{t-2} + \theta_3 \varepsilon_{t-3}$

7. 承上題, 找出以下 MA(q) 序列的期望值, 變異數, 以及 j 階自我共變異數, $\gamma(j)$.
$$y_t = \varepsilon_t + \theta_1 \varepsilon_{t-1} + \theta_2 \varepsilon_{t-2} + \cdots + \theta_q \varepsilon_{t-q}$$

8. 到主計處網站下載台灣的 1961Q1 到 2006Q4 以固定價格計算之民間消費資料。將資料叫入 EViews, 並命名為 **ctw**。將 **ctw** 取對數後, 命名為 **lctw**。將 **lctw** 取一階差分後, 命名為 **dlctw**。

    (a) 以 AR(p) 模型估計序列 **dlctw**, 在給定 $p_{max} = 3$, $q_{max} = 3$ 下, 報告 AIC(p,q) $p = 1, 2, \ldots, 3$, $q = 1, 2, \ldots, 3$.

    (b) 報告以 AIC 所挑選最佳的 ARMA(p,q) 模型估計結果。

    (c) 畫出衝擊反應函數。

    (d) 畫出 AR 與 MA 之根的倒數。

9. 考慮以下兩個 MA(1) 模型:

    $$y_t = \varepsilon_t + \phi \varepsilon_{t-1},$$

    以及

    $$y_t = u_t + \theta u_{t-1},$$

    其中, $|\phi| < 1$, $\varepsilon_t \sim WN(0, \sigma_\varepsilon^2)$ 且 $u_t \sim WN(0, \sigma_u^2)$.

    (a) 給定 $\theta = \phi^{-1}$ 且 $\sigma_u^2 = \phi^2 \sigma_\varepsilon^2$, 試證明此兩 MA(1) 序列具有相同的自我共變異數: $\gamma(0), \gamma(1), \ldots$.

    (b) 請問此結果的意義為何?

10. 試證明性質 8。

5 預測表現之評估

- 評估預測表現
- Diebold-Mariano 檢定
- 樣本外預測
- 樣本外預測之實例
- 樣本外預測之應用

我們在本章中介紹如何評估預測表現, 並介紹樣本外預測 (out-of-sample prediction)。

©陳旭昇 (February 4, 2013)

5.1 評估預測表現

我們已經在第 3 章與第 4 章中介紹如何以 AR 或是 ARMA 模型做預測。給定預測為

$$E_t(y_{t+k}) = [1 \ 0 \ \cdots \ 0]\Phi^k Y_t,$$

我們可以進一步定義預測誤差 (forecasting errors) 為預測值與實際值之間的差異：

$$e_{t+k,t} = y_{t+k} - E_t(y_{t+k}).$$

而預期損失函數 (expected loss function) 就是因為預測誤差所造成的預期損失或是預期成本，

$$E\left[L(e_{t+k,t})\right],$$

其中 $L(\cdot)$ 為損失函數。文獻上考慮的損失函數包括

1. 二次函數 (quadratic function)：$L(e_{t+k,t}) = e_{t+k,t}^2$

2. 絕對函數 (absolute function)：$L(e_{t+k,t}) = |e_{t+k,t}|$

3. 效用函數 (utility function)：[1] $L(e_{t+k,t}) = u(e_{t+k,t})$

如果損失函數為二次函數，我們就稱預期損失函數為均方差 (mean squared error, MSE)。

$$\text{MSE} = E\left[e_{t+k,t}^2\right] = E\left[(y_{t+k} - E_t(y_{t+k}))^2\right],$$

有時為了保有原來的單位，我們會考慮均方差的平方根 (root mean squared error, RMSE)：

$$\text{RMSE} = \sqrt{E\left[e_{t+k,t}^2\right]} = \sqrt{E\left[(y_{t+k} - E_t(y_{t+k}))^2\right]}.$$

---

[1] 見 West et al. (1993)。

如果損失函數為絕對函數, 我們就稱預期損失函數為絕對均差 (mean absolute error, MAE)。

$$\text{MAE} = E[|e_{t+k,t}|] = E\left[|y_{t+k} - E_t(y_{t+k})|\right].$$

一般而言, 最常使用的預期損失函數為均方差 (MSE)。

以上討論的預期損失函數在實務上必須以樣本資料予以估計, 以 MSE 為例, 其估計式為

$$\widehat{\text{MSE}} = \frac{1}{T} \sum_{t=1}^{T} \hat{e}_{t+k,t}^2,$$

其中

$$\hat{e}_{t+k,t} = y_{t+k} - \widehat{E_t(y_{t+k})},$$

$$\widehat{E_t(y_{t+k})} = [1 \; 0 \; \cdots \; 0]\hat{\Phi}^k Y_t,$$

亦即我們將 Φ 以 $\hat{\Phi}$ 取代之。

5.2　Diebold-Mariano 檢定

如果有兩個時間序列模型 A 與 B, 我們可以分別求得預期預測損失為 $E[L(e^A_{t+k,t})]$ 與 $E[L(e^B_{t+k,t})]$, 若 $E[L(e^A_{t+k,t})] < E[L(e^B_{t+k,t})]$, 則稱模型 A 是一個預測表現較好的時間序列模型。然而, 模型 A 的預期預測損失要小多少我們才能認定模型 A 在統計上顯著小於模型 B? 給定任何形式之損失函數, 我們可以執行以下的相同預測能力檢定:

$$H_0 : E[L(e^A_{t+k,t})] = E[L(e^B_{t+k,t})]$$
$$H_1 : E[L(e^A_{t+k,t})] < E[L(e^B_{t+k,t})]$$

令

$$d_t = L(e^A_{t+k,t}) - L(e^B_{t+k,t}) = \begin{cases} (e^A_{t+k,t})^2 - (e^B_{t+k,t})^2 & \text{二次函數} \\ |e^A_{t+k,t}| - |e^B_{t+k,t}| & \text{絕對函數} \\ u(e^A_{t+k,t}) - u(e^B_{t+k,t}) & \text{效用函數} \end{cases}$$

且

$$\bar{d} = \frac{1}{T} \sum_{t=1}^{T} d_t,$$

Diebold and Mariano (1995) 提出了以下的 DM 統計量,

$$DM = \frac{\bar{d}}{\sqrt{\frac{\hat{G}}{T-1}}} \sim t(T-1),$$

$$\hat{G} = \hat{\gamma}(0) + 2 \sum_{j=1}^{m} \hat{\gamma}(j),$$

其中 $\hat{\gamma}(j)$ 為 j 階自我共變異數, $\gamma(j) = Cov(d_t, d_{t-j})$ 的一致估計式。Diebold and Mariano (1995) 建議設定 $m = T^{1/3}$ (取到最接近的整數)。當樣本很大時, DM 統計量的極限分配為標準常態,

$$DM \xrightarrow{d} N(0,1).$$

實務上的作法是將 d_t 對常數項作簡單迴歸, 利用Newey and West (1987) 的 HAC 標準誤 (standard error) 所得到的 t 統計量,[2] 就是我們所要的 DM 統計量。

5.3 樣本外預測

實務上, 我們在衡量預測表現所面臨的問題為: 如果你在第 T 期擁有資料為 $\{y_1, y_2, \ldots, y_T\}$, 你所做出的預測 $\{\hat{y}_{T+k,T}, \hat{y}_{T+k+1,T+1}, \ldots,\}$ 是

---

[2]對於Newey and West (1987) 的 HAC 估計式, 參見第 15 章。

沒有實際資料 $\{y_{T+k}, y_{T+k+1}, \ldots\}$ 來讓你做預測表現的評判, 只有到了第 $T+k$ 期, 你才能算出第一個預測誤差 $\hat{e}_{T+k,T}$。一般而言, 我們至少要有多筆預測誤差才能估計 MSE (假設是 10 筆)。因此, 如果你建構一個匯率走勢的月時間序列模型, 則你必須等 $k+10$ 個月後你才會知道你所建構的時間序列模型預測能力的好壞。

經濟學家通常沒什麼耐性,[3] 於是我們會採用一種預測方法稱為「擬真樣本外預測」(pseudo out-of-sample forecasting), 簡稱「樣本外預測」(out-of-sample forecasting)。

樣本外預測的概念十分簡單, 我們將手頭有的資料拆成兩部分, 將其中 R 筆資料 $\{y_1, y_2, \ldots, y_R\}$ 稱做樣本內資料 (in-sample observations), 另外 P 筆資料 $\{y_{R+1}, y_{R+2}, \ldots, y_T\}$ 稱做樣本外資料 (out-of-sample observations), $R+P=T$, 一般而言, P/T =10% 或是 15%, 然而, 對於最適的 P/R 比例, 文獻上並無定論, 有興趣的讀者可以參閱 Ashley (2003)。

我們之所以稱此為「擬真」或是「造假」(pseudo) 的樣本外預測, 原因在於我們並不是執行真正的樣本外預測, 所謂的「樣本外」意指我們樣本以外未知的資料點, 必須是等到本期之後才會實現的資料。在此, 我們把已知樣本切成兩部分, 一部分是「已知」, 我們用來估計模型; 另一部分我們「假裝未知」, 利用這些資料點與模型的預測作比較, 藉以評估模型的預測能力。

以下我們說明執行樣本外預測的程序。

---

[3]參見哈佛大學經濟系教授 Gregory Mankiw 的部落格文章: "The Sociology of Economics", http://gregmankiw.blogspot.com/2007/08/sociology-of-economics.html.

性質 13. *(樣本外預測)*

1. 以 $\{y_1, y_2, \ldots, y_R\}$ 估計時間序列模型。

2. 建構預測: $\{\hat{y}_{R+1,R}, \hat{y}_{R+2,R+1}, \ldots, \hat{y}_{T,T-1}\}$。

3. 建構預測誤差: $\{\hat{e}_{R+1,R}, \hat{e}_{R+2,R+1}, \ldots, \hat{e}_{T,T-1}\}$。

4. 計算 *MSE* 的估計式

$$\widehat{MSE} = \frac{1}{P} \sum_{j=T-P}^{T-1} \hat{e}_{j+1,j}^2.$$

因此, 如果有兩個時間序列模型 A 與 B, 我們可以分別求得 MSE_A 與 MSE_B, 若 $\text{MSE}_A < \text{MSE}_B$, 則稱模型 A 是一個以樣本外預測來衡量, 預測表現較好的時間序列模型。

值得注意的是, 樣本內估計依照所使用的樣本期間 (sample span) 而有三種不同作法。以 AR(1) 模型為例,

$$y_t = \beta_1 y_{t-1} + \varepsilon_t.$$

1. 遞迴法 (recursive scheme)

$$\hat{\beta}_1^{(t)} = \left[\sum_{s=1}^{t} y_s^2\right]^{-1} \left[\sum_{s=1}^{t} y_s y_{s+1}\right], \quad t = R-1, R, \ldots, R+P-2.$$

2. 滾輪法 (rolling scheme)

$$\hat{\beta}_1^{(t)} = \left[\sum_{s=t-R+2}^{t} y_s^2\right]^{-1} \left[\sum_{s=t-R+2}^{t} y_{s-1} y_{s+1}\right], \quad t = R-1, R, \ldots, R+P-2.$$

3. 固定法 (fixed scheme)

$$\hat{\beta}_1 = \left[\sum_{s=1}^{R} y_{s-1}^2\right]^{-1} \left[\sum_{s=1}^{R} y_{s-1} y_s\right].$$

在固定法之下,只會利用 $\{y_1, y_2, \ldots, y_R\}$ 估計出一個 $\hat{\beta}_1$,而遞迴法與滾輪法就會估計出因時而變 (time-varying) 的估計式 $\hat{\beta}_1^{(t)}$。其中遞迴法是利用 $\{y_1, y_2, \ldots, y_R\}$ 估計出 $\hat{\beta}_1^{(1)}$,接下來利用 $\{y_1, y_2, \ldots, y_R, y_{R+1}\}$ 估計出 $\hat{\beta}_1^{(2)}, \ldots$ 依此類推。至於滾輪法則是利用 $\{y_1, y_2, \ldots, y_R\}$ 估計出 $\hat{\beta}_1^{(1)}$,接下來利用 $\{y_2, y_3, \ldots, y_R, y_{R+1}\}$ 估計出 $\hat{\beta}_1^{(2)}, \ldots$ 依此類推。因此,遞迴法下的樣本數會不斷增加,而滾輪法下的樣本數是固定的。

對於樣本外預測的理論與實務之探討,Kenneth D. West 教授在 Handbook of Economic Forecasting 的第 3 章中,提供了非常詳實的介紹,想要對此課題有進一步了解的讀者,請參閱 West (2006)。

5.4 樣本外預測之實例

底下我們以 EViews 說明如何執行樣本外預測,我們使用「固定法」來進行樣本內估計。

1. 首先打開 EViews 的 Workfile: taiwan_data_q

2. 選擇變數 ls(取自然對數後之新台幣兌美元匯率,1972Q1–2007Q4)

3. 選擇 **Quick/Estimate Equation...**

4. 在 **Equation specification** 中輸入

    ls c ls(-1),

5. **Sample** 選擇 1972q1 2003q4

然後按**確定**。顯而易見地,我們的樣本內資料起迄時點為 1972Q1 到 2003Q4。

我們會看到如圖 5.1 中的估計結果,接著我們選擇 **Forecast**,就會跳出一個新的視窗,由於我們執行的是擬真樣本外預測,

圖 5.1: AR(1) 模型估計結果

```
Dependent Variable: LS
Method: Least Squares
Date: 09/07/07   Time: 22:21
Sample (adjusted): 1972Q2 2003Q4
Included observations: 127 after adjustments
```

Variable	Coefficient	Std. Error	t-Statistic	Prob.
C	0.050892	0.042583	1.195126	0.2343
LS(-1)	0.985097	0.012151	81.06853	0.0000

R-squared	0.981335	Mean dependent var	3.499556
Adjusted R-squared	0.981186	S.D. dependent var	0.156940
S.E. of regression	0.021527	Akaike info criterion	-4.823437
Sum squared resid	0.057924	Schwarz criterion	-4.778647
Log likelihood	308.2883	F-statistic	6572.107
Durbin-Watson stat	0.983830	Prob(F-statistic)	0.000000

1. 在 **Method** 的選項中, 勾選 **Static forecast**

2. 而 **Forecast sample** 輸入 2004q1 2007q4, 亦即我們的樣本外資料起迄時點為 2004Q1 到 2007Q4

最後按 OK 就會得到預測結果, 如圖 5.2 所示, 其中 $\widehat{\text{RMSE}}$ = 0.021030. 至於視窗中所報告的其他資訊, 可參閱 EViews 的使用手冊, 在此不贅言。

5.5 樣本外預測之應用

樣本外預測之所以受到重視的原因在於它可以避免計量模型的過度配適 (over-fit) 或是資料開發 (data mining) 之濫用。樣本外預測在總

圖 5.2: 樣本外預測

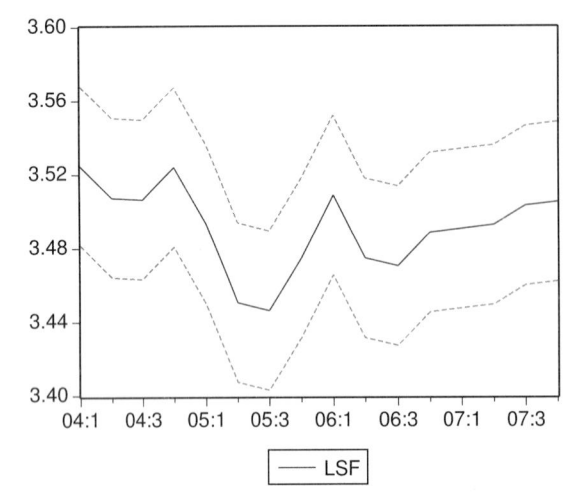

```
Forecast: LSF
Actual: LS
Forecast sample: 2004:1 2007:4
Included observations: 16

Root Mean Squared Error      0.021030
Mean Absolute Error          0.015946
Mean Abs. Percent Error      0.457246
Theil Inequality Coefficient 0.003012
    Bias Proportion          0.000010
    Variance Proportion      0.002387
    Covariance Proportion    0.997603
```

體經濟學或是國際金融的實證研究中被廣泛的應用, 舉例來說, Meese and Rogoff (1983) 在 *Journal of International Economics* 發表其重要的論文 "Empirical Exchange Rate Models of the 1970's: Do They Fit Out of Sample?" 中發現了一個令經濟學家「沮喪」的現象, 那就是利用經濟模型來預測名目匯率在樣本外預測的表現上竟然無法打敗一個簡單的隨機漫步模型 (random walk model),[4] 亦即利用具有經濟意義的匯率模型的樣本外預測能力竟然遜於單純的隨機預測 (猴子射飛鏢)。在國際金融中被稱作 Meese and Rogoff puzzle。從此以後, 經濟學家建構各式匯率預測模型, 企圖在樣本外預測擊敗隨機漫步模型。一直到二十多年後的現在, Meese and Rogoff puzzle 仍未得到完全的解決。[5] 在新進的研究中, Engel and West (2005) 提供了一個有趣的觀

---

[4] 我們會在第 6 章中詳細介紹什麼是隨機漫步模型。

[5] 2001 年 9 月於 Madison, Wisconsin 舉辦了一場名為 "Empirical Exchange Rate Models" 之研討會, 探討 Meese and Rogoff puzzle, 部分研討會論文經篩選後收錄於

點, 以現值模型 (present value model) 說明名目匯率雖然不是隨機漫步, 在某些合理的條件下, 會有近似隨機漫步 (near random walk) 的表現, 這就是為什麼匯率模型無法在樣本外預測擊敗隨機漫步的可能原因。

習 題

1. 考慮以下 AR 模型

$$y_t = a_0 + a_2 y_{t-2} + \varepsilon_t,$$

其中 $|a_2| < 1$, $\varepsilon_t \sim^{i.i.d} (0, \sigma^2)$.

(a) 求算 $E_{t-2}(y_t)$.

(b) 求算 $E_{t-1}(y_t)$. 與上一小題的答案做比較, 此兩答案的差異有何意義? 試說明之。

(c) 求算 $E_t(y_{t+2})$.

(d) 求算 $Cov(y_t, y_{t-1})$.

(e) 求算 $Cov(y_t, y_{t-2})$.

(f) 求算衝擊反應函數: $\frac{\partial y_{t+j}}{\partial \varepsilon_t}$, $j = 0, 1, \ldots, 6.$

2. 到主計處網站下載台灣的 1961Q1 到 2006Q4 以固定價格計算之民間消費資料。將資料叫入 EViews, 並命名為 **ctw**。將 **ctw** 取對數後, 命名為 **lctw**。將 **lctw** 取一階差分後, 命名為 **dlctw**。根據第 5.4 節的分析方法執行樣本外預測。

Journal of International Economics, 60 (2003), 1-2, Special Issue 中。此外, 讀者亦可參考 Cheung et al. (2005)。

(a) 設定 1961Q1–2003Q4 為樣本內期間, 2004Q1–2006Q4 為樣本外期間。因此, 估計用的樣本期間為 1961Q1–2003Q4, 預測用的樣本期間為 2004Q1–2006Q4.

(b) 以 AR(1) 模型估計序列 **dlctw**, 執行樣本外預測, 並計算 $\widehat{\text{RMSE}}$, 稱之為 RMSE1.

(c) 以 AR(3) 模型估計序列 **dlctw**, 執行樣本外預測, 並計算 $\widehat{\text{RMSE}}$, 稱之為 RMSE3.

(d) 比較 RMSE1 與 RMSE3, 並說明那一個模型 (AR(1) vs. AR(3)) 在樣本外預測的表現較佳。

(e) 計算 AR(1) 模型與 AR(3) 模型之間的 DM 統計量。

6 單根與隨機趨勢

- 定態與非定態自我迴歸模型
- 非定態時間序列: 帶有趨勢之序列
- 隨機趨勢造成的問題
- 時間序列的單根檢定
- 實例應用: 對匯率的單根檢定
- ADF 檢定的檢定力
- 其他單根檢定
- 如何處理時間序列的單根
- 去除趨勢後定態 vs. 差分後定態
- Hodrick-Prescott 分解
- 追蹤資料單根檢定
- 實例應用: 再探購買力平價困惑

本章介紹 隨機趨勢與單根。

©陳旭昇 (February 4, 2013)

6.1 定態與非定態自我迴歸模型

給定簡單的 AR(1) 模型

$$y_t = \beta_0 + \beta_1 y_{t-1} + \varepsilon_t, \quad \varepsilon_t \sim^{i.i.d.} (0, \sigma^2).$$

我們知道 AR(1) 模型為定態的條件為 $|\beta_1| < 1$。當 $|\beta_1| > 1$, AR(1) 模型會是一個爆炸的序列 (explosive series), 一般經濟或財務的變數不會有此性質, 我們就不多討論。

當 $\beta_1 = 1$ 時, AR(1) 模型變成

$$y_t = \beta_0 + y_{t-1} + \varepsilon_t.$$

此模型稱為帶有漂移項 (drift) 的隨機漫步模型 (random walk model), β_0 就是模型中的漂移項。之所以被稱作隨機漫步, 係因為此隨機序列就像是醉漢在路上漫步, 醉漢邁步下一個位置等於現在的位置加上一個隨機衝擊 (random shock), 你無法知道下一個位置會在哪裡。

如果不具漂移項 (drift),

$$y_t = y_{t-1} + \varepsilon_t,$$

就是一個簡單的隨機漫步模型。以簡單的隨機漫步模型為例,

$$E_{t-1}(y_t) = y_{t-1},$$

亦即對於下一期最佳的預測值就是本期的值。

我們可以比較簡單的隨機漫步模型與有漂移項的隨機漫步模型之不同。假設起始點為 y_0, 透過反覆疊代,

1. 不具漂移項:

$$y_t = \varepsilon_t + \varepsilon_{t-1} + \cdots + \varepsilon_1 + y_0,$$

圖 6.1: 不具漂移項的隨機漫步模型

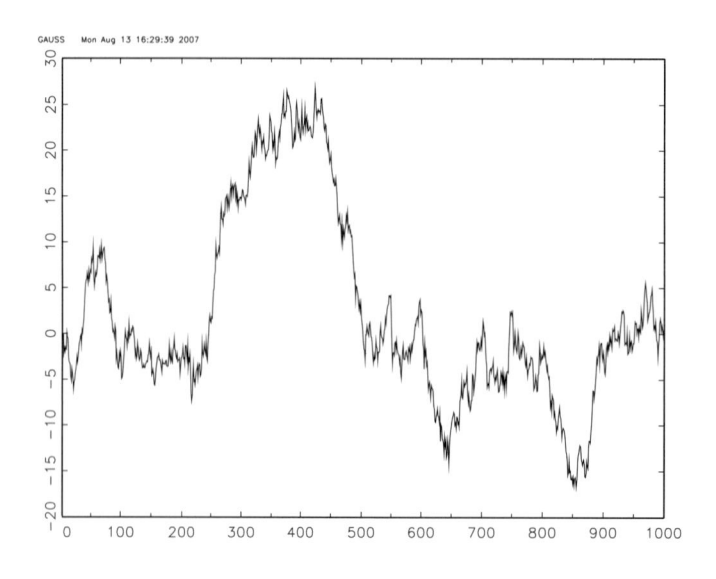

2. 具漂移項:

$$y_t = \varepsilon_t + \varepsilon_{t-1} + \cdots + \varepsilon_1 + y_0 + \beta_0 t.$$

因此, 具漂移項的隨機漫步模型將有一個固定趨勢項: $\beta_0 t$, 若 β_0 大於零, 則 y_t 將有一隨時間遞增的固定趨勢; 反之, 則為遞減趨勢。我們在圖 6.1 中以電腦模擬了 $t = 1000$ 的不具漂移項的隨機漫步模型, 亦即 $\beta_0 = 0$, 而圖 6.2 則是一個具漂移項的隨機漫步模型, $\beta_0 = 0.08$。顯然地, 圖 6.2 中的時間數列具有一個隨時間遞增的固定趨勢。

讀者應自行驗證, 如果隨機漫步模型同時具有漂移項與固定趨勢, 則該隨機漫步模型將會有二次式的固定趨勢 (quadratic trend)。

6.2 非定態時間序列: 帶有趨勢之序列

所謂的趨勢 (trend) 係指時間序列資料持續而長期性的移動, 而時間

圖 6.2: 具漂移項的隨機漫步模型

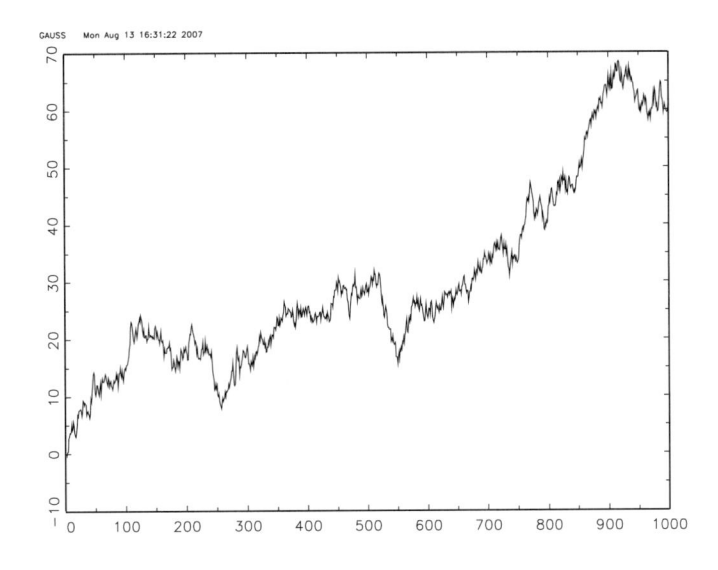

序列資料則沿著它的趨勢上下波動。在時間序列分析中, 有兩種可能的趨勢使時間序列為非定態: 固定趨勢 (deterministic trend) 與隨機趨勢 (stochastic trend)。

§6.2.1 固定趨勢

我們在第 2 章中已經介紹過固定趨勢模型, 在此, 我們討論固定趨勢的非定態性質。給定

$$y_t = \beta_0 + \beta_1 t + \varepsilon_t, \quad \varepsilon_t \sim^{i.i.d.} (0, \sigma^2).$$

則

$$E(y_t) = \beta_0 + \beta_1 t,$$

$$E(y_{t+s}) = \beta_0 + \beta_1(t+s),$$

亦即 $E(y_t) \neq E(y_{t+s})$, y_t 非定態。這樣的時間序列稱為去除趨勢後定態 (trend stationary, TS), 簡稱 TS, 意指該時間序列在去除固定趨勢後就會是定態。一般去除固定趨勢的方法為估計固定趨勢模型後, 得到殘差序列,

$$\hat{\varepsilon}_t = y_t - \hat{\beta}_0 - \hat{\beta}_1 t$$

就是去除固定趨勢後的定態時間序列。

§ 6.2.2　單根與隨機趨勢

所謂的隨機趨勢就是時間序列資料持續而長期性的**隨機**移動。以總體經濟學的解釋來看, 意指經濟體系中的外生衝擊 (exogenous shocks) 對於總體經濟變數的影響為恆久 (permanent)。**任意一次的隨機衝擊就會造成時間序列資料持續而長期性的改變。**

給定 AR(p) 模型

$$\beta(L)y_t = \beta_0 + \varepsilon_t.$$

如果多項式方程式

$$\beta(z) = 1 - \beta_1 z - \beta_2 z^2 - \cdots - \beta_p z^p = 0$$

有一個根為 1, 則我們稱此 AR(p) 為一具有單根 (unit root) 的序列, 以 AR(1) 為例, 若 AR(1) 模型的多項式方程式之根為 1, 則此具單根的 AR(1) 模型就是一個隨機漫步模型。

考慮以下的 ARMA(p,q) 模型:

$$\beta(L)y_t = \theta(L)\varepsilon_t, \quad \varepsilon_t \sim^{i.i.d.} (0, \sigma^2).$$

給定多項式方程式 $\beta(z) = 0$ 有一個根為 1, 因此 $\beta(z)$ 可寫成:

$$\beta(z) = (1-z)\tilde{\beta}(z),$$

其中 $\tilde{\beta}(z) = 0$ 的根均在單位圓之外，則原來的 ARMA 模型可寫成:

$$(1-L)\tilde{\beta}(L)y_t = \theta(L)\varepsilon_t,$$

亦即

$$(1-L)y_t = \underbrace{\tilde{\beta}(L)^{-1}\theta(L)\varepsilon_t}_{u_t} = u_t,$$

其中 u_t 為一個具有序列相關的定態時間序列。因此，

$$y_t = y_{t-1} + u_t = \sum_{s=1}^{t} u_s + y_0,$$

我們就將此部分和序列 (partial sum process):

$$\sum_{s=1}^{t} u_s$$

稱為隨機趨勢 (stochastic trend)。

如果時間序列 y_t 具有單根，則 y_t 具有隨機趨勢。一般來說，單根與隨機趨勢被視作相同的概念。單根的概念對於近代的總體經濟學的發展具有舉足輕重的影響。單根原本只是統計學上的性質，然而，Nelson and Plosser (1982) 在 *Journal of Monetary Economics* 發表 "Trends and Random Walks in Macroeconomic Time Series" 一文後，改變了實證總體經濟學的方向。

在過去，人們對於第 2 章中的總體經濟時間序列均認定為具有固定趨勢，因此，一般的作法是以固定趨勢模型去除掉總體經濟時間序列的趨勢後，序列就是定態，可予以分析。然而，Nelson and Plosser (1982) 發現，大多數的總體經濟時間序列均具有隨機趨勢，因此僅去除掉總體經濟時間序列的固定趨勢，並未去除時間序列的隨機趨勢，之後的分析就大有問題。

我們接下來就一一討論:

1. 隨機趨勢會在統計分析上造成什麼問題?

2. 如何檢定時間序列具有單根?

3. 如果發現單根, 應如何處理?

6.3 隨機趨勢造成的問題

隨機趨勢造成的問題有三, (1) 以自我迴歸模型估計隨機趨勢序列, 所得到的自我迴歸係數有嚴重的小樣本向下偏誤 (small-sample downward bias)。(2) 以自我迴歸模型估計隨機趨勢序列, 所得到自我迴歸係數的 t-統計量 (t-statistic) 的極限分配不爲標準常態。(3) 虛假迴歸 (spurious regression)。

§ 6.3.1 小樣本向下偏誤

我們以 AR(1) 爲例, 如果時間序列具有隨機趨勢, 亦即實際的資料生成過程 (data generating process) 爲

$$y_t = y_{t-1} + \varepsilon_t,$$

然而我們不知道眞正的資料生成過程, 卻以 AR(1) 模型估計之:

$$y_t = \beta_0 + \beta_1 y_{t-1} + \varepsilon_t,$$

因此, 在眞正的 $\beta_1 = 1$ 的情形下, 我們所估計的 $\hat{\beta}_1$ 將有向下偏誤:

$$\text{偏誤} = E(\hat{\beta}_1) - \beta_1 \approx \left(1 - \frac{5.3}{T}\right) - 1 = -\frac{5.3}{T},$$

不難看出隨著樣本越小, 偏誤越大。我們以電腦模擬 $E(\hat{\beta}_1)$ 與樣本大小之間的關係並將其繪於圖 6.3, 以 $T = 80$ 爲例,

$$E(\hat{\beta}_1) \approx 1 - \frac{5.3}{80} = 0.934,$$

圖 6.3: $E(\hat{\beta}_1)$ 與樣本大小

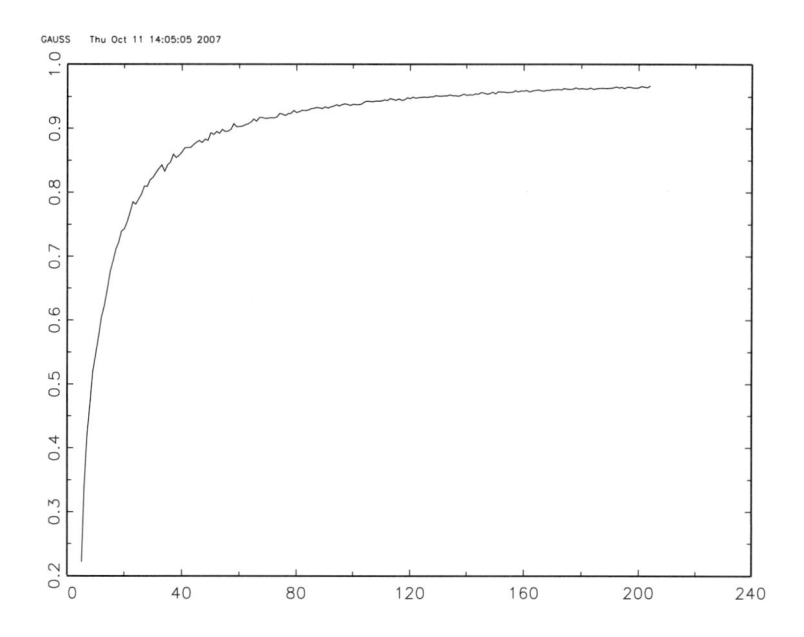

則偏誤爲 -0.066。

§ 6.3.2　　t-統計量的極限分配不爲標準常態

給定資料生成過程爲

$$y_t = \beta_1 y_{t-1} + \varepsilon_t,$$

欲檢定虛無假設: $\beta_1 = B$，其中 B 爲眞實的 β_1 之值。若 $-1 < B < 1$，亦即 y_t 爲定態，則 t-統計量的極限分配爲標準常態，

$$t = \frac{\hat{\beta}_1 - B}{\sqrt{\widehat{Var(\hat{\beta}_1)}}} \xrightarrow{d} N(0,1),$$

然而，當 $B = 1$，亦即 y_t 有隨機趨勢 (單根)，則 t-統計量

$$t = \frac{\hat{\beta}_1 - B}{\sqrt{\widehat{Var(\hat{\beta}_1)}}} = \frac{\hat{\beta}_1 - 1}{\sqrt{\widehat{Var(\hat{\beta}_1)}}}$$

圖 6.4: 模擬在虛無假設 $\beta_1 = 1$ 下 t-統計量之抽樣分配

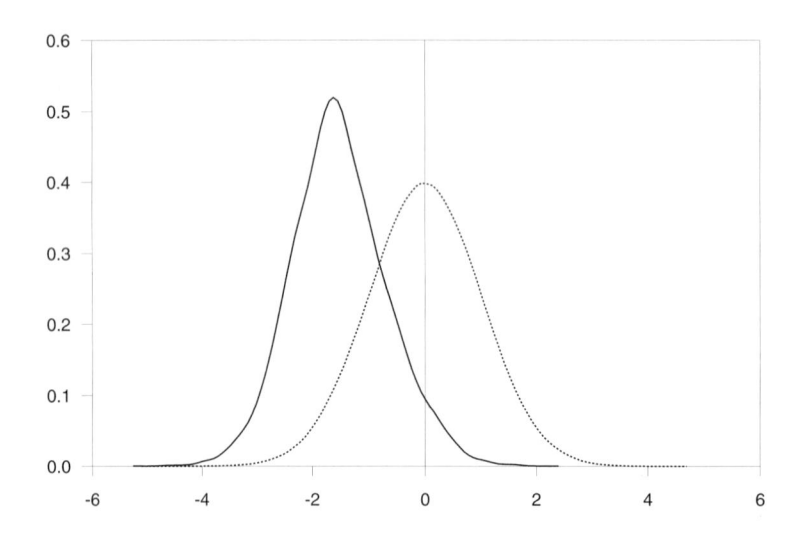

的極限分配不爲標準常態。

在此, 我們以 $T = 1000$ (大樣本) 爲例, 在 $\beta_1 = 1$ 的虛無假設下以電腦模擬上述 t-統計量, 所得的 t-統計量之抽樣分配 (實線) 與標準常態分配 (虛線) 一併呈現於圖 6.4 中。因此, 根據圖 6.4 可知, 如果我們在 5% 的顯著水準下, 以標準常態分配做爲檢定 $\beta_1 = 1$ 的極限分配時 (臨界值爲 -1.64), 實際的型 I 誤差機率 (empirical size) 將遠大於 5%。

§6.3.3 虛假迴歸

虛假迴歸 (spurious regression) 是由 Granger and Newbold (1974) 所提出。[1] 一般而言, 如果我們有兩個獨立且定態的時間序列 x_t 與 z_t, 由於獨立之性質, 則以下的迴歸分析

$$x_t = a_0 + a_1 z_t + u_t$$

---

[1]Clive W.J. Granger 爲 2003 年諾貝爾經濟學獎得主。

應該會得到 (1) a_1 的估計式不具統計上顯著, 且 (2) 判定係數 R^2 非常低。

然而, 如果 x_t 與 z_t 雖然獨立但卻都具隨機趨勢, 則他們發現, 在多次電腦模擬中, 在 5% 的顯著水準下, 可以拒絕 $a_1 = 0$ 的虛無假設的機會 (百分比) 竟高達 75%, 而 R^2 也異常地高。亦即, 兩個毫不相干的變數, 只因為具有隨機趨勢, 就會讓我們估計出一個不存在的相關性, 這就叫做虛假迴歸。

6.4 時間序列的單根檢定

既然時間序列存在單根會造成許多問題, 一如 Nelson and Plosser (1982) 所揭示, 如果我們忽略總體經濟變數具有單根之問題, 則過去實證總體經濟研究中所得到的統計推論可能都是錯的。

我們接下來的問題就是, 如何檢定單根的存在。單根檢定自 1970 年代以來, 有許多不同的方法被提出。其中, 一個最常使用的檢定稱為 Augmented Dickey-Fuller 檢定 (ADF test), 主要的貢獻者為 David Dickey 與 Wayne Fuller 兩位統計學家。

我們考慮一個 AR(k) 模型:

$$\varphi(L)y_t = \mu + \varepsilon_t, \qquad (1)$$

$$\varepsilon_t \sim^{i.i.d.} (0, \sigma^2),$$

其中

$$\varphi(L) = 1 - \varphi_1 L - \cdots - \varphi_k L^k. \qquad (2)$$

我們首先討論底下的 Dickey-Fuller 重新參數化 (Dickey-Fuller reparameterization)。

性質 14. *(Dickey-Fuller 重新參數化)* 令 $p = k - 1$, 我們可以透過計算得到

$$\varphi(L) = (1 - L) - \alpha_0 L - \alpha_1(L - L^2) - \cdots - \alpha_p(L^p - L^{p+1}),$$

其中係數 α_i 符合

$$\alpha_0 = -1 + \sum_{j=1}^{k} \varphi_j,$$

$$\alpha_i = -\sum_{j=i+1}^{k} \varphi_j, \text{ for } i = 1, 2, \ldots, p$$

因此, 根據第 (2) 式, 式 (1) 可改寫成:

$$\Delta y_t = \mu + \alpha_0 y_{t-1} + \alpha_1 \Delta y_{t-1} + \cdots + \alpha_p \Delta y_{t-p} + \varepsilon_t. \tag{3}$$

第 (3) 式稱為第 (1) 式的 Dickey-Fuller 重新參數化。

Dickey-Fuller 重新參數化的推導過程並不困難, 但有一點繁複, 讀者請自行練習 (參見習題)。我們在此以 AR(3) 為例, 說明 Dickey-Fuller 重新參數化。考慮一個 AR(3) 模型:

$$y_t = \mu + \varphi_1 y_{t-1} + \varphi_2 y_{t-2} + \varphi_3 y_{t-3} + \varepsilon_t,$$

則

$$y_t = \mu + \varphi_1 y_{t-1} - (\varphi_2 + \varphi_3)(y_{t-1} - y_{t-2}) - \varphi_3(y_{t-2} - y_{t-3}) + \varepsilon_t + (\varphi_2 y_{t-1} + \varphi_3 y_{t-1}),$$
$$= \mu + (\varphi_1 + \varphi_2 + \varphi_3)y_{t-1} - (\varphi_2 + \varphi_3)(y_{t-1} - y_{t-2}) - \varphi_3(y_{t-2} - y_{t-3}) + \varepsilon_t,$$
$$= \mu + (\varphi_1 + \varphi_2 + \varphi_3)y_{t-1} - (\varphi_2 + \varphi_3)\Delta y_{t-1} - \varphi_3 \Delta y_{t-2} + \varepsilon_t.$$

左右兩邊同減去 y_{t-1},

$$\Delta y_t = \mu + (-1 + \varphi_1 + \varphi_2 + \varphi_3)y_{t-1} - (\varphi_2 + \varphi_3)\Delta y_{t-1} - \varphi_3 \Delta y_{t-2} + \varepsilon_t,$$
$$= \mu + \alpha_0 y_{t-1} + \alpha_1 \Delta y_{t-1} + \alpha_2 \Delta y_{t-2},$$

其中,

$$\alpha_0 = -1 + \varphi_1 + \varphi_2 + \varphi_3,$$

$$\alpha_1 = -(\varphi_2 + \varphi_3),$$

$$\alpha_2 = -\varphi_3$$

我們知道, 如果 $\varphi(z) = 0$ 有一個根落在單位圓之上, 亦即 $\varphi(1) = 0$, 則稱 y_t 具有單根。注意到

$$\varphi(1) = (1-1) - \alpha_0 - \alpha_1(1-1^2) - \cdots - \alpha_p(1^p - 1^{p+1}) = -\alpha_0,$$

也就是說, 檢定 y_t 是否具有單根, $H_0 : \varphi(1) = 0$, 就等同於檢定第 (3) 式中 $H_0 : \alpha_0 = 0$ 之假設。根據以上討論, 我們有如下的 Augmented Dickey-Fuller 檢定。

定義 18. *(Augmented Dickey-Fuller 檢定)*

1. 若虛無假設為 y_t 具單根, 對立假設 y_t 為定態, 考慮以下迴歸式

$$\Delta y_t = \beta_0 + \delta y_{t-1} + \gamma_1 \Delta y_{t-1} + \cdots + \gamma_p \Delta y_{t-p} + u_t,$$

並檢定 $H_0 : \delta = 0$ vs. $H_1 : \delta < 0$。

2. 若虛無假設為 y_t 具單根, 對立假設 y_t 為去除趨勢後定態。考慮以下迴歸式

$$\Delta y_t = \beta_0 + \alpha t + \delta y_{t-1} + \gamma_1 \Delta y_{t-1} + \cdots + \gamma_p \Delta y_{t-p} + u_t,$$

並檢定 $H_0 : \delta = 0$ vs. $H_1 : \delta < 0$。

其中, $\gamma_1 \Delta y_{t-1} + \cdots + \gamma_p \Delta y_{t-p}$ 稱為 ADF 檢定的增廣項 *(augmented part)*, 增廣項的最適落後期數 p 可利用 AIC 或是 BIC (SIC) 決定之。

表 6.1: ADF-t 統計量的大樣本臨界值

ADF 迴歸模型	10%	5%	1%
只有截距項 (β_0)	-2.57	-2.86	-3.43
截距項 (β_0) 與固定趨勢 (t)	-3.12	-3.41	-3.96

在 ADF 檢定中, 檢定 $H_0: \delta = 0$ 的 t 統計量又稱 ADF-t 統計量,

$$\text{ADF-}t = \frac{\hat{\delta}}{\sqrt{\widehat{Var(\hat{\delta})}}}.$$

值得注意的是, 在虛無假設下, ADF-t 統計量的實際抽樣分配不為 t 分配, 其極限分配也不是標準常態 $N(0,1)$, 而是一個非標準的特殊分配 (參見圖 6.4), 其臨界值如表 6.1 所示。

因此, ADF-t 檢定是一個左尾檢定, ADF-t 統計量越小, 越能提供證據拒絕「具有單根」的虛無假設。

如果我們移去 ADF 迴歸式中所有的增廣項,

$$\Delta y_t = \beta_0 + \delta y_{t-1} + u_t,$$

這就是 Dickey and Fuller (1979) 原始的概念, 因此我們又將不具增廣項的 ADF 檢定稱做 Dickey-Fuller 檢定, 簡稱 DF 檢定。放進增廣項的目的在於控制殘差項 u_t 中可能的序列相關。

6.5 實例應用: 對匯率的單根檢定

底下提供一個例子, 說明如何以 EViews 執行 ADF 檢定。

1. 首先打開 EViews 的 Workfile: taiwan_data_q

2. 選擇變數 ls (取自然對數後之新台幣兌美元匯率, 1972Q1–2007Q4), 一個新視窗會跳出

3. 選擇 View/Unit Root Test..., 再一個新視窗跳出

4. **Test type** 選擇 **Augmented Dickey-Fuller**

5. 而 **Include in test equation** 有三種選項:

    (a) **Intercept** (只有截距項)

    (b) **Trend and intercept** (截距項與固定趨勢),

    (c) **None**

第三種選項代表不放截距項, 也不放固定趨勢, 我們不建議此一選擇。

Lag length 建議採用 **Automatic selection**, 意指讓 EViews 自行選擇最適落後期數, 有 AIC, BIC (SIC) 等準則可以選擇。接下來選擇 **Maximum lags**, 也就是 p_{max}。一切就緒後選擇 OK, ADF 檢定結果就會呈現出來, 如圖 6.5 所示。

在本例中, 我們發現新台幣兌美元匯率的 ADF-t 統計量為 -1.727327, 我們可以參照表 6.1 的臨界值, 或是直接參考 EViews 針對不同模型設定所報告的 MacKinnon (1996) 臨界值。無論是參考那一個表, 我們均無法拒絕新台幣兌美元匯率具單根的虛無假設, 亦即匯率可能是一個具有隨機趨勢的時間序列。

6.6 ADF 檢定的檢定力

ADF 檢定雖然是最常用的單根檢定, 但是其檢定力在真正的 AR(1) 係數很接近 1 (但不等於 1) 時非常低。也就是說, ADF 檢定犯型 II 誤差

圖 6.5: ADF 檢定結果: 新台幣兌美元匯率

Augmented Dickey-Fuller Unit Root Test on LS

Null Hypothesis: LS has a unit root
Exogenous: Constant
Lag Length: 1 (Automatic based on SIC, MAXLAG=13)

		t-Statistic	Prob.*
Augmented Dickey-Fuller test statistic		-1.727327	0.4154
Test critical values:	1% level	-3.476805	
	5% level	-2.881830	
	10% level	-2.577668	

*MacKinnon (1996) one-sided p-values.

Augmented Dickey-Fuller Test Equation
Dependent Variable: D(LS)
Method: Least Squares
Date: 09/10/07 Time: 11:11
Sample (adjusted): 1972:3 2007:4
Included observations: 142 after adjustments

Variable	Coefficient	Std. Error	t-Statistic	Prob.
LS(-1)	-0.018676	0.010812	-1.727327	0.0863
D(LS(-1))	0.469155	0.074342	6.310743	0.0000
C	0.064659	0.037864	1.707655	0.0899

R-squared	0.232616	Mean dependent var	-0.001283
Adjusted R-squared	0.221574	S.D. dependent var	0.021605
S.E. of regression	0.019062	Akaike info criterion	-5.061372
Sum squared resid	0.050505	Schwarz criterion	-4.998925
Log likelihood	362.3574	F-statistic	21.06740
Durbin-Watson stat	2.035110	Prob(F-statistic)	0.000000

的機率非常高 (實際上是定態時間序列, 卻無法拒絕具有單根的虛無檢定)。假設真正的資料過程為定態的 AR(1) 模型:

$$y_t = \beta_1 y_{t-1} + \varepsilon_t, \quad \varepsilon_t \sim^{i.i.d.} N(0, \sigma^2),$$

其中 $|\beta_1| < 1$。給定樣本大小為 $T = 100$, 我們以電腦模擬 ADF 檢定在不同的對立假設下 (亦即不同的 $0.5 \leq \beta_1 \leq 1$) 的檢定力 (顯著水準為 5%), 結果如圖 6.6 所示。當 $\beta_1 = 0.5$ 左右時, ADF 檢定的檢定力極高 (接近 1), 然而, 隨著 β_1 變大, 檢定力亦隨之下降, 舉例來說, 當真正的 $\beta_1 = 0.93$ 左右, 檢定力只有 10%, 亦即 ADF 檢定犯型 II 誤差的機率高達 90%, 每 100 個定態 AR(1) 序列有 90 個會因無法拒絕單根而被誤判為 $I(1)$ 序列。一般來說, 如果樣本數增加 (譬如說增加到 $T = 500$), ADF 檢定的檢定力會大幅提升。

為了解決 ADF 檢定的低檢定力問題, 許多學者提出新的單根檢定 (參見下節)。然而, 使用追蹤資料 (panel data) 是另外一種提高單根檢定檢定力的方法, 詳見第 6.11 節。

6.7 其他單根檢定

對於時間序列的定態與否, 文獻上存在許多不同的檢定方法, 在 EViews 中有如表 6.2 之不同選擇。有興趣的讀者可以自行參閱使用手冊。

對於這些檢定, 我們有以下幾點說明與補充。

1. 我們之前提過, ADF 檢定中的增廣項是為了控制殘差項的序列相關。Phillips and Perron (1988) 則以無母數 (non-parametric) 之方法處理此問題, 稱之為 Phillips-Perron (PP) 檢定。然而, 根據類似的電腦模擬分析顯示, PP 檢定與 ADF 檢定一樣, 都有「低檢定力」之問題。

圖6.6: ADF 檢定之檢定力 (橫軸為 AR(1) 係數 β_1, 縱軸為檢定力)

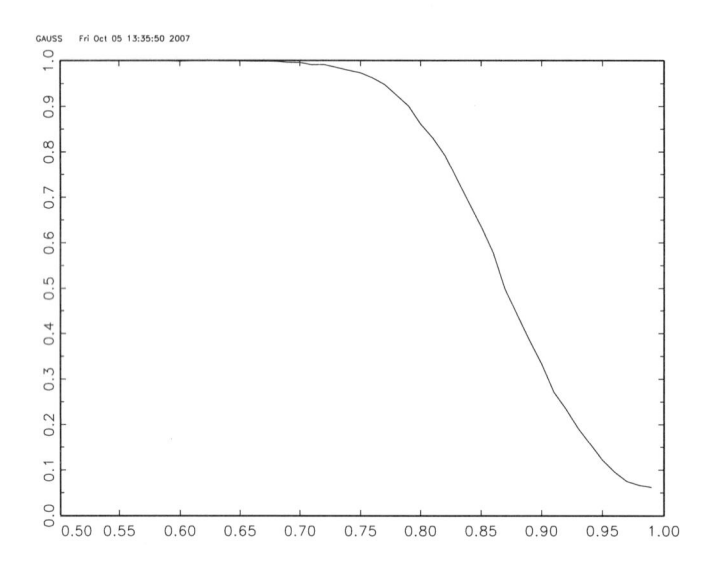

表6.2: 其他單根檢定

檢定方法	提出人
PP 檢定	Phillips and Perron (1988)
KPSS 檢定	Kwiatkowski et al. (1992)
DF-GLS 檢定	Elliott et al. (1996)
ERS 檢定	Elliott et al. (1996)
NP 檢定	Ng and Perron (2001)

2. 一般的單根檢定都是將「序列具有單根」放在虛無假設, 而對立假設則是「序列為定態」。而 KPSS 檢定正好相反, 其虛無假設是「序列為定態」。因此, 有些學者如 Cheung and Chinn (1996) 主張, 我們應該同時考慮將「序列具有單根」放在虛無假設與將「序列為定態」放在虛無假設的檢定, 以做為一種「確認分析」(confirmatory analysis)。也就是說, 唯有兩種不同檢定具有一致之結果, 我們才能「確認」我們對於序列是否為單根之結論。

然而, Maddala and Kim (1998) 卻有不同之看法。他們認為給定 KPSS 檢定與 ADF/PP 檢定一樣, 檢定力也不高, 這種確認分析並沒有太大意義。他們援引文獻上的電腦模擬分析以支持此論點。簡單地說, 「確認分析」猶如問道於兩個盲人 (There is no chance to get better since you are guided by TWO Blind MEN)。

3. 除了「低檢定力」的問題之外, ADF/PP 等傳統檢定還存在著「高型 I 誤差的扭曲」(large size distortion)。Schwert (1989) 與 DeJong et al. (1992) 均發現實際資料生成過程 (data generating process) 中的移動平均誤差 (moving-average component) 會導致傳統 ADF/PP 單根檢定之型 I 誤差的扭曲。

4. Ng and Perron (2001) 除了修正傳統的單根檢定, 對於選取增廣項最適落後期數的資訊準則也有所修正, 稱之為修正 AIC (modified AIC, MAIC) 與 修正 SIC (modified SIC, MSIC) 等。

5. DF-GLS, ERS, 以及 NP 檢定為最近提出來的一些新檢定, 意圖解決傳統 ADF/PP 單根檢定之問題。然而, 一如 Maddala and Kim (1998) 所指出, 大多數的新檢定或許彌補了 ADF/PP 檢定的原有缺點, 卻也存在若干新的缺失。簡單地說, 目前為止似乎還沒有一個簡單好用且能夠解決所有問題的優質檢定。譬如說,有的新檢定引進了一些不易決定的新參數,有的檢定則有計算上的困難 (需要大量的電腦運算),或是步驟太過繁複。此外,這些新檢定的普遍性亦不足,僅在某些特定的資料產生過程或是特定的模型設定下表現較好。

6. 即使各種新檢定並不能適用在每一個模型設定,這些新檢定的表現都遠勝過傳統 ADF/PP 檢定。因此, Maddala and Kim (1998) 建議應該揚棄 ADF/PP 檢定 (it is time to completely discard the ADF/PP tests)。因此,我個人偏好使用傳統常見的 ADF/PP 檢定,同時亦報告具有較高檢定力的 DF-GLS 之檢定結果。

6.8 如何處理時間序列的單根

一個具有單根的時間序列如

$$y_t = \beta_0 + y_{t-1} + \varepsilon_t, \quad \varepsilon_t \sim^{i.i.d.} N(0, \sigma^2).$$

取一階差分

$$\Delta y_t = y_t - y_{t-1} = \beta_0 + \varepsilon_t$$

就變成一個定態的時間序列,因此,將具單根的數列取一階差分就能去除其隨機趨勢。一般來說,如果一個非定態的時間序列取一階差分後就變成定態的時間序列,我們稱此時間序列為差分後定態 (difference stationary)。

再以剛才的新台幣兌美元匯率為例,如果我們取一階差分後再進行 ADF 檢定,此時 ADF-t 統計量為 -7.151062,我們可以輕易地拒絕一階差分後的匯率具單根的虛無假設,亦即,新台幣兌美元匯率為差分後定態。

對於一階差分後定態的時間序列我們又以 $y_t \sim I(1)$ 表示之, 意指一階自積 (integrated of order one), 亦即, 經過一階差分後為定態。如果時間序列不具隨機趨勢, 本來就是一個定態序列, 我們以 $y_t \sim I(0)$ 表示之。[2] 如果時間序列經過 d 階差分後方為定態, 亦即 $\Delta^d y_t \sim I(0)$, 則我們以 $y_t \sim I(d)$ 表示之。

因此, 由於在對 $I(1)$ 時間序列作統計分析時, 存在之前提過的三大問題, 一般的作法是: 一旦發現時間序列包含隨機趨勢, 就予以差分, 並以差分後之序列作統計分析。

6.9　去除趨勢後定態 vs. 差分後定態

去除趨勢後定態 (TS) 與差分後定態 (DS) 兩種序列具有完全不同的性質, 將該序列轉換為定態的方式亦不同。如果我們將 TS 序列予以一階差分, 造成的問題是引進了一個不可逆的 MA, 舉例來說,

$$y_t = a_0 + a_1 t + \varepsilon_t$$

一階差分後,

$$\Delta y_t = a_1 + \varepsilon_t - \varepsilon_{t-1}$$

變成一不可逆之 MA 序列, 使得 Δy_t 無法表示為 AR 模型。反之, 如果我們將一個 DS 序列去除掉固定趨勢後, 未必能夠得到定態序列。舉例來說,

$$y_t = y_0 + a_0 t + \sum_{i=1}^{t} \varepsilon_i$$

---

[2] 事實上, 我們對於 I(0) 序列有更嚴格的定義: 所謂的 I(0) 序列, 我們不但要求該序列為定態, 也要求該序列的長期變異數 (long-run variance) 為有限且大於零 (finite and positive)。此議題已超出本書範圍, 有興趣的讀者可參考 Hayashi (2000)。

減去 $(y_0 + a_0 t)$ 後,

$$\tilde{y}_t = y_t - (y_0 + a_0 t)$$
$$= \sum_{i=1}^{t} \varepsilon_i$$

為一非定態序列。

最後要說明的是, 由於目前並不存在一個最具檢定力 (uniformly powerful) 的單根檢定, 即使我們無法拒絕序列具有單根, 並不代表序列一定有單根。雖然如此, 對於一個無法拒絕具有單根的序列, 雖不隱含該序列一定具有單根, 但是從另一個角度來說, I(1) 序列會是該序列的一個良好近似, 我們可以將該序列 "視為" 一個具隨機趨勢的序列。因此, 我們可以依照一般作法, 將該序列差分後再予分析。

6.10　Hodrick-Prescott 分解

給定序列 y_t 為非定態序列, 我們可以將其分解 (decompose) 成定態部分 (stationary component) 與非定態部分 (nonstationary component)。舉例來說, 實質景氣循環 (real business cycle, RBC) 模型認為實質產出受到恆常性衝擊 (permanent shocks) 與暫時性衝擊 (temporary shocks) 的交互影響, 使得實質產出沿著一個隨機趨勢上下波動。[3] 因此, 將實質產出分解成定態部分與非定態部分以 RBC 的觀點來看, 就是分解成趨勢 (trend) 與波動 (cycle) 兩部分。

實質景氣循環文獻上最常用的分解方法稱為 Hodrick-Prescott 分解 (Hodrick-Prescott decomposition), 又稱 Hodrick-Prescott 濾器 (Hodrick-Prescott filter), 簡稱 HP 分解 (HP decomposition) 或是 HP

---

[3] RBC 理論主張, 技術衝擊 (technology shocks) 具有恆常效果, 而政府支出等財政政策 (fiscal shocks), 或是貨幣政策 (monetary shocks) 則具有暫時效果。

濾器 (HP filter)。[4] 值得一提的是, HP 分解只是「一種」將非定態序列分解成定態部分與非定態部分的方法。[5]

HP 分解的概念為, 在 y_t 中分解出一個恆常序列 (隨機趨勢) TR_t 以極小化 y_t 圍繞著 TR_t 的變異數:

$$\sum_{t=1}^{T}(y_t - TR_t)^2.$$

然而, 如果我們只有以上的目標函數, 則設定 $TR_t = y_t$ 就能達到極小值, 不但沒意義, 也使 TR_t 的波動過大。因此, 我們的目標函數加入一個懲罰項, 亦即

$$TR_t^{HP} = \arg\min_{\{TR_t\}_{t=1}^{T}} \sum_{t=1}^{T}(y_t - TR_t)^2 \\ + \lambda \sum_{t=2}^{T-1}[(TR_{t+1} - TR_t) - (TR_t - TR_{t-1})]^2.$$

對於過度波動的 TR_t 予以懲罰。因此, 參數 λ 控制了 TR_t 的平滑程度, λ 越大, TR_t 就越平滑。Hodrick and Prescott (1997) 建議設定 λ 為 100 (年資料), 1600 (季資料) 以及 14400 (月資料)。而 $CY_t^{HP} = y_t - TR_t^{HP}$ 就是 y_t 的波動部分。

我們以底下的例子說明如何用 EViews 作 HP 分解。

---

[4]Edward C. Prescott 為 2004 年諾貝爾經濟學獎得主。
[5]另外一種著名的分解為 Beveridge and Nelson 分解。參閱 Favero (2001)。

例 6. 1. 打開 *EViews* 的 *Workfile*: taiwan_data_q

2. 選擇變數 ls (取自然對數後之新台幣兌美元匯率, *1972Q1–2007Q4*) 一個新視窗會跳出

3. 選擇 **Proc/Hodrick-Prescott Filter...**, 再一個新視窗跳出

4. **Smoothed series** 就是 TR_t^{HP}, 我們命名為 ls_hp_trend

5. 而 **Cycle series** 就是 $y_t - TR_t^{HP}$, 我們命名為 ls_hp_cycle

6. 由於是季資料, **Lambda** 設定為 *1600* (*EViews* 的原始設定)

一切就緒後選擇 *OK*, HP 分解的結果就會呈現出來, 如圖 *6.7* 所示。

讀者可以自行利用單根檢定驗證 ls_hp_trend 為非定態序列以及 ls_hp_cycle 為定態序列。

6.11 追蹤資料單根檢定

§ 6.11.1 常用的追蹤資料單根檢定

我們已知單一序列的單根檢定有低檢定力的問題。既然我們不可能增加單一時間序列的樣本大小, 一種可能的解決方法就是使用追蹤資料。舉例來說, 在檢定購買力平價說時, 特定國家貨幣對美元的實質匯率追溯到 Bretton Woods System 崩潰後的浮動匯率期間, 以月資料來說, 迄今最多只有 310 個樣本點 (1972:1–2007:10), 然而, 如果我們考慮七大工業國 (美國為基準), 則我們可以得到 6 × 310 = 1860 個樣本點。文獻上最常用的追蹤資料單根檢定 (panel unit root tests) 為

1. Levin et al. (2002) test (LLC) [6]

---

[6]Lin 為林建甫, Chu 為朱家祥。

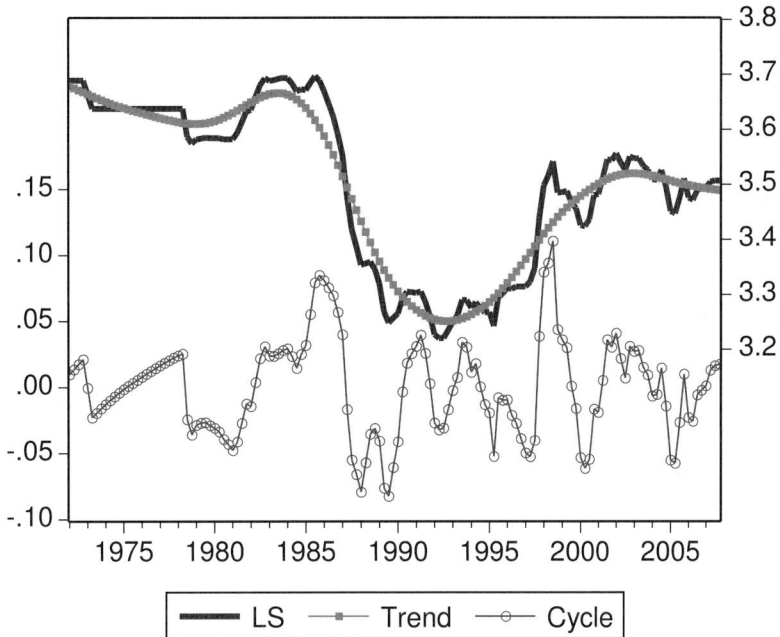

圖 6.7: Hodrick-Prescott 分解: 新台幣兌美元匯率

Hodrick-Prescott Filter (lambda=1600)

2. Im et al. (2003) test (IPS)

考慮以下的追蹤資料 ADF 迴歸式

$$\Delta y_{it} = a_{i0} + \gamma_i y_{it-1} + a_{i2}t + \sum_{j=1}^{P_i} \beta_{ij} \Delta y_{it-j} + \varepsilon_{it}$$

其中 $i = 1, 2, ...n$.

LLC 檢定與 IPS 檢定有兩大的不同處。

1. LLC 檢定混合的是資料, 而 IPS 檢定混合的是檢定量。

2. 對立假設不同:

(a) LLC 檢定

$$H_0: \gamma_1 = \gamma_2 = ... \gamma_n = \gamma = 0$$
$$H_1: \gamma_1 = \gamma_2 = ... \gamma_n = \gamma < 0$$

(b) IPS 檢定

$$H_0: \gamma_1 = \gamma_2 = ... = \gamma_n = \gamma = 0$$
$$H_1: 至少有一個 \gamma_i 不為零$$

顯而易見地，LLC 檢定的對立假設要求所有的 γ_i 都相等，限制較大，而 IPS 檢定的對立假設限制較小。

§ 6.11.2　IPS 追蹤資料單根檢定

我們在此只簡單介紹如何執行 IPS 檢定。

1. 對每一個 i，估計 γ_i 且計算 ADF_t，以 t_i 表示，其中 $i = 1, 2, ... n$.

2. 將 ADF_t 統計量混合 (pool) 在一起

$$\bar{t} = \frac{\sum_{i=1}^{n} t_i}{n}$$

3. 建構 Z_{tbar} 統計量：

$$Z_{tbar} = \frac{\sqrt{n}(\bar{t} - E[\bar{t}])}{\sqrt{\operatorname{Var}(\bar{t})}}$$

其中 $E[\bar{t}]$ 與 $\operatorname{Var}(\bar{t})$ 之值可由 Im et al. (2003) 查得

4. Im et al. (2003) 證明

$$Z_{tbar} \xrightarrow{d} N(0,1),$$

且提供了小樣本檢定臨界值

5. 我們也可以利用蒙地卡羅模擬或是 Bootstrap 來自行計算臨界值 (參見第 14 章)

§ 6.11.3 追蹤資料單根檢定之性質

1. IPS 檢定的對立假設為

$$H_1: 至少有一個 \gamma_i 不為零$$

然而,我們無法得知道到底使那一個 γ_i 不為零。

2. 追蹤資料檢定的大樣本性質仍有待商榷。可能的漸近性質為

    (a) T 固定, $N \to \infty$

    (b) $T \to \infty$, N 固定

    (c) $T \to \infty, N \to \infty$ 而 $\frac{T}{N} \to c$

   因此,在不同的漸近假設下,臨界值亦將有所不同。

3. 此外,常用的追蹤資料單根檢定 (LLC, Breitung, IPS, Fisher-ADF, Fisher-PP, Hadri) 都假設誤差項 $\{\varepsilon_{it}\}$ 無序列相關且無當期相關 (serially uncorrelated and contemporaneously uncorrelated),亦即,

$$E(\varepsilon_{it}\varepsilon_{jt}) = 0.$$

   序列相關的問題可以用增廣項 (augmented part) 予以解決,然而,若 $E(\varepsilon_{it}\varepsilon_{jt}) \neq 0$,則以上的 LLC, Breitung, IPS, Fisher-ADF, Fisher-PP 以及 Hadri 檢定可能會導致錯誤的統計推論。文獻上如 O'Connell (1998) 與 Pesaran (2006) 都曾指出,如果追蹤資

料單根檢定忽略了誤差項的當期相關,則會產生極高的型 I 誤差機率 (substantial size distortions)。

4. 對於 $E(\varepsilon_{it}\varepsilon_{jt}) \neq 0$ 的問題,目前文獻上的解決方法可以參考

   (a) Maddala and Wu (1999)

   (b) Pesaran (2006)

6.12 實例應用: 再探購買力平價困惑

我們在第 3 章中已經介紹過購買力平價困惑,亦即實質匯率可能是非定態,使得偏離 PPP 均衡在長期時不會消失殆盡。在此,我們以單一時間序列單根檢定與追蹤資料單根檢定再探 G7 國家的實質匯率序列。

§ 6.12.1　單一時間序列單根檢定

1. 打開 Workfile: G7EX,其中有 6 個變數: lrs_ca, lrs_fr, lrs_ge, lrs_it, lrs_jp, 以及 lrs_uk,分別為加拿大,法國,德國,義大利,日本,以及英國等七大工業國家 (G7) 貨幣對美元的 (取對數後之) 實質匯率月資料 (物價指數為消費者物價指數)。

2. 點選任一序列

   (a) 選擇 **View/Unit Root Test...**, 會有一個 **Unit Root Test** 的視窗跳出來

   (b) 選擇 **Dickey-Fuller GLS (ERS)**

   (c) **Lag length** 選擇 **Automatic selection** 以及 **Modified Akaike**

   (d) **Maximum lags** 選 12

表6.3: 七大工業國家 (G7) 實質匯率之單根檢定結果

	Level	1st Difference
加拿大	-1.482156	-4.446431
法國	-1.194434	-4.435662
德國	-1.187807	-4.127597
義大利	-1.204053	-4.119250
日本	-0.284155	-2.794174
英國	-0.813381	-4.705835

(e) **Include in test equation** 選擇 **Intercept**

3. 對所有序列的原始值 (Level) 以及差分值 (1st difference) 各做一次

檢定結果如表 6.3 所示。

檢定量的臨界值分別為 -2.57 (1顯而易見地, 所有的實質匯率序列在原始值時無法拒絕具有單根的虛無假設, 取一階差分後, 都能拒絕具有單根, 因此時間序列的單根檢定建議七大工業國家實質匯率為 I(1) 序列。

§ 6.12.2　追蹤資料單根檢定

EViews 提供了以下不同的追蹤資料單根檢定

- LLC 檢定

- Breitung 檢定

- IPS 檢定

- Fisher-ADF 檢定

- Fisher-PP 檢定

- Hadri 檢定

1. 首先按 Shift 與左鍵將此 6 個序列點選

2. 按右鍵, **Open/as Group**, 一個新視窗 (Group: UNTITLED) 會跳出

3. 選擇 **View/Unit Root Test…**

    (a) **Test type** 選擇 **Summary**

    (b) **Include in test equation** 選擇 **Individual intercept**

    (c) **Lag length** 選擇 **Automatic selection** 以及 **Modified Akaike**

    (d) 其他選項不變

4. 選擇 **Level**, 按 OK 後就會得到如圖 6.8 之結果。根據檢定結果，我們無法拒絕「存在單根」的虛無假設 (Hadri Z 檢定量拒絕「沒有單根」的虛無假設)。

5. 接下來選擇 **1st difference**, 按 OK 後就會得到如圖 6.9 之結果。此時, 除了 LLC 檢定外, 其他檢定量都可拒絕「存在單根」的虛無假設 (Hadri Z 檢定量則是無法拒絕「沒有單根」的虛無假設)。

圖 6.8: 七大工業國家 (G7) 實質匯率之追蹤資料單根檢定結果 (Level)

Group Unit Root Test on UNTITLED

```
Group unit root test: Summary
Date: 10/26/07   Time: 09:44
Sample: 1972:01 2005:12
Series: LRS_CA, LRS_FR, LRS_GE, LRS_IT, LRS_JP, LRS_UK
Exogenous variables: Individual effects
Automatic selection of maximum lags
Automatic selection of lags based on MAIC: 0 to 1
Newey-West bandwidth selection using Bartlett kernel
```

Method	Statistic	Prob.**	Cross-sections	Obs
Null: Unit root (assumes common unit root process)				
Levin, Lin & Chu t*	-0.44069	0.3297	6	2429
Null: Unit root (assumes individual unit root process)				
Im, Pesaran and Shin W-stat	-0.56705	0.2853	6	2429
ADF - Fisher Chi-square	10.8137	0.5449	6	2429
PP - Fisher Chi-square	12.1717	0.4320	6	2430
Null: No unit root (assumes common unit root process)				
Hadri Z-stat	20.4439	0.0000	6	2436

** Probabilities for Fisher tests are computed using an asympotic Chi-square distribution. All other tests assume asymptotic normality.

圖 6.9: 七大工業國家 (G7) 實質匯率之追蹤資料單根檢定結果 (1st Difference)

Group Unit Root Test on D(UNTITLED)

Group unit root test: Summary
Date: 10/26/07   Time: 09:49
Sample: 1972:01 2005:12
Series: LRS_CA, LRS_FR, LRS_GE, LRS_IT, LRS_JP, LRS_UK
Exogenous variables: Individual effects
Automatic selection of maximum lags
Automatic selection of lags based on MAIC: 10 to 17
Newey-West bandwidth selection using Bartlett kernel

Method	Statistic	Prob.**	Cross-sections	Obs
Null: Unit root (assumes common unit root process)				
Levin, Lin & Chu t*	19.4067	1.0000	6	2350
Null: Unit root (assumes individual unit root process)				
Im, Pesaran and Shin W-stat	-7.84628	0.0000	6	2350
ADF - Fisher Chi-square	94.4628	0.0000	6	2350
PP - Fisher Chi-square	934.755	0.0000	6	2424
Null: No unit root (assumes common unit root process)				
Hadri Z-stat	-1.17718	0.8804	6	2430

** Probabilities for Fisher tests are computed using an asympotic Chi-square distribution. All other tests assume asymptotic normality.

習題

1. 給定
$$z_t = \delta + \theta t + \varepsilon_t,$$
其中 $\varepsilon_t \sim^{i.i.d.} WN(0,1)$. 證明 z_t 為非定態序列。

2. 給定
$$y_t = \alpha + \rho y_{t-1} + \gamma t + \varepsilon_t,$$
其中 $|\rho| < 1$ 且 $\varepsilon_t \sim^{i.i.d.} (0,1)$. 證明 y_t 為非定態序列。

3. 給定隨機漫步序列
$$y_t = y_{t-1} + \gamma t + \varepsilon_t,$$
其中 $\varepsilon_t \sim^{i.i.d.} (0,1)$. 證明其自我相關係數 $\rho(s)$ 為
$$\rho(s) = \left(\frac{t-s}{t}\right)^{0.5}.$$

4. (Dickey-Fuller reparameterization) 試證明我們可以將以下的 AR(k) 模型
$$y_t = \mu + \varphi_1 y_{t-1} + \varphi_2 y_{t-2} + \cdots + \varphi_k y_{t-k} + \varepsilon_t$$
改寫成
$$\Delta y_t = \mu + \alpha_0 y_{t-1} + \alpha_1 \Delta y_{t-1} + \cdots + \alpha_p \Delta y_{t-p} + \varepsilon_t,$$
其中 $p = k - 1$,
$$\alpha_0 = -1 + \left(\sum_{i=1}^{k} \varphi_i\right),$$
且
$$\alpha_i = -\sum_{j=i+1}^{k} \varphi_j.$$

5. 給定以下 AR(2) 序列

$$y_t = (1+\gamma)y_{t-1} - \gamma y_{t-2} + \varepsilon_t,$$

其中 $|\gamma| < 1$ 且 $\varepsilon_t \sim^{i.i.d.} (0,1)$. 證明 y_t 具有單根。

6. 考慮 GDP 的成長率 Δy_t 為一 AR(1) 序列

$$\Delta y_t = c + \phi \Delta y_{t-1} + \varepsilon_t,$$

其中 $y_t = \log(GDP_t)$, 且 $\varepsilon_t \sim WN(0, \sigma^2)$.

   (a) 試問 y_t 為何種自我迴歸序列?

   (b) y_t 是否為定態?

   (c) 寫出 Δy_{t+j} 對於外生衝擊 ε_t 的衝擊反應函數。

   (d) 計算 $\lim_{j \to \infty} \frac{\partial E_t \Delta y_{t+j}}{\partial \varepsilon_t}$.

   (e) 寫出 y_{t+j} 對於外生衝擊 ε_t 的衝擊反應函數。

   (f) 計算 $\lim_{j \to \infty} \frac{\partial E_t y_{t+j}}{\partial \varepsilon_t}$.

7. 驗證如果隨機漫步模型具漂移項與固定趨勢:

$$y_t = \beta_0 + y_{t-1} + \gamma t + \varepsilon_t,$$

其中 $\varepsilon_t \sim WN(0, \sigma^2)$. 則該隨機漫步模型有二次式的固定趨勢 (quadratic trend)。

8. 打開 EXCEL 檔案: data_us_jp.XLS, 其中包含兩序列: lcpi_jp (日本 (取對數後) CPI) 以及 lrgdp_us (美國 (取對數後) 實質 GDP), 樣本期間為 1972Q1-2006Q2.

(a) 對 lcpi_jp 與 lrgdp_us 以 ADF, PP, KPSS, DF-GLS, ERS 以及 NP 檢定，落後期數以修正 AIC 決定。

(b) 估計以下迴歸式:

$$\text{lrgdp\_us}_t = \alpha + \beta \text{lcpi\_jp}_t + e_t,$$

報告且解釋你的實證結果。

(c) 將 lrgdp_us 做 HP 分解，令 lrgdp_us_trend 為隨機趨勢，lrgdp_us_cycle 為波動部分。畫出 lrgdp_us, lrgdp_us_trend 與 lrgdp_us_cycle。

(d) 對 lrgdp_us_cycle 以 DF-GLS 作單根檢定，落後期數以修正 AIC 決定。

9. 試推導 Dickey-Fuller 重新參數化之結果 (參見第 (3) 式)。

7 結構性變動

- 結構性變動
- 檢定結構性變動
- 變動點 τ 未知下的檢定
- 檢定結構性改變之實例
- 變動點的估計
- 結構性改變 vs. 隨機趨勢

本章介紹另一種非定態時間序列之成因: 結構性變動。我們將介紹結構性變動之定義, 以及介紹如何檢定結構性變動。最後將討論結構性變動與隨機趨勢之間的關係。

©陳旭昇 (February 4, 2013)

7.1 結構性變動

除了隨機趨勢, 另一個導致時間序列為非定態的可能原因為結構性變動 (structural changes), 又稱結構性斷裂 (structural breaks)。造成結構性變動的原因可能是政策變動或是制度上的改變, 甚或是外生的衝擊。舉例來說, 1929 年美國股市大崩盤, 1970 年代的全球石油危機, 以及 1997 年亞洲金融風暴等, 都是結構性變動的例子。此外, 1972 年布列頓森林體系 (Bretton Woods system) 崩潰後, 主要工業化國家貨幣對美元匯率由固定改為浮動, 就是一個制度上改變造成結構性變動的顯著例子。值得一提的是, 制度上的結構改變並不隱含一定會有統計上的結構性變動; 反之, 當我們發現統計上有結構性變動, 並不一定能夠找得到制度上相對應的結構改變。

根據 Hansen (2001), 結構性變動係定義在特定模型下, 特定參數的變動,

> "...structural change is a statement about parameters, which only have meaning in the context of a model."

因此, 結構性變動可能是來自均值的變動, 變異數的變動, 或是迴歸係數的變動。以一個 AR(1) 模型為例,

$$y_t = \alpha + \rho y_{t-1} + e_t,$$

$$e_t \sim^{i.i.d.} (0, \sigma^2).$$

所謂的結構性變動就是指模型的參數 (α, ρ, σ^2) 中, 至少有一個參數在樣本期間內發生至少一次的改變。改變可能是一次性的變動, 也可能是漸進緩慢的變動, 端視你如何設定時間序列模型。

定義 19. 結構性變動指的是模型參數的變動。

7.2 檢定結構性變動

假設 y_t 為一 AR(1) 序列且具一次性的變動,

$$y_t = \alpha + \rho y_{t-1} + \gamma_0 D_t(\tau) + \gamma_1 [D_t(\tau) \times y_{t-1}] + e_t$$

其中

$$\begin{cases} D_t(\tau) = 0, & \text{if } t < \tau \\ D_t(\tau) = 1, & \text{if } t \geq \tau \end{cases}$$

而 τ 為變動點 (break date)。因此, 在變動點 τ 之前與之後, y_t 為截距與斜率均不同的序列,

$$y_t = \begin{cases} \alpha + \rho y_{t-1} + e_t, & \text{if } t < \tau \\ (\alpha + \gamma_0) + (\rho + \gamma_1) y_{t-1} + e_t, & \text{if } t \geq \tau \end{cases}$$

我們檢定結構性變動就猶如檢定

$$H_0 : \gamma_0 = \gamma_1 = 0$$

§ 7.2.1 變動點 τ 已知下的檢定

如果變動點 τ 已知, 檢定

$$H_0 : \gamma_0 = \gamma_1 = 0,$$

或是說檢定「沒有結構性變動」的虛無假設相當容易。針對以上假設我們可以用 F 檢定或是 Wald 檢定, 這就是文獻上著名的 Chow 檢定 (Chow test)。[1] 我們以一個一般化的 AR(p) 模型來說明 Chow 檢定:

$$y_t = \alpha + \sum_{j=1}^{p} \rho_j y_{t-j} + \gamma_0 D_t(\tau) + \sum_{j=1}^{p} \gamma_j [D_t(\tau) \times y_{t-j}] + e_t,$$

---

[1] 見 Chow (1960), 作者為 Gregory C. Chow (鄒至莊)。

其中

$$\begin{cases} D_t(\tau) = 0, & \text{if } t < \tau \\ D_t(\tau) = 1, & \text{if } t \geq \tau \end{cases}$$

則「沒有結構性變動」的虛無假設為

$$\gamma_0 = \gamma_1 = \gamma_2 = \cdots = \gamma_p = 0.$$

1. 給定未受限迴歸模型

$$y_t = \alpha + \sum_{j=1}^{p} \rho_j y_{t-j} + \gamma_0 D_t(\tau) + \sum_{j=1}^{p} \gamma_j \left[D_t(\tau) \times y_{t-j} \right] + e_t^{UR},$$

令 S_{UR} 代表估計後所得到的殘差平方和:

$$S_{UR} = \sum_{t} (\hat{e}_t^{UR})^2.$$

2. 給定受限迴歸模型

$$y_t = \alpha + \sum_{j=1}^{p} \rho_j y_{t-j} + e_t^{R},$$

令 S_R 為估計受限迴歸模型所得到的殘差平方和:

$$S_R = \sum_{t} (\hat{e}_t^{R})^2.$$

3. 則 Chow 檢定的 F 統計量為

$$F = \frac{(S_R - S_{UR})/(p+1)}{S_{UR}/(T-2p-2)},$$

而 Chow 檢定的 Wald 統計量為

$$W = (p+1)F.$$

應用 Chow 檢定時, 我們必須知道變動的發生時點, 然而, 一般來說變動點是未知的。因此, 過去實務上的作法為 (1) 任意挑選可能的變動點, 或是 (2) 根據研究者的先驗資訊 (prior information)。由於每個人對資料的看法不盡相同, 對於同一個時間序列資料, 往往會因所挑選的變動點而得到不同的結論。這是 Chow 檢定在應用上的最大限制。

根據 Hansen (2001), 過去 15-20 年來, 在結構性變動的文獻上有三大突破:

1. 變動點 τ 未知下的結構性變動檢定。

2. 對於變動點 τ 的估計。

3. 足以分辨「結構性改變」與「隨機趨勢」的新檢定。

我們將在以下各節一一討論。

7.3 變動點 τ 未知下的檢定

如果變動點 τ 未知, 我們可以將 Chow 檢定修改成 max-Chow 統計量。Quandt (1960) 早在 1960 年時就已經建議, 我們可將某段期間 $[\tau_0, \tau_1]$ 內的每一個時點都當作可能的變動點, 計算出一系列的 Chow 統計量, 然後從中找出最大的 Chow 統計量, 並以此統計量來做檢定。我們稱此統計量為 max-Chow 統計量或是 sup-F 統計量。實務上, 設定 $\tau_0 = \delta T$ 以及 $\tau_1 = (1-\delta)T$ (最接近之整數), 其中 T 為樣本大小。[2] 一般的建議是 $\delta = 0.15$。也就是說, 透過 15% 的修整 (trimming), 我們是在樣本中間 70% 的部分尋找變動點。

---

[2]如果 τ_0 太過接近樣本起始點, 或是 τ_1 太過接近樣本的最後, 則我們面臨子樣本 (sub-sample) 的樣本點不夠用來估計參數之問題。

具體而言，考慮以下迴歸式

$$y_t = \alpha + \rho\, y_{t-1} + \gamma_0\, D_t(\tau) + \gamma_1 [D_t(\tau) \times y_{t-1}] + e_t.$$

令 $F(\tau)$ 代表變動點為 τ 時的 Chow 統計量。則對於所有的 $\tau_0 \leq \tau \leq \tau_1$,

$$\text{sup-}F = \max\left[F(\tau_0), F(\tau_0+1), F(\tau_0+2), ..., F(\tau_1-1), F(\tau_1)\right]$$

這種找尋最大 Chow 統計量的概念雖然簡單，但是自從 Quandt (1960) 提出後，將近 30 年在實務上沒有太大用處。原因在於，我們不知道 sup-F 統計量的分配！沒有統計量的分配，自然無從檢定。直到 90 年代，Andrews (1993) 將 sup-F 統計量的漸近分配 (asymptotic distribution) 推導出來，sup-F 統計量遂在實務上取代了傳統的 Chow 統計量，而 sup-F 檢定有時也稱 Quandt-Andrews 檢定。

sup-F 統計量的漸近分配取決於兩大要素：(1) 受檢定之參數個數，以及 (2) 樣本的修整大小 (τ_0, τ_1)。Andrews (2003) 提供 sup-F 統計量的大樣本檢定臨界值，然而，為了讓檢定的執行更方便，Hansen (1997) 提出漸近 p-value 之計算。Hansen (1997) 的計算程序已經內建在 EViews 中。

7.4 檢定結構性改變之實例

打開 EViews 的 Workfile: `simu_data`。裡面有一個變數 **x**，是我以程式檔：`simu.prg` 所製造出來的一個模擬的 AR(1) 時間序列，其資料生成過程為

$$x_t = \begin{cases} 0.5 + 0.30 x_{t-1} + a_t & t = 1972M1 \sim 1997M5 \\ 1.5 + 0.90 x_{t-1} + a_t & t = 1997M6 \sim 2006M12 \end{cases}$$

其中 $a_t \sim^{i.i.d.} N(0,1)$.

EViews 的程式如下:

指令 1. *(EViews 程式檔:* `simu.prg`*)*

```
rndseed 1357
smpl @all
series x = 0
series a=nrnd
smpl @first+1 @last
series x = 0.5 + 0.30*x(-1)+a
smpl 1997M6 @last
series b=nrnd
series x = 1.5+ 0.90*x(-1)+b
smpl @all
```

顯而易見地,結構變動點為1997M6,而變動的參數為截距項 ($\alpha_1 = 0.5$, $\alpha_2 = 1.5$) 以及迴歸係數 ($\rho_1 = 0.30$, $\rho_2 = 0.90$)。我們將模擬的序列畫在圖 7.1。

首先,我們以一個 AR(1) 模型估計 x 得到以下結果

$$\hat{x}_t = \underset{(0.07)}{0.11} + \underset{(0.01)}{0.98}\ x_{t-1},$$

顯然地, AR(1) 係數的估計值相當高, $\hat{\rho} = 0.98$, 高 AR(1) 係數的估計值容易讓我們誤判此序列具有單根, 但是別忘了 y_t 是分別由 $\rho_1 = 0.30$ 與 $\rho_2 = 0.90$ 的定態序列所組成。有關結構性改變與單根的關係我們將在之後深入討論。

接下來, 在估計結果視窗中, 選擇

View/Stability Tests/Quandt-Andrews Breakpoint test...,

在 **Breakpoint variables** 中選擇你要檢定的參數, 在這個例子裡, 我們要檢定截距項與 AR(1) 係數, 則輸入

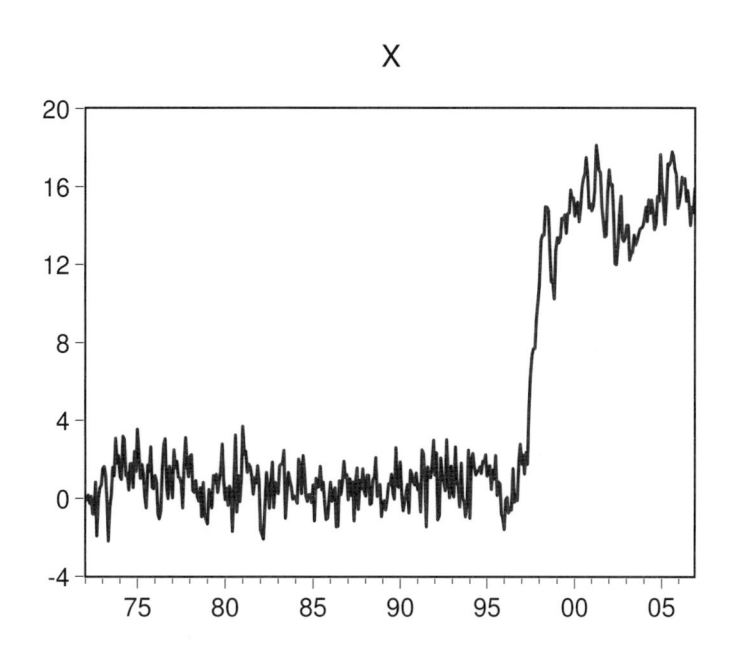

圖7.1: 模擬具結構變動的 AR(1) 時間序列

X

c x(-1)

1. 而 **Series names** 則是 sup-F 的序列, 你可以在 **LR F-stat name** 輸入序列名稱, 譬如說, ChowF

2. 至於 **Trimming** 就是我們之前介紹過的 δ, 我們設定為 15

最後按下 OK, 就會跑出估計結果: sup-F = 88.73947, 而 Hansen (1997) 的 p-value 為 0.00, 亦即我們顯著地拒絕了「沒有結構性變動」的虛無假設。我們將序列 ChowF 叫出來如圖 7.2所示。[3]

---

[3]在我們的檢定中, 由於變異數估計未考慮非均齊變異 (heteroskedastic), LR 型的 F 統計量與 Wald 型的 F 統計量相同, 見 Hansen (2007) 頁 37。

7.4 檢定結構性改變之實例 · 175 ·

圖7.2: Chow F 統計量序列

CHOWF

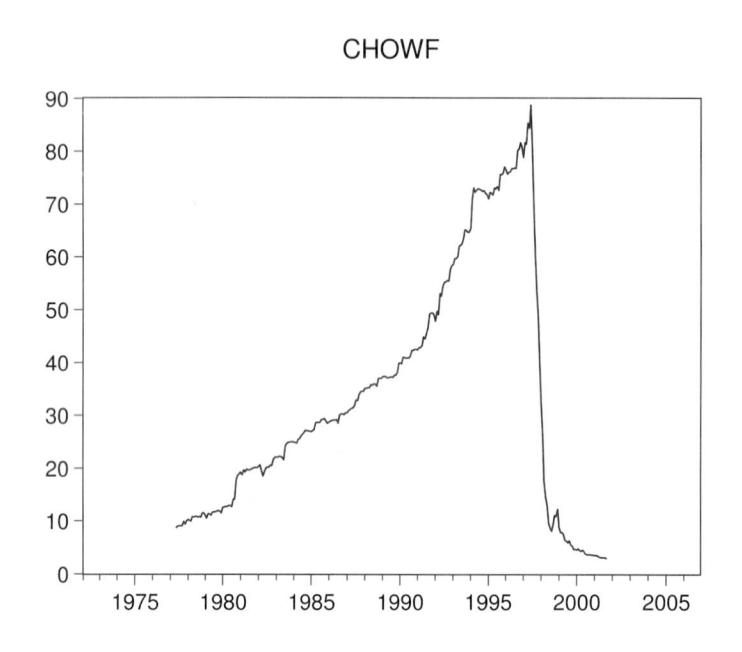

我們可以再用一個實際資料來做例子。打開 EViews 的 Workfile: FX_Korea。裡面有一個變數 lex_ko 是韓圓對美元匯率月資料 (取自然對數, 1981M4–2007M8) 如圖 7.3 所示。

我們點選 **Quick/Estimate Equation...** 然後輸入

lex_ko c lex_ko(-1),

亦即估計一個 AR(1) 模型。等到估計結果視窗跳出後, 點選

View/Stability Tests/Quandt-Andrews Breakpoint test...,

我們會得到 sup-F = 24.32447, 而 Hansen (1997) 的 p-value 為 0.0002, 亦即我們顯著地拒絕了「韓圓對美元匯率沒有結構性變動」的虛無假設。我們將 sup-F 序列畫在圖 7.4所示。

圖 7.3: 韓圓對美元匯率月資料 (取自然對數, 1981M4–2007M8)

LEX_KO

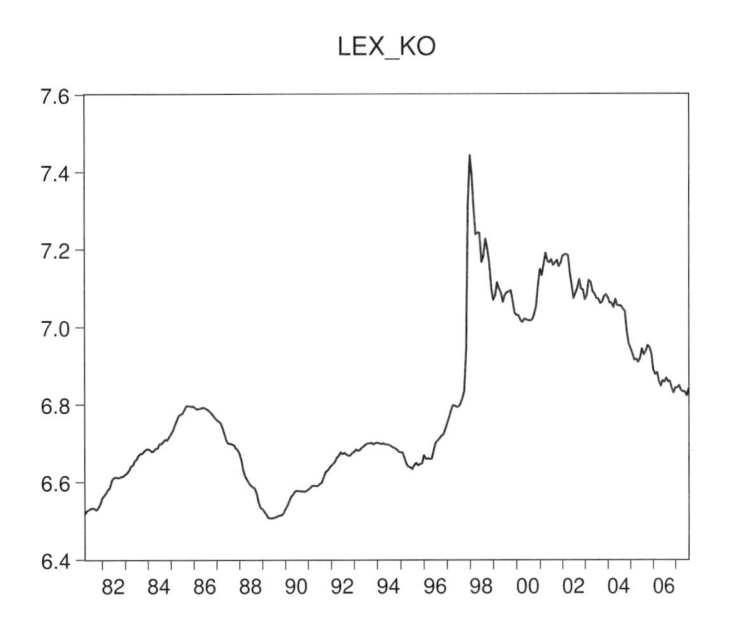

以上的例子無論是虛擬的資料或是實際資料, 我們都能找到統計上顯著的證據支持序列存在結構性變動。然而, 我們必須注意的是, 以上兩個例子都有肉眼可以觀察到的劇烈變動 (韓圓對美元匯率深受亞洲金融風暴影響)。我們可以模擬一個新的序列來說明, 如果是微幅結構性變動, sup-F 統計量可能無法偵測出結構性變動。

打開 EViews 的 Workfile: simu_data2。裡面有一個變數 **y**, 是我以程式檔: simu2.prg 所製造出來的一個模擬的 AR(1) 時間序列, 其資料生成過程為

$$y_t = \begin{cases} 0.5 + 0.85 y_{t-1} + a_t & t = 1972M1 \sim 1997M5 \\ 0.6 + 0.90 y_{t-1} + a_t & t = 1997M6 \sim 2006M12 \end{cases}$$

圖7.4: Chow F 統計量序列

CHOWF_KO

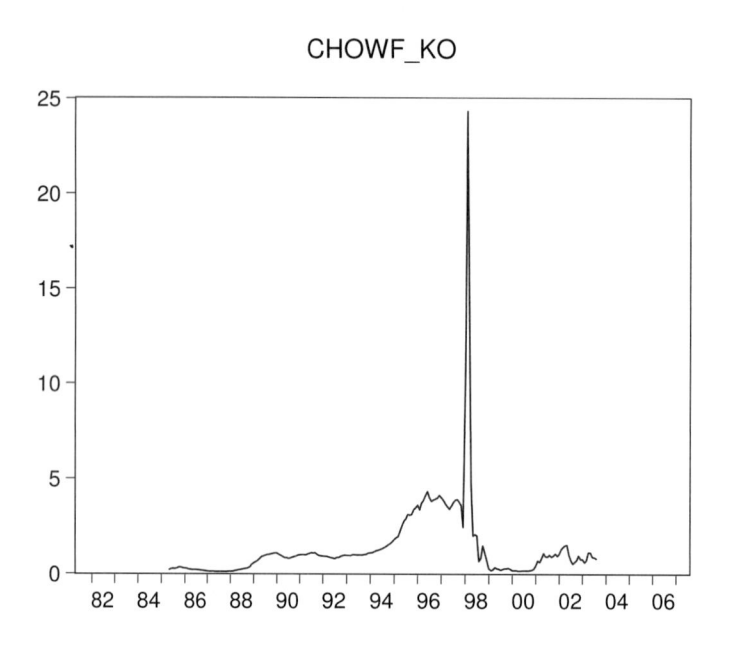

其中

$$a_t \sim^{i.i.d.} N(0,1).$$

EViews 的程式如下:

指令 2. *(EViews 程式檔:* `simu2.prg`*)*

```
rndseed 1357
smpl @all
series y = 0
series a=nrnd
smpl @first+1 @last
series y = 0.5 + 0.85*y(-1)+a
smpl 1997M6 @last
series b=nrnd
series y = 0.6+ 0.90*y(-1)+b
smpl @all
```

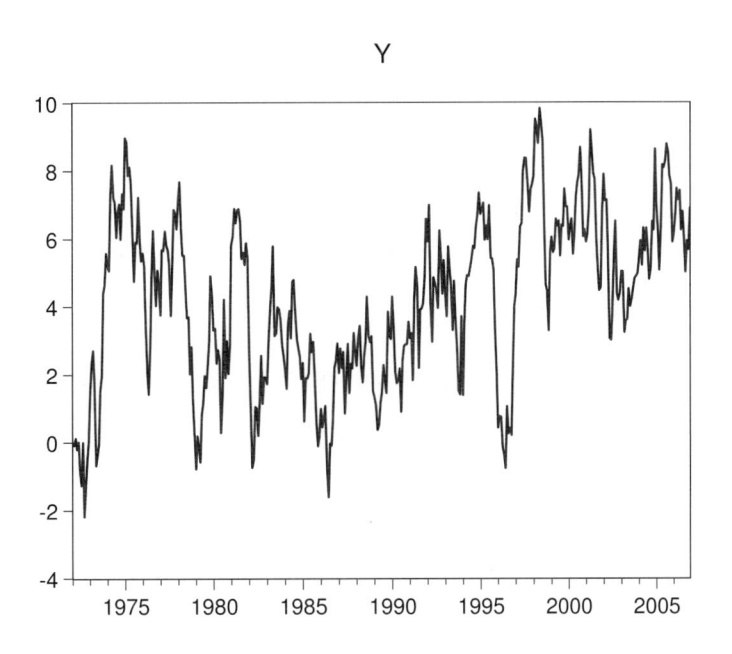

圖7.5: 模擬具微幅結構變動的 AR(1) 時間序列

我們將 y_t 序列畫在圖 7.5。如果我們執行一樣的 Quandt-Andrews 檢定, 就會得到 sup-F = 7.787947, 而 Hansen (1997) 的 p-value 為 0.2218, 亦即, 即使真正的資料生成過程具有「微幅」結構變動, 我們卻無法拒絕「沒有結構性變動」的虛無假設。

最後要說明的是, 以上討論我們假設只有一個結構性變動點, 如果結構性變動點不只一個, Bai and Perron (1998) 以及 Bai and Perron (2003) 提供許多不同的檢定方法, 技術上的細節已經超出本書範圍, 我們不予討論, 但是基本原理可以簡單介紹。Bai and Perron (1998, 2003) 檢定採取的是「逐次單一結構性變動檢定」的概念: 先對全樣本做結構性變動檢定, 如果發現有一個結構性變動, 就根據所估計出來的變動點 (下一節會討論如何估計變動點) 將樣本分成兩個子樣本,然後分別在兩個子樣本中結構性變動檢定,若子樣本中發現有一個結構性變動,就再分成兩個子樣本,再做檢定,如此這般一直做下去,直到所有的子樣本都無法拒絕「沒有結構性變動」的虛無假設為止。

7.5 變動點的估計

除了檢定時間序列是否發生結構性變動,我們也對發生結構性變動的時間點 τ 有興趣。

性質 15. (變動點的估計式) 如果我們在檢定中使用的是均齊變異 (homoskedastic) 的變異數估計式,則對應 sup-F 統計量的變動點 $\hat{\tau}$ 就是 τ 的估計式。

$$\hat{\tau} = \arg\max \left[F(\tau_o), F(\tau_o+1), F(\tau_o+2), ..., F(\tau_1-1), F(\tau_1) \right].$$

Bai (1997) 推導出 $\hat{\tau}$ 的漸近分配以及建構其大樣本信賴區間為

$$\hat{\tau} \pm \left(c \frac{\hat{\sigma}^2}{\hat{\delta}'\hat{Q}\hat{\delta}} + 1 \right),$$

其中

$$\hat{\delta} = \hat{\beta}_2 - \hat{\beta}_1,$$

$$\hat{Q} = \frac{X'X}{T},$$

$$\hat{\sigma}^2 = \frac{\sum_t \hat{e}_t^2}{T},$$

$\hat{\beta}_1$ 與 $\hat{\beta}_2$ 分別為子樣本所估計出來的迴歸係數,而 $\hat{Q}$ 與 $\hat{\sigma}^2$ 則是根據全樣本估計而來。當信心水準為 95% 時, c = 11; 而信心水準為 99% 時, c = 7。有興趣的讀者可以自行參閱 Bai (1997),在此我提供一簡單的 EViews Workfile FX_Korea_ci 與程式檔: breakpointci.prg 供讀者參考。根據之前韓圓對美元匯率資料,我們估計的變動點 $\hat{\tau}$ = 203

(1998M2), 而建構出來的信賴區間為

$$\hat{\tau} \pm \left(\frac{c\hat{\sigma}^2}{\hat{\delta}'\hat{Q}\hat{\delta}} + 1\right),$$
$$= 203 \pm \left(\frac{11 \cdot 0.00075}{0.00062} + 1\right),$$
$$= 203 \pm (13 + 1)$$

因此, 信賴區間為 [189, 217], 亦即 [1996M10, 1999M4]。

指令 3. *(EViews 程式檔: breakpointci_ko.prg)*

```
series x = lex_ko
smpl @first 1998m2
equation eq01.ls x c x(-1)
smpl 1998m3 @last
equation eq02.ls x c x(-1)

smpl @all
equation eq_all.ls  x c x(-1)
series ones = 1
group mygrp ones  x(-1)
matrix xx = mygrp
matrix(2,2) Qhat=(@transpose(xx)*xx)/eq_all.@regobs
matrix(2,1) betadiff = eq02.@coefs-eq01.@coefs
matrix(1,1) cc1=eq_all.@se^2
matrix(1,1) cc2=@transpose(betadiff)*Qhat*(betadiff)
matrix(1,1) L=cc2(1)/cc1(1)
matrix(1,1) ci=11/L(1)
```

7.6 結構性改變 vs. 隨機趨勢

我們之前提過, 給定序列 x_t 的資料生成過程為

$$x_t = \begin{cases} 0.5 + 0.30x_{t-1} + a_t & t = 1972M1 \sim 1997M5 \\ 1.5 + 0.90x_{t-1} + a_t & t = 1997M6 \sim 2006M12 \end{cases}$$

其中 $a_t \sim^{i.i.d.} N(0,1)$。

表 7.1: 序列 x_t 的單根檢定結果

檢定統計量	檢定值	5% 臨界值
ADF	-0.31	-2.87
DF-GLS	-0.02	-1.94
PP	-0.82	-2.87
KPSS	1.71	0.46
ERS	26.98	3.26
NP		
MZa	0.13	-8.10
MZt	0.07	-1.98
MSB	0.49	0.23
MPT	19.32	3.17

如果以簡單的 AR(1) 模型予以估計, 會得到很大的 AR(1) 係數估計值, $\hat{\rho}$ = 0.98, 容易使人判斷此序列具有單根。在此, 我們進一步對 x_t 進行單根檢定, 得到結果如表 7.1 所示。

顯而易見地, 所有的檢定都無法拒絕序列 x_t 具有單根的虛無假設 (KPSS 檢定則拒絕 x_t 爲定態之假設)。因此, 一個具有結構性變動的定態時間序列 (break stationary series), 在傳統單根檢定下, 可能會被誤認爲具有單根的非定態序列。[4] Perron (1989) 提出一個新的檢定, 讓對立假設存在結構性變動。Perron (1989) 分別考慮了 3 種不同模型, 分別是崩盤 (crash) 模型與與趨勢斷裂 (trend-break) 模型 (以及兩者兼具), 在此我們介紹第一種模型 (即 Perron (1989) 的 Model A), 對於其他模型有興趣的讀者可參閱 Perron (1989)。

記得我們曾經在第 6 章討論過, Nelson and Plosser (1982) 透過

---

[4]「有結構性變動的定態時間序列」(break stationary) 的說法雖然被廣爲使用, 卻是一種容易產生誤解的說法。它會讓人誤認該序列是定態 (但是我們都知道有結構性變動的時間序列是非定態)。「有結構性變動的定態時間序列」的真正意義是「序列具有結構性變動」且「變動前後的序列均爲定態」。

單根檢定發現, 大多數的總體經濟時間序列均具有隨機趨勢。Perron (1989) 利用相同的資料, 以考慮結構性轉變的單根檢定重新檢視這些總體經濟時間序列, 卻發現大多數的總體經濟時間序列不具隨機趨勢![5]

定義 20. *(Perron (1989) 考慮結構性轉變的單根檢定)*

1. 假設轉變點 τ 為已知。

2. 虛無假設與對立假設為 *(此為 Perron (1989) 考慮之模型 A)*

$$\begin{cases} H_0 : y_t = a_0 + y_{t-1} + \mu_1 D_{TB}(t) + e_t \\ H_1 : y_t = a_0 + a_2 t + (a_1 - a_0) D_U(t) + e_t \end{cases}$$

其中 $D_{TB}(t) = \begin{cases} 1, & \text{if } t = \tau + 1 \\ 0, & \text{otherwise} \end{cases}$

$D_U(t) = \begin{cases} 1, & \text{if } t > \tau \\ 0, & \text{if } t \le \tau \end{cases}$

3. 估計以下迴歸式

$$y_t = a_0 + a_1 y_{t-1} + a_2 t + \mu_2 D_U(t) + \mu_3 D_{TB}(t) + \sum_{i=1}^{k} \beta_i \Delta y_{t-i} + e_t$$

而檢定虛無假設 $a_1 = 1$ 的 t 統計量之臨界值可參考 *Perron (1989)* 頁 1376 表 *IV.B*。

一如 Chow 檢定, Perron (1989) 檢定最大的限制也是必須給定已知的轉變點。Zivot and Andrews (1992) 將 Perron (1989) 擴充成考慮未知結構性轉變的單根檢定, 其概念與之前 max-Chow 檢定一樣: 找

---

[5]Perron (1989) 在 Nelson and Plosser 年資料 (1869–1970) 中, 設定 1929 年 (大恐慌) 為轉變點, 至於季資料 (1947Q1–1986Q3) 的轉變點則設在 1973Q1 (石油危機)。

出一個轉變點, 使得我們在該時點可以得到最強的證據來拒絕隨機趨勢的虛無假設。亦即, 找出最小的 Perron-ADF 統計量 (別忘了單根檢定是左尾檢定)。實務上, 我們建議採用 Zivot-Andrews 檢定, 而非 Perron 檢定。

定義 21. *(Zivot-Andrews 檢定)* 令 $ADF(\tau)$ 為結構性轉變點在 τ 的 *Perron-ADF* 統計量。則

$$\text{Zivot-Andrews} = \inf_{\tau} ADF(\tau)$$

Zivot-Andrews 統計量的臨界值可參閱 Zivot and Andrews (1992)。Zivot and Andrews (1992) 重新檢視 Perron (1989) 的實證資料, 結果發現將結構性轉變點內生化後, 證據傾向支持 Nelson and Plosser (1982) 的發現, 大多數的總體經濟時間序列均具有隨機趨勢。

習 題

1. 打開 EViews Workfile FX_Korea_ci, 裡面有一個變數 lex_ko 是韓圓對美元匯率月資料 (取自然對數, 1981M4–2007M8)。

    (a) 對 lex_ko 以 ADF 作單根檢定, 落後期數以修正 AIC 決定。

    (b) 對 lex_ko 以 DF-GLS 作單根檢定, 落後期數以修正 AIC 決定。

    (c) 令轉變點為 1997M5, 對 lex_ko 做 Perron 檢定。

    (d) 對 lex_ko 做 Zivot-Andrews 檢定。

2. 根據圖 7.6, 我們畫出了 Chow F 統計量序列 (來自 Hansen (2001))。試判斷以下說法之真偽。

圖7.6: Chow F 統計量序列

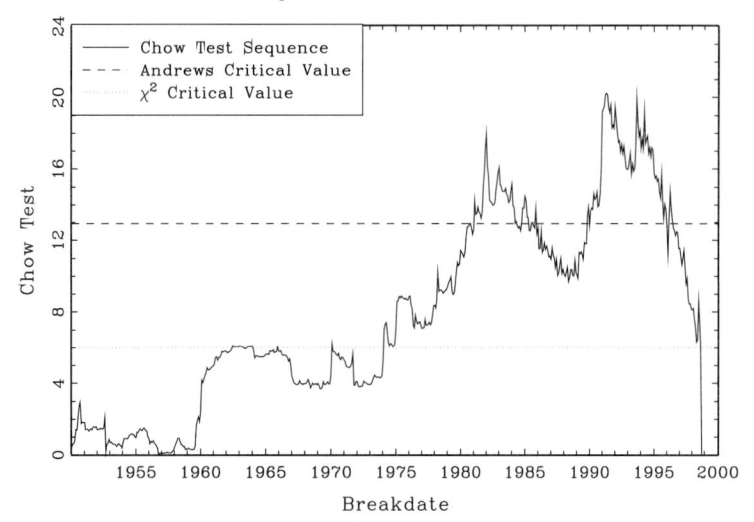

Testing for Structural Change of Unknown Timing:
Chow Test Sequence as a Function of Breakdate

(a) 由於存在很多 Chow F 統計量大於 Andrews 的臨界值, 我們因而斷言此序列具有結構性轉變。

(b) 由於 Chow F 統計量存在很多局部極大值, 因此, 此證據顯示不只存在一個結構性轉變點。

8 向量自我迴歸模型概論

- 向量自我迴歸模型
- 縮減式 VAR
- 結構式 VAR
- 遞迴式 VAR

本章介紹總體經濟學研究中, 應用最廣的時間序列模型: 向量自我迴歸 (Vector Autoregressions, VARs)。我們將簡單介紹 VAR 的歷史背景, 以及 3 種不同 VAR 模型。

©陳旭昇 (February 4, 2013)

8.1 向量自我迴歸模型

根據 Stock and Watson (2001), 對於總體計量經濟學家 (macroeconometricians) 而言, 有四個重要的研究項目,

1. 描繪總體經濟時間序列之動態變化。

2. 預測總體經濟時間序列。

3. 刻劃總體經濟時間序列之因果結構。

4. 總體經濟政策分析。

在 1970 年代, 大型的總體計量模型 (large-scale macroeconometric model) 被廣為運用, 在凱因斯理論的指導下, 動輒百餘條的方程式充斥於模型中。然而, 隨著總體經濟環境日趨複雜, 大型總體計量模型在上述的四個重要研究項目中, 表現越來越差。

Sims (1980) 批評大型總體計量模型並提出一個新的研究方法: 向量自我迴歸 (Vector Autoregressions), 簡稱 VAR。Sims (1980) 認為, 大型總體計量模型有以下問題: (1) 模型設定是任意設定的(ad hoc)。譬如說, 凱因斯消費函數將消費設為可支配所得的函數就是一個例子。(2) 為了模型的認定 (identification), 模型中有太多不可信的限制。譬如說, 將某些變數視為外生變數。而 Sims (1980) 所提出的 VAR 模型就是將所有變數都當成內生變數, 也就避免了任意限制總體經濟變數之間的關係。Hansen and West (2002) 將 VAR 與非定態序列分析 (analysis of nonstationary time series) 以及一般化動差法 (generalized method-of-moments, GMM) 並列為近 25 年來總體時間序列分析最重要的三大發展。VAR 有三種形式:[1]

---

[1]事實上應該只有兩種: 縮減式 VAR 與 結構式 VAR。廣義地來說, 遞迴式 VAR

1. 縮減式 VAR (reduced-form VAR)。

2. 結構式 VAR (structural VAR, SVAR)。

3. 遞迴式 VAR (recursive VAR)，又稱半結構式 VAR (semi-structural VAR)。

其中，遞迴式與結構式 VAR 又合稱「正交 VAR」(orthogonalizing VAR)。我們先在此做簡單的介紹，至於個別形式 VAR 的細節將在之後第 9 到第 11 章裡逐一討論。為了給讀者一個具體的例子，我們考慮一個三變數的 VAR: 物價膨脹率 (π_t)、失業率 (u_t) 以及利率 (r_t)，並將說明不同形式的 VAR 如何設定此三個總體變數之間的關係。

8.2 縮減式 VAR

縮減式 VAR 就是考慮變數均為其自身落後項以及其他變數落後項的函數，也就是說，多變數 VAR 與單一變數 AR 模型最大的不同處在於，VAR 考慮了體系內跨變數的動態行為 (cross-variable dynamics)。

假設落後期數為一期，我們稱之為 VAR(1):

$$\underbrace{\begin{bmatrix} \pi_t \\ u_t \\ R_t \end{bmatrix}}_{y_t} = \underbrace{\begin{bmatrix} \Phi_1^{11} & \Phi_1^{12} & \Phi_1^{13} \\ \Phi_1^{21} & \Phi_1^{22} & \Phi_1^{23} \\ \Phi_1^{31} & \Phi_1^{32} & \Phi_1^{33} \end{bmatrix}}_{\Phi_1} \underbrace{\begin{bmatrix} \pi_{t-1} \\ u_{t-1} \\ R_{t-1} \end{bmatrix}}_{y_{t-1}} + \underbrace{\begin{bmatrix} \varepsilon_{1t} \\ \varepsilon_{2t} \\ \varepsilon_{3t} \end{bmatrix}}_{\varepsilon_t}$$

也是結構式 VAR 的一種，然而，由於遞迴式 VAR 的「認定條件」(identification) 簡單明瞭 (我們之後會深入討論何謂「認定條件」)，執行容易，實務上的應用極廣，因此特別獨立出來討論。

係數 Φ_k^{ij} 代表第 k 期落後期的第 j 個變數對第 i 個變數的影響。因此，VAR(p) 模型以矩陣形式可以寫成

$$y_t = \mu + \Phi_1 y_{t-1} + \Phi_2 y_{t-2} + \cdots + \Phi_p y_{t-p} + \varepsilon_t.$$

8.3 結構式 VAR

在結構式 VAR 中，除了每個內生變數過去的影響，還考慮了變數之間的同期影響 (contemporary)。結構式 VAR 為

$$\underbrace{\begin{bmatrix} \pi_t \\ u_t \\ R_t \end{bmatrix}}_{y_t} = \underbrace{\begin{bmatrix} 0 & D_0^{12} & D_0^{13} \\ D_0^{21} & 0 & D_0^{23} \\ D_0^{31} & D_0^{32} & 0 \end{bmatrix}}_{D_0} \underbrace{\begin{bmatrix} \pi_t \\ u_t \\ R_t \end{bmatrix}}_{y_t} + \underbrace{\begin{bmatrix} D_1^{11} & D_1^{12} & D_1^{13} \\ D_1^{21} & D_1^{22} & D_1^{23} \\ D_1^{31} & D_1^{32} & D_1^{33} \end{bmatrix}}_{D_1} \underbrace{\begin{bmatrix} \pi_{t-1} \\ u_{t-1} \\ R_{t-1} \end{bmatrix}}_{y_{t-1}} + \underbrace{\begin{bmatrix} e_{1t} \\ e_{2t} \\ e_{3t} \end{bmatrix}}_{e_t}$$

對於 D_i 中係數的限制，完全依據總體經濟理論來設定，是故稱為結構式 VAR，亦即一個具有總體經濟結構的模型。我們透過總體經濟理論來確立經濟變數之間的因果關係。

8.4 遞迴式 VAR

在遞迴式 VAR 中，變數之間的同期影響存在著遞迴影響，以物價膨脹率，失業率以及利率為例，

$$\underbrace{\begin{bmatrix} \pi_t \\ u_t \\ R_t \end{bmatrix}}_{y_t} = \underbrace{\begin{bmatrix} 0 & 0 & 0 \\ D_0^{21} & 0 & 0 \\ D_0^{31} & D_0^{32} & 0 \end{bmatrix}}_{D_0} \underbrace{\begin{bmatrix} \pi_t \\ u_t \\ R_t \end{bmatrix}}_{y_t} + \underbrace{\begin{bmatrix} D_1^{11} & D_1^{12} & D_1^{13} \\ D_1^{21} & D_1^{22} & D_1^{23} \\ D_1^{31} & D_1^{32} & D_1^{33} \end{bmatrix}}_{D_1} \underbrace{\begin{bmatrix} \pi_{t-1} \\ u_{t-1} \\ R_{t-1} \end{bmatrix}}_{y_{t-1}} + \underbrace{\begin{bmatrix} e_{1t} \\ e_{2t} \\ e_{3t} \end{bmatrix}}_{e_t}$$

亦即, 變數之間的關係為, 物價膨脹率不受其他變數同期影響, 失業率為物價膨脹率影響, 而利率則同時受到物價膨脹率與失業率影響,

$$u_t = D_o^{21}\pi_t$$

$$R_t = D_o^{31}\pi_t + D_o^{32}u_t$$

因此, 物價膨脹率一方面直接影響利率 D_o^{31}, 另一方面又透過失業率間接影響利率 $D_o^{21} \cdot D_o^{32}$, 這就是所謂的「遞迴」結構。因此, 遞迴式 VAR 也是結構式 VAR 的一種, 而遞迴式 VAR 又稱半結構式 (semi-structural) VAR。也就是說, 模型中的經濟變數有某種程度的結構 (越不受體系內其他變數影響的變數排在越前面), 卻不是完全由總體經濟理論所決定。

最後, 我們對於這三種 VAR 模型有幾點補充說明。

1. 眼尖的讀者不難發現, 在縮減式 VAR 中的誤差項為 ε_{jt}, 是 VAR 的迴歸誤差 (regression errors),[2] 而遞迴式與結構式 VAR 中的誤差項為 e_{jt}, 稱之為結構性誤差 (structural errors), 或是叫做結構性衝擊 (structural shocks)。迴歸誤差與結構性誤差最大不

---

[2] 更精確地講, 就是我們在之前介紹過的 Wold Representation 定理中的線性投射殘差 (projection residuals)。

同在於, 迴歸誤差之間具有相關性, 亦即

$$\Sigma_\varepsilon = E(\varepsilon_t \varepsilon_t') = E\left(\begin{bmatrix} \varepsilon_{1t} \\ \varepsilon_{2t} \\ \varepsilon_{3t} \end{bmatrix} \begin{bmatrix} \varepsilon_{1t} & \varepsilon_{2t} & \varepsilon_{3t} \end{bmatrix}\right)$$

$$= \begin{bmatrix} E(\varepsilon_{1t}^2) & E(\varepsilon_{1t}\varepsilon_{2t}) & E(\varepsilon_{1t}\varepsilon_{3t}) \\ E(\varepsilon_{2t}\varepsilon_{1t}) & E(\varepsilon_{2t}^2) & E(\varepsilon_{2t}\varepsilon_{3t}) \\ E(\varepsilon_{3t}\varepsilon_{1t}) & E(\varepsilon_{3t}\varepsilon_{2t}) & E(\varepsilon_{3t}^2) \end{bmatrix}$$

$$= \begin{bmatrix} Var(\varepsilon_{1t}) & Cov(\varepsilon_{1t},\varepsilon_{2t}) & Cov(\varepsilon_{1t},\varepsilon_{3t}) \\ Cov(\varepsilon_{2t},\varepsilon_{1t}) & Var(\varepsilon_{2t}) & Cov(\varepsilon_{2t},\varepsilon_{3t}) \\ Cov(\varepsilon_{3t},\varepsilon_{1t}) & Cov(\varepsilon_{3t},\varepsilon_{2t}) & Var(\varepsilon_{3t}) \end{bmatrix}$$

相反的, 結構性誤差之間沒有相關,

$$\Sigma_e = E(e_t e_t') = E\left(\begin{bmatrix} e_{1t} \\ e_{2t} \\ e_{3t} \end{bmatrix} \begin{bmatrix} e_{1t} & e_{2t} & e_{3t} \end{bmatrix}\right)$$

$$= \begin{bmatrix} E(e_{1t}^2) & E(e_{1t}e_{2t}) & E(e_{1t}e_{3t}) \\ E(e_{2t}e_{1t}) & E(e_{2t}^2) & E(e_{2t}e_{3t}) \\ E(e_{3t}e_{1t}) & E(e_{3t}e_{2t}) & E(e_{3t}^2) \end{bmatrix}$$

$$= \begin{bmatrix} Var(e_{1t}) & Cov(e_{1t},e_{2t}) & Cov(e_{1t},e_{3t}) \\ Cov(e_{2t},e_{1t}) & Var(e_{2t}) & Cov(e_{2t},e_{3t}) \\ Cov(e_{3t},e_{1t}) & Cov(e_{3t},e_{2t}) & Var(e_{3t}) \end{bmatrix}$$

$$= \begin{bmatrix} Var(e_{1t}) & 0 & 0 \\ 0 & Var(e_{2t}) & 0 \\ 0 & 0 & Var(e_{3t}) \end{bmatrix}$$

也就是加入了 $E(e_{it}e_{jt}) = 0$ 的正交條件 (orthogonalization)。

2. 我們在 VAR 分析中,常常看到所謂的「衝擊反應函數」(impulse response function) 與「變異數分解」(variance decomposition)。前者說明在其他衝擊不變下,特定衝擊對於內生變數動態之影響。而後者則是將預測誤差的變異數分解成不同衝擊所造成之比例,亦即衡量內生變數的波動,有多少比例可以被特定衝擊所解釋。

在討論衝擊反應函數時,我們必須要求衝擊之間不具相關性。否則「在其他衝擊不變下」這句話將不具意義。譬如說,我們想知道貨幣供給增加對於實質匯率的衝擊為何,如果貨幣供給衝擊與技術衝擊的相關不為零,則我們如何分辨實質匯率的變動是單純來自貨幣供給衝擊,還是同時也改變的技術衝擊?

同理,變異數分解的目的在於了解特定衝擊對於內生變數波動的貢獻。譬如說,我們想知道實質匯率波動有多少比例可以被貨幣衝擊所解釋,又有多少比例可以被技術衝擊所解釋。如果這兩種衝擊的相關不為零,如何分解出它們的個別貢獻?因此,衝擊反應函數與變異數分解這兩種分析只有在遞迴式與結構式 VAR 中才有意義。

9 縮減式 VAR

- 縮減式 VAR
- 縮減式 VAR 的估計
- 縮減式 VAR 的落後期數選取
- 縮減式 VAR 的預測
- 縮減式 VAR 的應用: 檢定股票價格現值模型
- Granger 因果關係檢定
- Granger 因果關係檢定之實例應用
- 附錄

本章介紹縮減式 VAR, 除了模型的估計, 預測及應用之外, 我們將會介紹一個相當重要的概念: Granger 因果檢定 (test of Granger causality)。

©陳旭昇 (February 4, 2013)

9.1 縮減式 VAR

令 $y_t \in \mathbb{R}^k$, $\{-\infty < t < \infty\}$, 亦即

$$y_t = \begin{bmatrix} y_{1t} \\ y_{2t} \\ \vdots \\ y_{kt} \end{bmatrix}$$

假設 $E[y_t] = \mathbf{0}$, 且 y_t 爲定態, 則其 j 階自我共變異矩陣爲

$$E\underbrace{[y_t y'_{t-j}]}_{k \times k} = \Gamma_j < \infty$$

我們假設 y_t 可被一個 VAR(p) 模型所近似。

定義 22. *(縮減式 VAR(p) 模型)* 給定

$$y_t = \Phi_1 y_{t-1} + \cdots + \Phi_p y_{t-p} + \varepsilon_t, \tag{1}$$

其中

$$\varepsilon_t \stackrel{d}{=} (\mathbf{0}, \Sigma_\varepsilon),$$

$$\Sigma_\varepsilon = E(\varepsilon_t \varepsilon'_t),$$

我們稱式 (1) 爲一個縮減式 VAR(p) 模型 *(reduced-form VAR(p) model)*, 簡稱 VAR(p)。

給定 y_t 爲 VAR(p), 則其定態條件爲:

性質 16. *(VAR(p) 的定態條件)*

$\det(\Phi(z)) = |\Phi(z)| = 0$ 的根落在單位圓之外。

9.2 縮減式 VAR 的估計

縮減式 VAR(p) 為

$$y_t = \Phi_1 \, y_{t-1} + \cdots + \Phi_p \, y_{t-p} + \varepsilon_t.$$

縮減式 VAR 的估計乍看之下並不簡單, 最大的問題在於跨方程式之間存在相關性: $Cov(\varepsilon_{it}, \varepsilon_{jt}) \neq 0$。事實上, 整個 VAR 體系就是一個具有相同解釋變數的近似無關迴歸模型 (seemingly unrelated regressions (SUR) model with identical regressors)。以下為 SUR 模型的重要性質:

性質 17. *(SUR 模型之重要性質)* 如果近似無關迴歸模型體系具有相同解釋變數, 則體系中之各個方程式可個別以普通最小平方法 *(OLS)* 估計之。

因此, 估計縮減式 VAR 相當容易, 假設 $y_t \in \mathbb{R}^k$, 我們只要利用 OLS 估計 k 條迴歸式即可 (證明參見附錄)。[1] 由於 VAR(p) 模型的估計出乎意料地簡單, 正是 VAR(p) 模型得以風行的原因之一。底下我們提供一個例子說明 VAR(p) 在 EViews 中的估計。我們收集了三個台灣的月時間序列資料: 物價膨脹率 (由消費者物價總指數算出), 失業率變動, 以及短期利率 (貨幣市場利率-金融業拆款), 樣本期間為 1981M1–2007M6。我們將資料畫在圖 9.1 中。

---

[1] 如果假設 ε_t 的條件分配為常態, 我們也可以利用最大條件概似法 (Conditional Maximum Likelihood Estimation, CMLE) 來估計 VAR(p), 與 SURE 一樣, CMLE 的估計結果與分別利用 OLS 估計個別迴歸式之估計結果相同。參見 Hamilton (1994), 293–294 頁。

圖 9.1: 台灣的物價膨脹率, 失業率變動以及短期利率 (1981M1–2007M6)

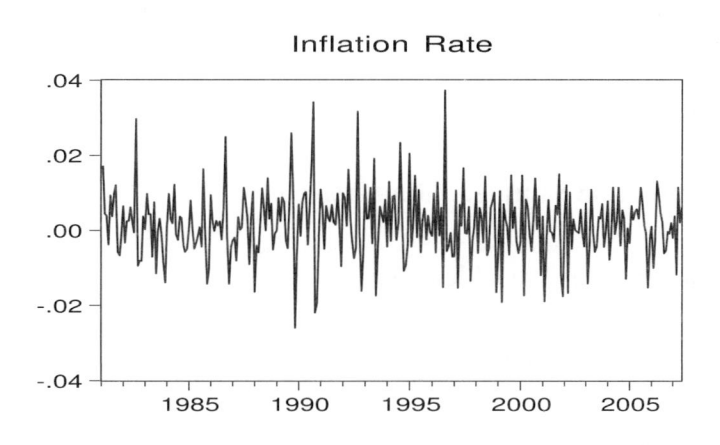

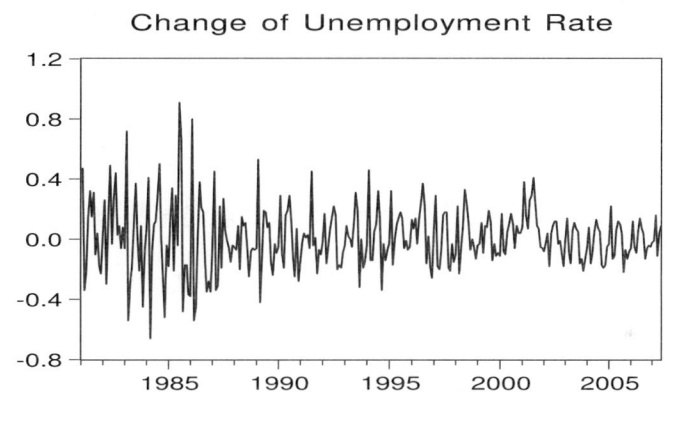

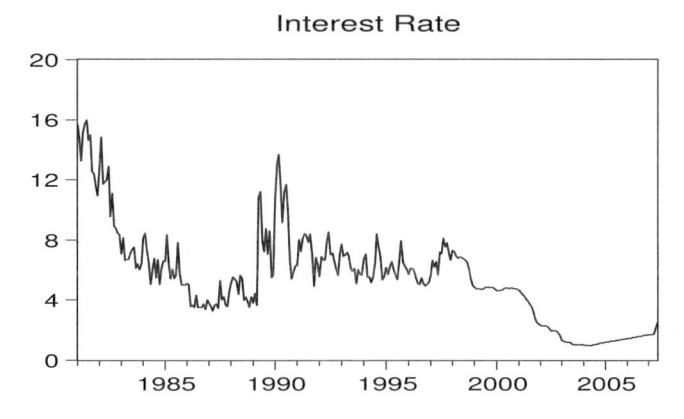

9.2 縮減式 VAR 的估計

例 7. 打開 *EViews* 的 *Workfile*: Taiwan_VAR_data。裡面有一個 **Group** 稱做 Taiwan_VAR, 包含了三個變數: **PI** *(物價膨脹率)*, **DUE** *(失業率變動)* 以及 **R** *(短期利率)*。將此 *Group* 叫出來, 點按 **Proc/Make Autoregression...**, 選擇 **Basic** 以及所有原來設定:

1. **VAR Type:** *Unrestricted VAR*

2. **Estimation Sample:** *1981:01–2007:06*

3. **Endogenous Variables:** *pi due r*

4. **Lag Intervals for Endogenous:** 1 2

5. **Exogenous Variables:** *c*

然後按確定即可。

其中, 選擇 Unrestricted VAR 就是估計縮減式 VAR, 落後項選取 (1 p) 代表取 p 個落後項, 在此我們令 p = 2, 而 c 就是常數項。估計結果如圖 9.2 所示。

讀者不妨利用個別迴歸式估計, 譬如說估計物價膨脹率迴歸式, 在 **Quick/Estimate Equation...** 下輸入

```
pi pi(-1 to -2) due(-1 to -2) r(-1 to -2) c
```

看看是否會得到與 VAR(2) 相同的估計結果。

9.3 縮減式 VAR 的落後期數選取

對於 VAR(p) 落後期數的選取, 一如 AR(p), 我們可以利用 AIC 或是 BIC (SIC) 選取最適的落後期數, 接續之前的例 7, 我們在 VAR 估計結

圖 9.2: 估計縮減式 VAR(2) 估計結果: 物價膨脹率, 失業率變動以及短期利率

Vector Autoregression Estimates

Vector Autoregression Estimates
Date: 09/17/07   Time: 14:58
Sample (adjusted): 1981:04 2007:06
Included observations: 315 after adjustments
Standard errors in ( ) & t-statistics in [ ]

	PI	DUE	R
PI(-1)	-0.169794 (0.05496) [-3.08930]	0.688004 (1.34414) [0.51185]	-13.39387 (6.15887) [-2.17473]
PI(-2)	-0.213164 (0.05489) [-3.88333]	-0.647069 (1.34243) [-0.48201]	-11.07739 (6.15103) [-1.80090]
DUE(-1)	0.003760 (0.00235) [1.59966]	0.101407 (0.05749) [1.76390]	-0.656005 (0.26342) [-2.49034]
DUE(-2)	0.008241 (0.00236) [3.49682]	-0.122317 (0.05763) [-2.12234]	-0.214565 (0.26408) [-0.81252]
R(-1)	0.000411 (0.00052) [0.79271]	0.004296 (0.01267) [0.33913]	0.872521 (0.05805) [15.0310]
R(-2)	-9.88E-05 (0.00051) [-0.19229]	0.002333 (0.01256) [0.18572]	0.085780 (0.05756) [1.49028]
C	0.000248 (0.00100) [0.24930]	-0.026975 (0.02437) [-1.10702]	0.234317 (0.11165) [2.09868]
R-squared	0.110679	0.033915	0.903798
Adj. R-squared	0.093355	0.015095	0.901924
Sum sq. resids	0.022366	13.37675	280.8425
S.E. equation	0.008522	0.208401	0.954896
F-statistic	6.388620	1.802089	482.2652
Log likelihood	1057.599	50.58543	-428.8880
Akaike AIC	-6.670470	-0.276733	2.767543
Schwarz SC	-6.587079	-0.193342	2.850933
Mean dependent	0.001481	0.009111	5.440070
S.D. dependent	0.008950	0.209992	3.049118

Determinant resid covariance (dof adj.)	2.73E-06
Determinant resid covariance	2.55E-06
Log likelihood	687.7428
Akaike information criterion	-4.233287
Schwarz criterion	-3.983116

表 9.1: 最適落後期數選取: AIC 與 BIC

	AIC	BIC
0	-2.152666	-2.115808
1	-4.201471	-4.054037*
2	-4.250815	-3.992805
3	-4.30754	-3.938954
4	-4.272805	-3.793644
5	-4.287198	-3.697461
6	-4.266654	-3.566342
7	-4.355981	-3.545093
8	-4.444905	-3.523442
9	-4.483947	-3.451907
10	-4.476524	-3.333909
11	-4.516369	-3.263179
12	-4.704700*	-3.340934
13	-4.680752	-3.20641
14	-4.70444	-3.119523
15	-4.687584	-2.992091

果的視窗中, 輸入 **View/Lag Structure/Lag Length Criteria...**, 然後跳出 Lags to include 的視窗, 就是在問你對於 p_{max} 的設定, 我們簡單設 p_{max} 就會得到如表 9.1 之結果。

顯而易見地, AIC 挑選了一個 VAR(12) 模型, 而 BIC 則挑選了一個 VAR(1) 模型。實務上, 我們常會碰到這種不一致的結果, 我們之前說明過 BIC 所挑選的落後期數 $\hat{p}_{BIC}$ 為真實 p 的一致估計式: $\hat{p}_{BIC} \xrightarrow{p} p$, 因此, 你或許可用 VAR(1) 模型所得到的結果, 當作你的主要實證結果 (main empirical results), 而 AIC 所挑選的 VAR(12) 則當作實證模型的穩健度測試 (robustness checks)。

然而, 由於我們模型考慮的變數為物價膨脹率, 失業率變動以及短期利率, 一般而言, 短期利率被視為中央銀行的貨幣政策工具。因此,或許有人會主張 VAR(12) 是較為適當的模型, 因為貨幣政策由實施一直到總體經濟變數 (物價膨脹率與失業率變動) 做出反應, 中間的遞延期間應該高於一個月, 而 12 個月應該是一個合理的貨幣政策遞延長度。

EViews 中還提供了其他不同的資訊選取準則, 如序列 LR 檢定, 預測誤差檢定, 以及 Hannan-Quinn (HQ) 資訊選取準則 (HQIC) 等, 讀者可自行參閱使用手冊, 在此不贅述。

9.4 縮減式 VAR 的預測

要以縮減式 VAR 做預測, 我們可以將 VAR(p) 寫成 AR(1) 形式:

$$Y_t = AY_{t-1} + \epsilon_t,$$

其中我們以物價膨脹率, 失業率變動以及短期利率三變數 VAR 為例,

$$Y_t = \begin{bmatrix} \pi_t \\ u_t \\ R_t \\ \pi_{t-1} \\ u_{t-1} \\ R_{t-1} \\ \vdots \\ \pi_{t-p+1} \\ u_{t-p+1} \\ R_{t-p+1} \end{bmatrix} \quad Y_{t-1} = \begin{bmatrix} \pi_{t-1} \\ u_{t-1} \\ R_{t-1} \\ \pi_{t-2} \\ u_{t-2} \\ R_{t-2} \\ \vdots \\ \pi_{t-p} \\ u_{t-p} \\ R_{t-p} \end{bmatrix} \quad \epsilon_t = \begin{bmatrix} 1 & 0 & 0 \\ 0 & 1 & 0 \\ 0 & 0 & 1 \\ 0 & 0 & 0 \\ \vdots & \vdots & \vdots \\ 0 & 0 & 0 \end{bmatrix} \begin{bmatrix} \varepsilon_{1t} \\ \varepsilon_{2t} \\ \varepsilon_{3t} \end{bmatrix}$$

以及

$$A = \begin{bmatrix} \Phi_1^{11} & \Phi_1^{12} & \Phi_1^{13} & \Phi_2^{11} & \Phi_2^{12} & \Phi_2^{13} & \cdots & \cdots & \cdots & \Phi_p^{11} & \Phi_p^{12} & \Phi_p^{13} \\ \Phi_1^{21} & \Phi_1^{22} & \Phi_1^{23} & \Phi_2^{21} & \Phi_2^{22} & \Phi_2^{23} & \cdots & \cdots & \cdots & \Phi_p^{21} & \Phi_p^{22} & \Phi_p^{23} \\ \Phi_1^{31} & \Phi_1^{32} & \Phi_1^{33} & \Phi_2^{31} & \Phi_2^{32} & \Phi_2^{33} & \cdots & \cdots & \cdots & \Phi_p^{31} & \Phi_p^{32} & \Phi_p^{33} \\ 1 & 0 & 0 & 0 & 0 & 0 & \cdots & \cdots & 0 & 0 & 0 & 0 \\ 0 & 1 & 0 & 0 & 0 & 0 & \cdots & \cdots & 0 & 0 & 0 & 0 \\ 0 & 0 & 1 & 0 & 0 & 0 & \cdots & \cdots & 0 & 0 & 0 & 0 \\ 0 & 0 & 0 & \ddots & 0 & 0 & 0 & 0 & 0 & \vdots & \vdots & \vdots \\ \vdots & \vdots & \vdots & & \ddots & & & & & \vdots & \vdots & \vdots \\ \vdots & \vdots & \vdots & & & \ddots & & & & \vdots & \vdots & \vdots \\ 0 & 0 & 0 & \cdots & \cdots & \cdots & 1 & 0 & 0 & 0 & 0 & 0 \\ 0 & 0 & 0 & \cdots & \cdots & \cdots & 0 & 1 & 0 & 0 & 0 & 0 \\ 0 & 0 & 0 & \cdots & \cdots & \cdots & 0 & 0 & 1 & 0 & 0 & 0 \end{bmatrix}$$

因此, 根據第 3.4 節 AR(1) 的預測式為

$$E_t(Y_{t+j}) = A^j Y_t,$$

而對於物價膨脹率, 失業率變動以及短期利率的預測式分別為

$$E_t(\pi_{t+j}) = [1\ 0\ 0\ 0\ \cdots\ 0]A^j Y_t,$$

$$E_t(u_{t+j}) = [0\ 1\ 0\ 0\ \cdots\ 0]A^j Y_t,$$

$$E_t(R_{t+j}) = [0\ 0\ 1\ 0\ \cdots\ 0]A^j Y_t$$

表 9.2: 現值模型的例子

	x_t	y_t
(1)	股票價格	股利
(2)	匯率	市場基要
(3)	經常帳	淨產出 (產出減去投資與政府支出)
(4)	財政盈餘	產出與政府支出成長率

9.5 縮減式 VAR 的應用: 檢定股票價格現值模型

在資產價格模型中, 我們可以將資產價格寫成

$$x_t = E\left[\sum_{j=1}^{\infty} \beta^j y_{t+j} \Big| \Omega_t \right] = \sum_{j=1}^{\infty} \beta^j E(y_{t+j}|\Omega_t) = \sum_{j=1}^{\infty} \beta^j E_t(y_{t+j}), \qquad (2)$$

稱之為現值模型 (present value model)。總體經濟理論或是財務經濟理論對於 x_t 與 y_t 的例子可見表 9.2。

關於例 (1), 股票價格與股利的關係可由 consumption-based model 推導出來, 參閱 Cochrane (2001) 的第一章。例 (2) 中匯率與市場基要的關係可由簡單的貨幣模型 (monetary model) 或是泰勒法則模型 (Taylor rule model) 推導出來, 參見 Engel and West (2005)。至於經常帳與產出, 投資以及政府支出之間的關係, 就是來自經常帳的跨期分析 (the intertemporal approach to the current account), 參見 Obstfeld and Rogoff (1996) 的第二及第三章。最後, 第 (4) 個例子係來自 Huang and Lin (1993),[2] 他們根據 Robert Barro 的 tax smoothing model 推導出財政盈餘 (或赤字) 為未來產出與政府支出成長率的折現值加總。

---

[2] 黃朝熙與林向愷。

令
$$\begin{pmatrix} x_t \\ y_t \end{pmatrix} \in \mathbb{R}^2$$

同時假設 $(x_t\ y_t)'$ 為 VAR(p)。根據上一節的討論，任何 VAR(p) 模型都可以表示為 AR(1) 形式：

$$Z_t = AZ_{t-1} + \varepsilon_t.$$

因此，

$$E_t(Z_{t+j}) = A^j Z_t \tag{3}$$

且

$$E_t(y_{t+j}) = [0\ 1\ 0\ \cdots\ 0]A^j Z_t = e_2' A^j Z_t, \tag{4}$$

其中

$$e_2 = \underbrace{\begin{bmatrix} 0 \\ 1 \\ 0 \\ \vdots \\ 0 \end{bmatrix}}_{2p \times 1}$$

此外，

$$x_t = [1\ 0\ 0\cdots 0]Z_t = e_1' Z_t. \tag{5}$$

因此，結合式 (5), (4) 與 (2)，我們可得

$$e_1' Z_t = x_t = \sum_{j=1}^{\infty} \beta^j E_t(y_{t+j}) = \sum_{j=1}^{\infty} \beta^j e_2' A^j Z_t.$$

重新整理，

$$e_1' Z_t = e_2' \left(\sum_{j=1}^{\infty} \beta^j A^j \right) Z_t. \tag{6}$$

注意到第 (6) 式對於所有的可能 Z_t 的實現值都要成立, 則式 (6) 隱含

$$\begin{aligned} e_1' &= e_2'\left(\sum_{j=1}^{\infty} \beta^j A^j\right), \\ &= e_2'\beta A\left(\sum_{j=0}^{\infty} \beta^j A^j\right), \\ &= e_2'\beta A(I - \beta A)^{-1}. \end{aligned}$$

亦即

$$e_1'(I - \beta A) = e_2'\beta A. \tag{7}$$

第 (7) 式中對於 VAR(p) 係數矩陣 A 的限制正好可以用來檢定現值模型。對於係數的檢定我們可以利用 Wald 檢定 (參見附錄)。

舉例來說, 若 $(x_t\ y_t)'$ 為 VAR(1),

$$x_t = \Phi_{11} x_{t-1} + \Phi_{12} y_{t-1} + \varepsilon_{xt}$$
$$y_t = \Phi_{21} x_{t-1} + \Phi_{22} y_{t-1} + \varepsilon_{yt}$$

則

$$\underbrace{\begin{bmatrix} x_t \\ y_t \end{bmatrix}}_{Z_t} = \underbrace{\begin{bmatrix} \Phi_{11} & \Phi_{12} \\ \Phi_{21} & \Phi_{22} \end{bmatrix}}_{A} \underbrace{\begin{bmatrix} x_{t-1} \\ y_{t-1} \end{bmatrix}}_{Z_{t-1}} + \underbrace{\begin{bmatrix} \varepsilon_{xt} \\ \varepsilon_{yt} \end{bmatrix}}_{\varepsilon_t}$$

因此,

$$\underbrace{e_1'(I - \beta A)}_{1 \times 2} = [1\ 0](I - \beta A) = [1 - \beta\Phi_{11}\ \ -\beta\Phi_{12}]$$

$$\underbrace{e_2'\beta A}_{1 \times 2} = [0\ 1]\beta A = [\beta\Phi_{21}\ \ \beta\Phi_{22}]$$

則虛無假設為

$$\begin{cases} 1 - \beta\Phi_{11} = \beta\Phi_{21} \\ -\beta\Phi_{12} = \beta\Phi_{22} \end{cases}$$

9.5 縮減式 VAR 的應用: 檢定股票價格現值模型

或是

$$\begin{cases} \Phi_{11} + \Phi_{21} = \frac{1}{\beta} \\ \Phi_{12} + \Phi_{22} = 0 \end{cases}$$

如果我們拒絕虛無假設，就是拒絕現值模型。

9.6　Granger 因果關係檢定

Granger 因果關係 (Granger causality) 是由 Clive W.J. Granger 所提出來的一個因果關係概念，參見 Granger (1969)。然而，值得注意的是：Granger 因果關係不一定是總體經濟理論中眞正的因果關係 (結構關係)！

「Granger 因果關係」定義在「預測因果關係」(predictive causality)，也就是說，如果變數 x 能夠提供預測變數 y 所需的資訊，我們就稱變數 x「Granger 影響」(Granger cause) 變數 y。

以下我們提供更精確的定義：

定義 23. *(Granger 因果關係)* 給定 Ω_t 為 t 期的資訊集合，$\Omega_t / \{x_t, x_{t-1}, \ldots\}$ 為 t 期資訊集合與 $\{x_t, x_{t-1}, \ldots\}$ 的餘集 *(relative complement)*，且 $F(\cdot|\cdot)$ 為條件分配。如果

$$F(y_{t+h}|\Omega_t / \{x_t, x_{t-1}, \ldots\}) = F(y_{t+h}|\Omega_t) \quad \forall\, h \geq 1,$$

則我們稱 x 不會「*Granger* 影響」y。亦即，x 無助於預測 y。

以及實務上的檢定方式：

定義 24. *(Granger 因果關係檢定)* 考慮以下迴歸式

$$y_t = \alpha + \beta_1 y_{t-1} + \beta_2 y_{t-2} + \cdots + \beta_p y_{t-p} + \gamma_1 x_{t-1} + \gamma_2 x_{t-2} + \cdots + \gamma_p x_{t-p} + e_t,$$

如果

$$\gamma_1 = \gamma_2 = \cdots = \gamma_p = 0,$$

則我們稱 x 不會「*Granger* 影響」y。

§9.6.1　Hall 平賭假說

給定以下個人最適決策:

$$\max \quad E_t\left[\sum_j \beta^j u(C_{t+j})\right]$$

$$\text{s.t.} \quad y_t + (1+r)B_t = C_t + B_{t+1}$$

其中 C_t 為消費, y_t 為所得, B_t 為一期到期之債券, 而 r 為實質利率。

根據一階條件, Euler 方程式為

$$u'(C_t) = \beta(1+r)E_t[u'(C_{t+1})]$$

假設 $\beta(1+r) = 1$, 則

$$E_t[u'(C_{t+1})] = u'(C_t)$$

我們進一步假設效用函數 $u(\cdot)$ 為二次式

$$U(C_t) = C_t - \frac{a}{2}C_t^2, \quad a > 0$$

因此

$$E_t[1 - aC_{t+1}] = 1 - aC_t$$

或是

$$E_t[C_{t+1}] = C_t$$

因此, 對於下一期消費 C_{t+1} 的最佳預測就是本期消費 C_t, 也就是說, 如果理論模型是對的, 除了消費本身之外, 沒有其他變數可以預測下一期消費, 亦即, 所有其他總體變數均不會「Granger 影響」消費序列, 這就是 Robert Hall 著名的平賭假說 (Hall's martingale hypothesis), 見 Hall (1978)。

C_t 為平賭序列, 則消費變動 ΔC_t 為平賭差序列

$$E_t(\Delta C_{t+1}) = 0$$

Hall (1978) 發現, 產出與消費均不會「Granger 影響」消費變動, 但是股票價格變動的落後項卻顯著地「Granger 影響」消費變動。

§ 9.6.2 Granger 因果關係不是真正因果關係的一個例子

我們在之前所介紹的現值模型可以提供我們一個例子說明,「Granger 因果關係不是真正因果關係」。給定股票報酬率為

$$R_{t+1} \equiv \frac{P_{t+1} + D_t}{P_t} - 1,$$

其中 P_t 為股票價格, D_t 為股利 (dividend)。假設無風險利率為固定: $R_t^f = R$, 則均衡時

$$E_t(R_{t+1}) = E_t\left(\frac{P_{t+1} + D_t}{P_t}\right) = R.$$

經過整理,

$$P_t = \frac{1}{1+R} D_t + \frac{1}{1+R} E_t(P_{t+1}).$$

令
$$\beta = \frac{1}{1+R}, \quad d_t = \frac{1}{1+R} D_t,$$

則我們得到如下的一階隨機差分方程式 (First-Order Stochastic Difference Equations):
$$P_t = d_t + \beta E_t(P_{t+1}). \tag{8}$$

經過反覆迭代，我們可將股票價格 P_t 寫成未來股利 (future dividend) d_t 的折現值加總，[3]
$$P_t = \sum_{j=1}^{\infty} \beta^j E_t(d_{t+j}). \tag{9}$$

股票價格反應未來股利的變動，也就是說**真正的因果關係為股利影響股票價格**。

假設
$$d_t = u_t + \delta u_{t-1} + v_t, \tag{10}$$

其中 $u_t \overset{i.i.d.}{\sim} N(0,1), v_t \overset{i.i.d.}{\sim} N(0,1)$，且 u_t 與 v_t 獨立。根據式 (10)，我們可以推導出
$$E_t(d_{t+j}) = \begin{cases} \delta u_t, & \text{for } j = 1 \\ 0, & \text{for } j > 1 \end{cases}$$

將上式帶入第 (9) 式，
$$P_t = \beta \delta u_t. \tag{11}$$

根據第 (11) 式，
$$\delta u_{t-1} = \beta^{-1} P_{t-1}.$$

代回第 (10) 式可得，
$$d_t = u_t + \beta^{-1} P_{t-1} + v_t \tag{12}$$

---

[3]對於求解一階隨機差分方程式的相關討論，參見第 16 章。

結合第 (11) 式與第 (12) 式,

$$\begin{bmatrix} P_t \\ d_t \end{bmatrix} = \begin{bmatrix} 0 & 0 \\ \beta^{-1} & 0 \end{bmatrix} \begin{bmatrix} P_{t-1} \\ d_{t-1} \end{bmatrix} + \begin{bmatrix} \beta \delta u_t \\ u_t + v_t \end{bmatrix}$$

亦即, 股利不會「Granger 影響」股票價格, 但是股票價格卻「Granger 影響」股利。

1. 真正的因果關係為股利影響股票價格, 但是股利卻不會「Granger 影響」股票價格。

2. 股票價格「Granger 影響」股利。理由在於, 股利「未來」的變動決定了「現在」的股票價格變動, 則股票價格會比股利先變動, 因此表面上看起來, 股票價格能預測未來股利。

3. Granger 因果關係檢定提供我們另一個角度來檢定現值模型。亦即, 如果股票價格現值模型是對的, 則股利不會「Granger 影響」股票價格. 而股票價格「Granger 影響」股利。

§9.6.3　樣本外預測之 Granger 因果關係檢定

我們迄今所介紹的 Granger 因果關係檢定乃是樣本內檢定 (in-sample tests), 然而, Ashley et al. (1980) 主張, Granger 因果關係檢定的「真諦」應該是樣本外預測能力 (out-of-sample forecasting performance):

> ...a sound and natural approach to such [Granger causality] tests must rely on the out-of-sample forecasting performance of models relating the original (non-prewhitened) series of interest.

·210·　縮減式 VAR

因此, 有學者主張 Granger 因果關係檢定應該為樣本外檢定 (out-of-sample tests for Granger casuality)。

考慮以下 nested 模型:

模型 1:　　$y_t = \alpha_1 + \beta_{11} x_{1t-1} + u_{1t}$,

模型 2:　　$y_t = \alpha_2 + \beta_{21} x_{1t-1} + \beta_{22} x_{2t-1} + u_{2t}$.

給定「沒有 Granger 因果關係」: $\beta_{22} = 0$ 的虛無假設下, 模型 2 就退化成模型 1。因此, 如果模型 2 的樣本外預測能力勝過模型 1, 我們就說 x_2「Granger 影響」y。更明確地說, 譬如我們以預測均方差 (mean square prediction error, MSPE) 來衡量預測表現, 則 $MSPE(2) < MSPE(1)$ 代表 x_2「Granger 影響」y。

關於樣本外預測之 Granger 因果關係檢定, 有興趣的讀者可以參考 Ashley et al. (1980), Chao et al. (2001), Clark and McCracken (2001), Rapach and Weber (2004), 以及 Chen (2005)。

9.7　Granger 因果關係檢定之實例應用

1. 打開 EViews 的 Workfile: Taiwan_VAR_data

2. 依照例 7 的方式, 估計一個物價膨脹率, 失業率變動以及短期利率的 VAR(2) 模型

3. 在 VAR 估計結果的視窗下, 選擇

    View/Lag Structure/Granger Causality/Block Exogeneity Tests,

    檢定結果如圖 9.3 所示。

圖9.3: Granger 因果關係檢定結果: 物價膨脹率, 失業率變動以及短期利率

```
VAR Granger Causality/Block Exogeneity Wald Tests
Date: 09/20/07   Time: 08:48
Sample: 1981:01 2007:06
Included observations: 315
```

Dependent variable: PI

Excluded	Chi-sq	df	Prob.
DUE	16.22766	2	0.0003
R	3.924290	2	0.1406
All	22.50945	4	0.0002

Dependent variable: DUE

Excluded	Chi-sq	df	Prob.
PI	0.558516	2	0.7563
R	2.814646	2	0.2448
All	3.464918	4	0.4832

Dependent variable: R

Excluded	Chi-sq	df	Prob.
PI	7.166150	2	0.0278
DUE	7.402072	2	0.0247
All	15.89527	4	0.0032

根據圖 9.3 的檢定結果, 我們可以得到

1. 失業率變動會「Granger 影響」物價膨脹率; 短期利率不會「Granger 影響」物價膨脹率。

2. 物價膨脹率與短期利率都不會「Granger 影響」失業率變動。

3. 物價膨脹率與失業率變動都會「Granger 影響」短期利率。

因此, 根據這個簡單的檢定結果, 央行的貨幣政策 (短期利率) 似乎是內生化的貨幣政策以因應物價膨脹率與失業率變動, 亦即所謂的泰勒法則 (Taylor rule)。而物價膨脹率與短期利率都不會「Granger 影響」失業率變動的結果, 則建議短期間名目變數與貨幣政策對於實質變數沒有影響。這與古典的二分性想法相契。而短期利率不會「Granger 影響」物價膨脹率, 這個結果似乎隱含貨幣政策的無效性。

當然這只是一個簡單的例子, 目的在於讓大家了解如何從事 Granger 因果關係檢定, 對於如何在 VAR 模型中認定 (identify) 貨幣政策, 是一個相當複雜的課題, 有賴進一步以結構式 VAR 探討。

9.8 附錄

§ 9.8.1 縮減式 VAR 的估計: SURE

給定 VAR(p)

$$y_t = \Phi_1 y_{t-1} + \cdots + \Phi_p y_{t-p} + \varepsilon_t.$$

令

$$x_t = \begin{bmatrix} y_{t-1} \\ y_{t-2} \\ \vdots \\ y_{t-p} \end{bmatrix}_{kp \times 1} \quad X = \begin{bmatrix} x_1' \\ x_2' \\ \vdots \\ x_T' \end{bmatrix}_{T \times kp}$$

對於任意 $i = 1, 2, \ldots, k$,

$$\phi_{(i)} = \begin{bmatrix} (\Phi_1 \text{ 的第 } i \text{ 列})' \\ (\Phi_2 \text{ 的第 } i \text{ 列})' \\ \vdots \\ (\Phi_p \text{ 的第 } i \text{ 列})' \end{bmatrix}_{kp \times 1} \quad \varepsilon_{(i)} = \begin{bmatrix} \varepsilon_{i1} \\ \varepsilon_{i2} \\ \vdots \\ \varepsilon_{iT} \end{bmatrix}_{T \times 1} \quad y_{(i)} = \begin{bmatrix} y_{i1} \\ y_{i2} \\ \vdots \\ y_{iT} \end{bmatrix}_{T \times 1}$$

則 VAR(p) 可改寫成

$$\underbrace{y_{(i)}}_{T \times 1} = \underbrace{X}_{T \times kp} \underbrace{\phi_{(i)}}_{kp \times 1} + \underbrace{\varepsilon_{(i)}}_{T \times 1}, i = 1, 2, \ldots, k$$

其中第 i 條迴歸式為

$$\underbrace{y_{it}}_{1 \times 1} = \underbrace{x_t'}_{1 \times kp} \underbrace{\phi_{(i)}}_{kp \times 1} + \underbrace{\varepsilon_{it}}_{1 \times 1}$$

接下來, 令

$$y = \begin{bmatrix} y_{(1)} \\ y_{(2)} \\ \vdots \\ y_{(k)} \end{bmatrix}_{Tk \times 1} \quad \phi = \begin{bmatrix} \phi_{(1)} \\ \phi_{(2)} \\ \vdots \\ \phi_{(k)} \end{bmatrix}_{k^2 p \times 1} \quad \varepsilon = \begin{bmatrix} \varepsilon_{(1)} \\ \varepsilon_{(2)} \\ \vdots \\ \varepsilon_{(k)} \end{bmatrix}_{Tk \times 1}$$

我們可以將這 k 條迴歸式疊 (stack) 在一起,

$$\underbrace{y}_{Tk\times 1} = \underbrace{\left[\underbrace{I_k}_{k\times k} \otimes \underbrace{X}_{T\times kp}\right]}_{Tk\times k^2 p} \underbrace{\phi}_{k^2 p\times 1} + \underbrace{\varepsilon}_{Tk\times 1}$$

其中,

$$\varepsilon \mid X \sim (0, \underbrace{\Sigma_\varepsilon}_{k\times k} \otimes \underbrace{I_T}_{T\times T})$$

因此, GLS 估計為

$$\begin{aligned}\hat{\phi}_{GLS} &= \{[I\otimes X]'[\Sigma_\varepsilon \otimes I]^{-1}[I\otimes X]\}^{-1}[I\otimes X]'[\Sigma_\varepsilon \otimes I]^{-1}y \\ &= [\Sigma_\varepsilon^{-1} \otimes X'X]^{-1}[\Sigma_\varepsilon^{-1} \otimes X']y \\ &= [I \otimes (X'X)^{-1}X']y\end{aligned}$$

亦即, 個別迴歸式分別以 OLS 估計之 (equation-by-equation OLS)。

§ 9.8.2 Wald 檢定

給定迴歸式

$$Y = X\phi + e,$$

其中

$$Y = \begin{bmatrix} y_1 \\ y_2 \\ \vdots \\ y_T \end{bmatrix} \quad X = \begin{bmatrix} 1 & x_{11} & x_{21} & \cdots & x_{k1} \\ 1 & x_{12} & x_{22} & \cdots & x_{k2} \\ \vdots & \vdots & \vdots & \vdots & \vdots \\ 1 & x_{1T} & x_{2T} & \cdots & x_{kT} \end{bmatrix} \quad \phi = \begin{bmatrix} \phi_0 \\ \phi_1 \\ \vdots \\ \phi_k \end{bmatrix} \quad e = \begin{bmatrix} e_1 \\ e_2 \\ \vdots \\ e_T \end{bmatrix}$$

我們對於迴歸係數的線性檢定可以表示為

$$R\phi = r,$$

其中, R 為 $q \times (k+1)$ 矩陣, ϕ 為 $(k+1) \times 1$ 矩陣, 而 r 為 $q \times 1$ 矩陣。

舉例來說,

1. 要檢定 $\phi_1 = 0$, 則
$$R = [0\ 1\ 0\ \cdots\ 0]$$
$$r = 0$$

2. 要檢定 $\phi_0 - \phi_1 = 0$ (亦即 $\phi_0 = \phi_1$), 則
$$R = [1\ -1\ 0\cdots 0]$$
$$r = 0$$

3. 要檢定 $\phi_1 + \phi_2 = 3$ 則
$$R = [0\ 1\ 1\ 0\ \cdots\ 0]$$
$$r = 3$$

4. 要檢定 $\phi_1 = \phi_2 = \cdots = \phi_k = 0$, 亦即
$$\begin{bmatrix} \phi_1 \\ \phi_2 \\ \vdots \\ \phi_k \end{bmatrix} = \begin{bmatrix} 0 \\ 0 \\ \vdots \\ 0 \end{bmatrix}$$

則
$$R = \begin{bmatrix} 0 & 1 & 0 & \cdots & \cdots & 0 \\ 0 & 0 & 1 & 0 & \cdots & 0 \\ \vdots & \vdots & 0 & \ddots & & \vdots \\ \vdots & \vdots & \vdots & & \ddots & 0 \\ 0 & 0 & 0 & \cdots & 0 & 1 \end{bmatrix} \quad r = \begin{bmatrix} 0 \\ 0 \\ \vdots \\ 0 \end{bmatrix}$$

縮減式 VAR

Wald 統計量及其極限分配爲

$$\text{Wald} = (R\hat{\phi} - r)'[\hat{\sigma}^2 R(X'X)^{-1}R']^{-1}(R\hat{\phi} - r) \xrightarrow{d} \chi^2(q).$$

其中 $\hat{\phi} = (X'X)^{-1}X'Y$, $\hat{\sigma}^2 = \frac{\hat{e}'\hat{e}}{T-k-1}$ 分別爲 ϕ 與 σ^2 的估計式。

習題

1. 到美國聖路易斯的聯邦儲備銀行 (Federal Reserve Bank of St. Louis) 所建構的聯邦儲備經濟資料 (Federal Reserve Economic Data, FRED): http://research.stlouisfed.org/fred2/

   下載 1954M7-2007M9 的月資料:

   (a) CPIAUCSL (Consumer Price Index For All Urban Consumers: All Items), 消費者物價指數

   (b) UNRATE (Civilian Unemployment Rate), 失業率

   (c) FEDFUNDS (Effective Federal Funds Rate), 聯邦基金利率

   將資料叫入 EViews, 並分別命名爲 **cpi**, **une** 以及 **ff**。由 **cpi** 算出物價膨脹率, 以 **inf** 命名。將失業率與聯邦基金利率取一階差分, 分別命名爲 **dune** 與 **dff**

   (a) 畫出 **cpi**, **une** 以及 **ff**。

   (b) 畫出 **inf**, **dune** 以及 **dff**。

   (c) 對 **cpi**, **une** 以及 **ff** 以 DF-GLS 作單根檢定, 落後期數以 MAIC 決定。

(d) 對 **inf**, **dune** 以及 **dff** 以 DF-GLS 作單根檢定，落後期數以 MAIC 決定。

(e) 估計一個縮減式 VAR

$$\begin{bmatrix} \text{inf} \\ \text{dune} \\ \text{dff} \end{bmatrix}$$

以 AIC 決定落後期數並報告估計結果。

(f) 執行樣本內 Granger 因果檢定。

2. 到主計處網站下載台灣 1981Q1 到 2006Q4 的季資料。

(a) 經常帳 (中央銀行金融統計/國際收支簡表)

(b) 以固定價格計算之 GDP (國民所得/國內生產毛額之處分)

(c) 以固定價格計算之「固定資本形成」(國民所得/國內生產毛額之處分)

(d) 以固定價格計算之「政府消費」(國民所得/國內生產毛額之處分)

將資料叫入 EViews，並分別命名為 **ca**, **gdp**, **inv**, 以及 **gc**。

(a) 製造一個新序列: **no=log(gdp)-log(inv)-log(gc)**

(b) 製造一個新序列: **dno=d(no)**

(c) 令 $x = $ dno, $y = $ ca, 估計一個縮減式 VAR(2)

$$x_t = c_x + \phi_{11}^1 x_{t-1} + \phi_{12}^1 y_{t-1} + \phi_{11}^2 x_{t-2} + \phi_{12}^2 y_{t-2} + \varepsilon_{xt}$$

$$y_t = c_y + \phi_{21}^1 x_{t-1} + \phi_{22}^1 y_{t-1} + \phi_{21}^2 x_{t-2} + \phi_{22}^2 y_{t-2} + \varepsilon_{yt}$$

報告估計結果。

(d) 省略常數項, 將以上 VAR(2) 寫成伴隨矩陣形式:

$$Z_t = AZ_{t-1} + \varepsilon_t,$$

分別寫出 Z_t, Z_{t-1}, A 與 ε_t.

(e) 寫出 A 的估計值 $\hat{A}$.

(f) 寫下欲檢定經常帳現值模型的虛無假設。

(g) 令折現率 $\beta = 0.98$, 檢定台灣的經常帳現值模型是否成立。

10 結構式向量自我迴歸 I: 遞迴式 VAR

- 結構式 VAR
- 認定條件
- 如何加入短期遞迴限制
- 衝擊反應函數
- 變異數分解
- 遞迴式 VAR 的 EViews 操作
- 遞迴式 VAR 的實例應用: 央行在外匯市場的不對稱干預
- 延伸閱讀

本章介紹結構式 VAR 中的一個特例: 遞迴式 VAR。我們首先說明結構式 VAR 以及認定條件, 接下來討論遞迴式認定條件, 衝擊反應函數, 以及變異數分解。

©陳旭昇 (February 4, 2013)

10.1 結構式 VAR

習慣上, 我們稱縮減式 VAR 為 VAR, 而結構式 VAR (structural VAR) 簡稱 SVAR。給定結構式 SVAR(p),

$$D(L)y_t = Be_t,$$

其中 $y_t \in \mathbb{R}^k$, e_t 為標準化結構性衝擊 (structural shocks),

$$e_t \sim (0, I).$$

注意到 Be_t 為結構性衝擊, 且其變異數矩陣為

$$E(Be_t e_t' B') = BB'.$$

給定

$$D(L) = I - D_0 - D_1 L - \cdots - D_p L^p,$$

則 SVAR(p) 可改寫成

$$y_t = D_0 y_t + D_1 y_{t-1} + \cdots + D_p y_{t-p} + Be_t,$$

$$(I - D_0)y_t = D_1 y_{t-1} + \cdots + D_p y_{t-p} + Be_t.$$

亦即

$$y_t = (I - D_0)^{-1} D_1 y_{t-1} + \cdots + (I - D_0)^{-1} D_p y_{t-p} + (I - D_0)^{-1} Be_t.$$

令

$$\Phi_j \equiv (I - D_0)^{-1} D_j,$$

$$\varepsilon_t = (I - D_0)^{-1} Be_t,$$

以及變異數-共變數矩陣:[1]

$$\Sigma_\varepsilon = E[(\varepsilon_t - E(\varepsilon_t))(\varepsilon_t - E(\varepsilon_t))'],$$
$$= E(\varepsilon_t \varepsilon_t'),$$
$$= E[(I - D_o)^{-1} B e_t e_t' B'(I - D_o)^{-1'}],$$
$$= (I - D_o)^{-1} B E(e_t e_t') B'(I - D_o)^{-1'},$$
$$= (I - D_o)^{-1} B I B'(I - D_o)^{-1'},$$
$$= (I - D_o)^{-1} B B'(I - D_o)^{-1'}.$$

則我們可以改寫 SVAR(p) 為 VAR(p)

$$y_t = \Phi_1 y_{t-1} + \cdots + \Phi_p y_{t-p} + \varepsilon_t.$$

1. 在 VAR 中,我們可以利用 OLS 估計出 $\hat{\Phi}_1, \ldots \hat{\Phi}_p$ 以及 $\hat{\Sigma}_\varepsilon = \frac{1}{T}\sum_{t=1}^{T} \hat{\varepsilon}_t \hat{\varepsilon}_t'$, 也就是說參數 $\Phi_1, \ldots, \Phi_p$ 與 Σ_ε 是可認定的 (identified)。

2. 相反的, SVAR 為一組聯立方程組, 由於內生性的問題, 我們無法直接以 OLS 估計之。也就是說, $\{D_o, D_1, \ldots, D_p, B\}$ 是無法認定的 (unidentified)。

因此,我們需要認定條件 (identification condition) 將 $\{D_o, D_1, \ldots, D_p, B\}$ 由已知的 $\{\Phi_1, \Phi_2, \ldots, \Phi_p, \Sigma_\varepsilon\}$ 找出來。

10.2 認定條件

1. SVAR(p) 中的參數數目

$$\underbrace{(k^2 \times p)}_{D_1, D_2 \ldots, D_p} + \underbrace{(k^2)}_{D_o} + \underbrace{k^2}_{B} = k^2 p + 2k^2.$$

---

[1]給定向量 η,其變異數-共變數矩陣定義為 $E[(\eta - E(\eta))(\eta - E(\eta))']$。

2. VAR(p) 中的參數數目

$$\underbrace{k^2 \times p}_{\Phi_1, \Phi_2, \ldots, \Phi_p} + \underbrace{\frac{k(k-1)}{2} + k}_{\Sigma_\varepsilon} = k^2 p + \frac{k(k+1)}{2}.$$

亦即, 還須認定 (限制) 的參數數目為兩者之差,

$$(k^2 p + 2k^2) - \left(k^2 p + \frac{k(k+1)}{2}\right) = \frac{(3k-1)k}{2}.$$

從另一個角度來看, 對於 $j \geq 1$ 而言, 一但我們找出 D_o 後, 我們可以透過 $D_j = (I - D_\text{o})\Phi_j$ 找出 Φ_j, 亦即 $\{D_1, D_2, \ldots, D_p\}$ 與 $\{\Phi_1, \Phi_2, \ldots, \Phi_p\}$ 為一對一關係。因此, 所謂的「認定」, 事實上是要由以下方程式解出未知參數,

$$\Sigma_\varepsilon = (I - D_\text{o})^{-1} BB'(I - D_\text{o})^{-1'},$$

其中 Σ_ε 有 $\frac{k(k-1)}{2} + k$ 個參數可以透過資料估計出來, 而 D_o 與 B 中待求算的參數有 $2k^2$ 個, 所以所謂的認定條件就是要在 D_o 與 B 矩陣上加入

$$2k^2 - \left(\frac{k(k-1)}{2} + k\right) = \frac{(3k-1)k}{2}$$

個限制條件。[2]

§ 10.2.1　常用基本假設

1. 首先, 我們要求 B 矩陣為對角矩陣 (結構性衝擊 Be_t 之變異數

---

[2] 別忘了 Σ_ε 是變異數-共變數矩陣, 因此 Σ_ε 是一個對稱矩陣 (symmetric matrix), 只有 $\frac{k(k-1)}{2} + k$ 個參數。

矩陣 BB' 爲對角矩陣),

$$B = \begin{bmatrix} b_{11} & 0 & \cdots & 0 \\ 0 & b_{22} & & \vdots \\ \vdots & & \ddots & 0 \\ 0 & \cdots & 0 & b_{kk} \end{bmatrix} = \begin{bmatrix} \sigma_1 & 0 & \cdots & 0 \\ 0 & \sigma_2 & & \vdots \\ \vdots & & \ddots & 0 \\ 0 & \cdots & 0 & \sigma_k \end{bmatrix}$$

亦即除了主對角線上的元素外, 我們都限制爲零。此條件給了我們 $(k^2 - k)$ 個限制。

2. 其次, 我們有以下的標準化假設,

$$D_0 = \begin{bmatrix} 0 & D_0^{12} & \cdots & D_0^{1k} \\ D_0^{21} & 0 & \cdots & \vdots \\ \vdots & & \ddots & \\ D_0^{k1} & D_0^{k2} & \cdots & 0 \end{bmatrix}$$

亦即限制 D_0 的主對角線上元素爲零, 第二個條件給了我們 k 個限制。

以上是我們常用的基本認定條件, 除此之外, 我們還需要

$$\frac{k(3k-1)}{2} - (k^2 - k) - k = \frac{k^2 - k}{2} = \frac{k(k-1)}{2}$$

個其他認定條件。

§10.2.2　其他認定條件

如果我們的認定(限制)條件放在 D_0 矩陣, 則稱之爲短期限制(short-run restriction), 此外, 如果我們要求 D_0 矩陣具有如下遞迴形式, 或

稱下三角矩陣形式 (lower triangular),

$$D_\text{o} = \begin{bmatrix} 0 & 0 & 0 & \cdots & 0 \\ D_\text{o}^{21} & 0 & 0 & \cdots & 0 \\ D_\text{o}^{31} & D_\text{o}^{32} & 0 & \cdots & 0 \\ \vdots & \vdots & & \ddots & \vdots \\ D_\text{o}^{k1} & D_\text{o}^{k2} & \cdots & D_\text{o}^{k(k-1)} & 0 \end{bmatrix}$$

則此 SVAR 又稱之為遞迴式 VAR, 或是半結構式 VAR。而這樣的認定條件又稱短期遞迴限制 (short-run recursive restriction)。一如我們在第 8 章中介紹過, 這樣的遞迴限制隱含 y_1 為最傾向於外生的變數, 而 y_k 無法影響任何其他變數 ($a \rightarrow b$ 代表變數 a 影響變數 b):

$$\begin{aligned} &y_1 \rightarrow y_2, \quad y_1 \rightarrow y_3, \quad y_1 \rightarrow y_4, \quad y_1 \rightarrow y_5, \quad \cdots \quad y_1 \rightarrow y_{k-1}, \quad y_1 \rightarrow y_k. \\ &\qquad\quad y_2 \rightarrow y_3, \quad y_2 \rightarrow y_4, \quad y_2 \rightarrow y_5, \quad \cdots \quad y_2 \rightarrow y_{k-1}, \quad y_2 \rightarrow y_k, \\ &\qquad\qquad\qquad\quad y_3 \rightarrow y_4, \quad y_3 \rightarrow y_5, \quad \cdots \quad y_3 \rightarrow y_{k-1}, \quad y_3 \rightarrow y_k, \\ &\qquad\qquad\qquad\qquad\qquad\qquad\qquad\qquad\qquad \vdots \qquad\qquad \vdots \\ &\qquad\qquad\qquad\qquad\qquad\qquad\qquad\qquad y_{k-2} \rightarrow y_{k-1}, \quad y_{k-2} \rightarrow y_k \\ &\qquad\qquad\qquad\qquad\qquad\qquad\qquad\qquad\qquad\qquad\qquad y_{k-1} \rightarrow y_k. \end{aligned}$$

這樣的遞迴限制又被稱做 Wold 排序 (Wold ordering) 或是 Wold 因果連鎖 (Wold causal chain)。

10.3 如何加入短期遞迴限制

別忘了

$$\Sigma_\varepsilon = (I - D_\text{o})^{-1} BB' (I - D_\text{o})^{-1'}.$$

且

$$B = \begin{bmatrix} \sigma_1 & 0 & \cdots & 0 \\ 0 & \sigma_2 & \vdots & \vdots \\ \vdots & & \ddots & 0 \\ 0 & \cdots & 0 & \sigma_k \end{bmatrix}$$

為對角矩陣 (diagonal matrix)。短期遞迴限制要求 D_o 矩陣為下三角矩陣, 因此,

性質18. ($(I - D_o)^{-1}B$ 矩陣之性質)

1. D_o 矩陣為下三角矩陣,

2. $(I - D_o)$ 矩陣是下三角矩陣, 且主對角線上的元素都是 1,

3. $(I - D_o)^{-1}$ 矩陣是下三角矩陣, 且主對角線上的元素都是 1(傑克, 這真是太神奇了)。

4. $(I - D_o)^{-1}B$ 矩陣也是下三角矩陣 (這真是太美妙了)。

5. 更美妙的事情是, $(I - D_o)^{-1}B$ 矩陣主對角線上的元素, 就是 B 矩陣主對角線上的元素!

以上性質來自簡單的線性代數, 讀者可自行驗證。

我們可以利用 Choleski 分解 (Choleski decomposition),[3] 將 Σ_ε 分解成

$$\Sigma_\varepsilon = CC',$$

則

$$\Sigma_\varepsilon = \underbrace{(I - D_o)^{-1}B}_{C} \underbrace{B'(I - D_o)^{-1'}}_{C'},$$

---

[3]Choleski 分解彷彿就像是矩陣的平方根。

亦即

$$(I - D_\text{o})^{-1}B = C, \tag{1}$$

我們就可以將 D_o 與 B 認定出來。一但將 D_o 與 B 認定出來後,我們可以進一步求得

$$D_j = (I - D_\text{o})\Phi_j,$$

以及

$$e_t = B^{-1}(I - D_\text{o})\varepsilon_t.$$

性質 19. *(短期遞迴認定的實務做法)*

1. 估計縮減式 VAR, 找出估計式 $\hat{\Phi}_j$ 以及 $\hat{\Sigma}_\varepsilon$.

2. 對 $\hat{\Sigma}_\varepsilon$ 作 Choleski 分解,找出 $\hat{C}$.

3. 根據 $\hat{C}$ 找出估計式 $\hat{D}_\text{o}$ 與 $\hat{B}$.

4. 根據 $\hat{D}_\text{o}$ 與 $\hat{B}$ 找出

$$\hat{D}_j = (I - \hat{D}_\text{o})\hat{\Phi}_j$$
$$\hat{e}_t = \hat{B}^{-1}(I - \hat{D}_\text{o})\hat{\varepsilon}_t$$

讓我們在此舉一個例子。假設 $k = 3$,我們加入短期遞迴限制,亦即 $(I - D_\text{o})^{-1}$ 矩陣為下三角形式,

$$(I - D_\text{o})^{-1} = \begin{bmatrix} 1 & 0 & 0 \\ a & 1 & 0 \\ b & c & 1 \end{bmatrix}$$

此外, 我們限制 B 為對角矩陣 (基本認定條件), 則

$$(I-D_0)^{-1}B = \begin{bmatrix} 1 & 0 & 0 \\ a & 1 & 0 \\ b & c & 1 \end{bmatrix} \begin{bmatrix} \sigma_1 & 0 & 0 \\ 0 & \sigma_2 & 0 \\ 0 & 0 & \sigma_3 \end{bmatrix} = \begin{bmatrix} \sigma_1 & 0 & 0 \\ a\sigma_1 & \sigma_2 & 0 \\ b\sigma_1 & c\sigma_2 & \sigma_3 \end{bmatrix}$$

假設我們估計出來的 $\hat{\Sigma}_\varepsilon$ 為

$$\hat{\Sigma}_\varepsilon = \begin{bmatrix} 21 & 13 & 46 \\ 13 & 14 & 33 \\ 46 & 33 & 106 \end{bmatrix}$$

則利用 Choleski 分解可得[4]

$$\hat{C} = \begin{bmatrix} 4.5825757 & 0 & 0 \\ 2.8368326 & 2.4397502 & 0 \\ 10.038023 & 1.8542101 & 1.3416408 \end{bmatrix}$$

根據第 (1) 式,

$$\begin{bmatrix} \sigma_1 & 0 & 0 \\ a\sigma_1 & \sigma_2 & 0 \\ b\sigma_1 & c\sigma_2 & \sigma_3 \end{bmatrix} = \begin{bmatrix} 4.5825757 & 0 & 0 \\ 2.8368326 & 2.4397502 & 0 \\ 10.038023 & 1.8542101 & 1.3416408 \end{bmatrix}$$

我們可以得到

$\sigma_1 = 4.5825757$,

$\sigma_2 = 2.4397502$,

$\sigma_3 = 1.3416408$,

$a = \sigma_1^{-1} 2.8368326 = (4.5825757)^{-1}(2.8368326) = 0.619047624$,

$b = \sigma_1^{-1} 10.038023 = (4.5825757)^{-1}(10.038023) = 2.190476199$,

$c = \sigma_2^{-1} 1.8542101 = (2.4397502)^{-1}(1.8542101) = 0.759999979$.

---

[4] 讀者應自行驗證 $\hat{\Sigma}_\varepsilon = \hat{C}\hat{C}'$.

因此,

$$\hat{B} = \begin{bmatrix} 4.5825757 & 0 & 0 \\ 0 & 2.4397502 & 0 \\ 0 & 0 & 1.3416408 \end{bmatrix}$$

$$(I - \hat{D}_o)^{-1} = \begin{bmatrix} 1 & 0 & 0 \\ 0.619047624 & 1 & 0 \\ 2.190476199 & 0.759999979 & 1 \end{bmatrix}$$

$$(I - \hat{D}_o) = \begin{bmatrix} 1 & 0 & 0 \\ -0.619047624 & 1 & 0 \\ -1.720000000 & -0.759999979 & 1 \end{bmatrix}$$

$$\hat{D}_o = \begin{bmatrix} 0 & 0 & 0 \\ 0.619047624 & 0 & 0 \\ 1.720000000 & 0.759999979 & 0 \end{bmatrix}$$

這個例子說明了,我們如何由 $\hat{\Sigma}_\varepsilon$ 認定出 $\hat{D}_o$ 與 $\hat{B}$ 矩陣。

10.4 衝擊反應函數

給定 VAR(p),

$$\begin{aligned} y_t &= \Phi_1 y_{t-1} + \cdots + \Phi_p y_{t-p} + \varepsilon_t, \\ &= \Phi_1 y_{t-1} + \cdots + \Phi_p y_{t-p} + \underbrace{(I - D_o)^{-1} B}_{G} e_t, \\ &= \Phi_1 y_{t-1} + \cdots + \Phi_p y_{t-p} + G e_t. \end{aligned}$$

寫成 AR(1) 形式

$$\underbrace{\begin{bmatrix} y_t \\ y_{t-1} \\ \vdots \\ \vdots \\ y_{t-p+1} \end{bmatrix}}_{kp \times 1} = \underbrace{\begin{bmatrix} \Phi_1 & \Phi_2 & \cdots & \cdots & \Phi_p \\ I & 0 & \cdots & & 0 \\ 0 & \cdots & & & \vdots \\ \vdots & \cdots & & & \vdots \\ 0 & \cdots & 0 & I & 0 \end{bmatrix}}_{kp \times kp} \underbrace{\begin{bmatrix} y_{t-1} \\ y_{t-2} \\ \vdots \\ \vdots \\ y_{t-p} \end{bmatrix}}_{kp \times 1} + \underbrace{\begin{bmatrix} G \\ 0 \\ \vdots \\ \vdots \\ 0 \end{bmatrix}}_{kp \times k} \underbrace{e_t}_{k \times 1}$$

或是

$$\underbrace{Y_t}_{kp \times 1} = A Y_{t-1} + \begin{bmatrix} G \\ 0 \\ \vdots \\ 0 \end{bmatrix} e_t = \sum_{j=0}^{\infty} A^j \begin{bmatrix} G \\ 0 \\ \vdots \\ 0 \end{bmatrix} e_{t-j}$$

上一式為反覆疊代的結果。

令 $kp \times 1$ 向量 θ_1 為

$$\theta_1 = \begin{bmatrix} 0 \\ \vdots \\ 0 \\ 1 \\ 0 \\ \vdots \\ 0 \end{bmatrix}$$

包含所有元素為零, 除了第 i 個元素為一; 同理, 我們定義 $k \times 1$ 向量 θ_2 包含所有元素為零, 除了第 j 個元素為一。

則第 i 個變數對應第 j 個結構性衝擊的衝擊反應函數 (impulse response function) 為

$$\Psi_s = \frac{\partial y_{it+s}}{\partial e_{jt}} = \frac{\partial y_{it}}{\partial e_{jt-s}}$$

$$= \underbrace{[0 \cdots 0\ 1\ 0 \cdots 0]}_{1 \times kp} A^s \begin{bmatrix} G \\ 0 \\ \vdots \\ 0 \\ \vdots \\ 0 \end{bmatrix} \begin{bmatrix} 0 \\ \vdots \\ 0 \\ 1 \\ 0 \\ \vdots \\ 0 \end{bmatrix}_{k \times 1}$$

$$= \theta_1' A^s \begin{bmatrix} G \\ 0 \\ \vdots \\ 0 \end{bmatrix} \theta_2$$

因此, 衝擊反應函數就是在研究 SVAR 體系內, 變數 y_i 如何因應外生衝擊 e_j, 隨著時間 s 演進的動態變化,

$$\Psi_s = \frac{\partial y_{it+s}}{\partial e_{jt}}$$

注意到衝擊反應函數是時間點 s 的函數。

性質 20. *(衝擊反應函數分析的實務做法)*

1. 估計一個縮減式 $VAR(p)$.

2. 找出估計式 $\hat{\Phi}_j$ 以及 $\hat{\Sigma}_\varepsilon$.

3. 根據 $\hat{\Phi}_j$ 找出 $\hat{A}$.

4. 對 $\hat{\Sigma}_\varepsilon$ 作 Choleski 分解，找出 $\hat{C}$.

5. 根據 $\hat{C}$ 找出估計式 $\hat{D}_o$ 與 $\hat{B}$.

6. 根據 $\hat{D}_o$ 與 $\hat{B}$ 找出 $\hat{G} = (I - \hat{D}_o)^{-1}\hat{B}$

7. 找出實證衝擊反應函數 (empirical impulse response function)

$$\hat{\Psi}_s = \theta_1' \hat{A}^s \begin{bmatrix} \hat{G} \\ o \\ \vdots \\ o \end{bmatrix} \theta_2$$

10.5 變異數分解

變異數分解 (variance decomposition) 就是預測誤差變異數的會計 (an accounting of forecast error variance)。給定預測誤差為

$$y_{T+h} - E_T(y_{T+h}),$$

我們要把預測誤差的變異數

$$Var(y_{T+h} - E_T(y_{T+h}))$$

分解成不同外生衝擊的貢獻程度亦即, 有多少比例的預測誤差波動可以分別被不同外生衝擊所解釋。譬如說, 有 30% 的匯率預測誤差波動可以被貨幣政策衝擊所解釋, 另外 70% 的波動可以被技術衝擊所解釋。

給定 SVAR, $y_t \in \mathbb{R}^k$

$$D(L)y_t = Be_t,$$

我們可以把它寫成 SVMA(∞)

$$y_t = D(L)^{-1}Be_t = A(L)Be_t = A_0Be_t + A_1Be_{t-1} + A_2Be_{t-2} + \cdots$$

因此,

$$y_{T+h} = A_0Be_{T+h} + A_1Be_{T+h-1} + A_2Be_{T+h-2} + \cdots$$
$$= \sum_{s=0}^{h-1} A_s Be_{T+h-s} + \sum_{s=h}^{\infty} A_s Be_{T+h-s}$$

由於

$$E\left(\sum_{s=0}^{h-1} A_s Be_{T+h-s} \middle| \Omega_T\right) = E_T\left(\sum_{s=0}^{h-1} A_s Be_{T+h-s}\right),$$
$$= E_T(A_0Be_{T+h}) + E_T(A_1Be_{T+h-1})$$
$$+ \cdots + E_T(A_{h-1}Be_{T+2}) + E_T(A_{h-1}Be_{T+1}),$$
$$= 0 + 0 + \cdots + 0$$
$$= 0.$$

亦即

$$E(y_{T+h}|\Omega_T) = E_T(y_{T+h}) = 0 + \sum_{s=h}^{\infty} A_s Be_{T+h-s} = \sum_{s=h}^{\infty} A_s Be_{T+h-s},$$

10.5 變異數分解 ·233·

則
$$y_{T+h} = \sum_{s=0}^{h-1} A_s B e_{T+h-s} + E_T(y_{T+h}).$$

因此,
$$預測誤差 = y_{T+h} - E_T(y_{T+h}) = \sum_{s=0}^{h-1} A_s B e_{T+h-s},$$

$Var(預測誤差)$

$= Var(y_{T+h} - E_T(y_{T+h}))$

$= E\left[(A_0 B e_{T+h} + A_1 B e_{T+h-1} + \cdots + A_{h-1} B e_{T+1})(A_0 B e_{T+h} + A_1 B e_{T+h-1}\right.$
$\left.\quad + \cdots + A_{h-1} B e_{T+1})'\right]$

$= A_0 B E\left[e_{T+h} e'_{T+h}\right] B' A'_0 + A_1 B E\left[e_{T+h-1} e'_{T+h-1}\right] B' A'_1$
$\quad + \cdots + A_{h-1} B E\left[e_{T+1} e'_{T+1}\right] B' A'_{h-1}$

由於 $e_t \sim (0, I)$, 則

$$Var(預測誤差) = A_0 BB' A'_0 + A_1 BB' A'_1 + \cdots + A_{h-1} BB' A'_{h-1}$$
$$= \sum_{s=0}^{h-1} A_s BB' A'_s$$

對於 y_t 第 i 個元素 $y_{i,t}$ 而言,

$$Var(y_{i,T+h} - E_T(y_{i,T+h}))$$
$$= \left[\sum_{s=0}^{h-1} A_s BB' A'_s\right] 的主對角線上第 i 個元素$$
$$= \sum_{s=0}^{h-1} \left[A_s BB' A'_s 的主對角線上第 i 個元素\right]$$
$$= \sum_{s=0}^{h-1} \left[\sum_{j=1}^{k} A_{ijs}^2 \sigma_j^2\right] = \sum_{j=1}^{k} \sum_{s=0}^{h-1} A_{ijs}^2 \sigma_j^2,$$

其中 A_{ijs} 為 A_s 的第 (i,j) 個元素。

一般來說，我們會報告

$$R_{jih}^2 \equiv \frac{\sum_{s=0}^{h-1} A_{ijs}^2 \sigma_j^2}{\sum_{j=1}^{k} \sum_{s=0}^{h-1} A_{ijs}^2 \sigma_j^2}$$

以說明第 j 個外生衝擊 $e_{j,t}$ 對於 $y_{i,t}$ 預測誤差變異的貢獻。

10.6 遞迴式 VAR 的 EViews 操作

我們沿用第 9 章中的三變數 VAR 當作例子。依照例 7 的方式，估計一個物價膨脹率，失業率變動以及短期利率的 VAR(2) 模型。一直到此步驟，我們都還是在縮減式 VAR 的估計。亦即，你所看到的估計結果就是 $\{\hat{\Phi}_1, \hat{\Phi}_2, ... \hat{\Phi}_p\}$ 以及 $\{\hat{\Sigma}_\varepsilon\}$。

接下來，我們將利用此縮減式 VAR 估計結果，把遞迴式 VAR 的結構式參數 $\{\hat{D}_0, \hat{D}_1, ..., \hat{D}_p\}$ 以及 $\hat{B}$ 找出來。當然其中最重要的就是 $\hat{D}_0$ 與 $\hat{B}$。

§ 10.6.1 認定 $(I - \hat{D}_0)^{-1}$ 與 $\hat{B}$

首先要注意的是，在 EViews 中用的符號與我們有一點不同。

1. 我們的符號：

$$(I - D_0) \underbrace{\varepsilon_t}_{\text{迴歸誤差}} = B \underbrace{e_t}_{\text{結構衝擊}}$$

2. EViews 的符號：

$$A \underbrace{e_t}_{\text{迴歸誤差}} = B \underbrace{u_t}_{\text{結構衝擊}}$$

在 VAR 估計結果的視窗下,選擇

Proc/Estimate Structural Fatorization...,

會跳出一個新視窗,叫做 **SVAR Options**,接下來在 **Specify by: Text** 的選項下輸入

```
@e1 = C(1)*@u1
@e2 = C(2)*@e1 + C(3)*@u2
@e3 = C(4)*@e1 + C(5)*@e2 + C(6)*@u3
```

然後按**確定**,你就會看到圖 10.1 之結果。因此,我們得到

$$(I - \hat{D}_0) = \begin{bmatrix} 1 & 0 & 0 \\ -1.518164 & 1 & 0 \\ -8.073134 & -0.933820 & 1 \end{bmatrix}$$

$$\hat{B} = \begin{bmatrix} 0.008522 & 0 & 0 \\ 0 & 0.207999 & 0 \\ 0 & 0 & 0.931428 \end{bmatrix}$$

§ 10.6.2　衝擊反應函數

在 VAR 估計結果的視窗中,選擇 **Impulse**,然後按**確定**。在這裡,我們不做任何設定上的變動,因為 EViews 原有設定就是短期遞迴限制,並採用 Choleski 分解。結果如圖 10.2 所示,我們注意到除了衝擊反應函數之外,圖中還畫出衝擊反應函數的信賴區間。對於衝擊反應函數信賴區間的建構,我們將在第 14 章中深入介紹。

圖 10.2 中第 i 列第 j 行就代表第 i 個變數因應第 j 個衝擊的反應,舉例來說,第一列第二行就是物價膨脹率因應失業率變動衝擊的反應。

圖 10.1: 認定 $(I - \hat{D}_o)$ 與 $\hat{B}$: 短期遞迴限制

Structural VAR Estimates

```
Structural VAR Estimates
Date: 09/20/07   Time: 09:42
Sample (adjusted): 1981:04 2007:06
Included observations: 315 after adjustments
Estimation method: method of scoring (analytic derivatives)
Convergence achieved after 7 iterations
Structural VAR is just-identified
```

Model: Ae = Bu where E[uu']=I
Restriction Type: short-run text form
@e1 = C(1)*@u1
@e2 = C(2)*@e1 + C(3)*@u2
@e3 = C(4)*@e1 + C(5)*@e2 + C(6)*@u3
where
@e1 represents PI residuals
@e2 represents DUE residuals
@e3 represents R residuals

	Coefficient	Std. Error	z-Statistic	Prob.
C(2)	1.518164	1.375272	1.103901	0.2696
C(4)	8.073134	6.170423	1.308360	0.1908
C(5)	0.933820	0.252309	3.701100	0.0002
C(1)	0.008522	0.000340	25.09980	0.0000
C(3)	0.207999	0.008287	25.09980	0.0000
C(6)	0.931428	0.037109	25.09980	0.0000

Log likelihood   677.1243

Estimated A matrix:
   1.000000   0.000000   0.000000
  -1.518164   1.000000   0.000000
  -8.073134 -0.933820   1.000000

Estimated B matrix:
   0.008522   0.000000   0.000000
   0.000000   0.207999   0.000000
   0.000000   0.000000   0.931428

圖 10.2: 衝擊反應函數

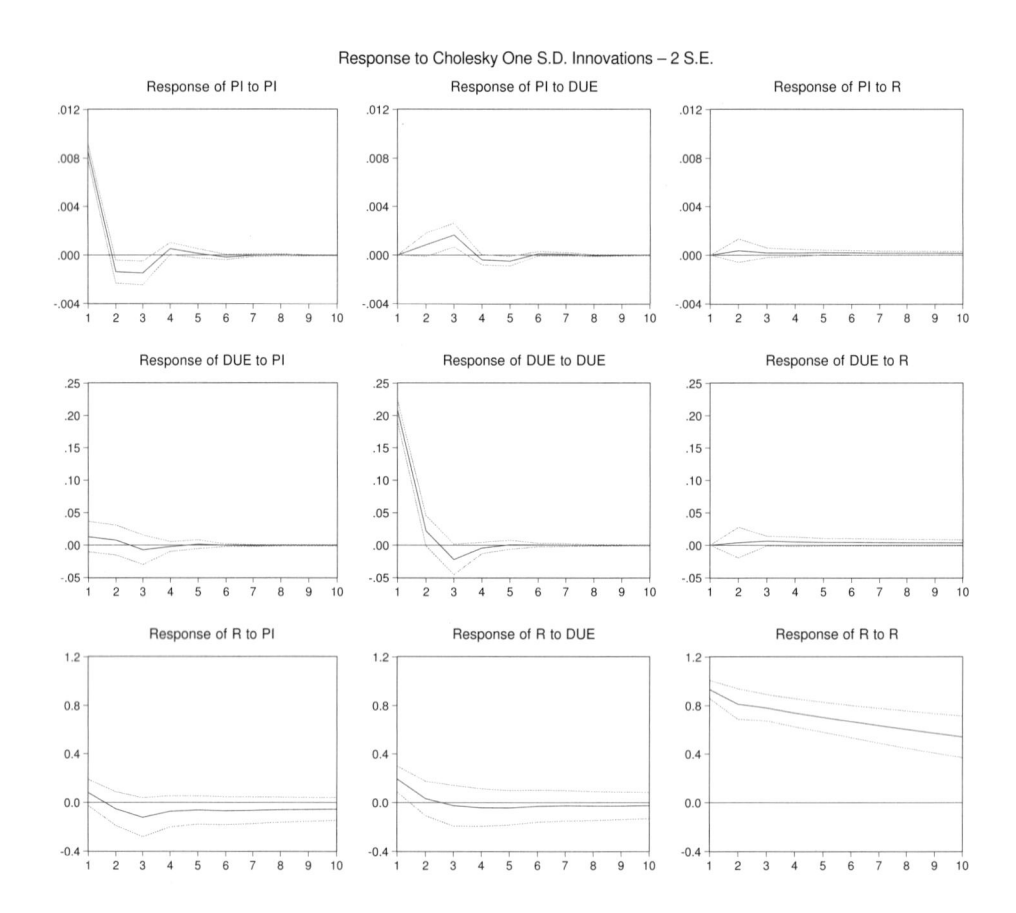

§10.6.3 變異數分解

在 VAR 估計結果的視窗中, 選擇 **View/Variance Decomposition...**, 跳出一個新視窗叫做 **VAR Variance Decompositions**, 然後按 OK, 就會得到如圖 10.3 之結果。我們可以發現, 無論是哪個預測區間 (prediction horizon), 每一個變數的波動大多 (90% 以上) 都是來自變數本身的衝擊。

10.7 遞迴式 VAR 的實例應用: 行在外匯市場的不對稱干預

根據中央銀行年報 (2010), 央行對於外匯市場的管理, 採取所謂的「彈性匯率政策」:

> "本行採行具彈性之「管理式浮動匯率制」(managed float regime), 新台幣匯率原則上由外匯市場供需決定; 惟如因季節性或偶發因素干擾外匯市場正常運作時, 本行將適時調節, 以維持外匯市場秩序。"

然而, 對於這樣的官方說詞, 實務界卻常有不同看法。[5] 根據市場上的經驗, 許多人發現央行常有阻止新台幣升值的作為, 卻較少有阻止貶值之行動。我們若簡單以「阻升新台幣」為關鍵字, 在聯合知識庫搜尋 1998/1/1–2012/5/23 的聯合報系報紙新聞, 共可查得 233 筆資料。相反地, 若簡單以「阻貶新台幣」為關鍵字, 則只有 12 筆資料。若以「助升新台幣」為關鍵字, 可查得 3 筆資料, 而「助貶新台幣」卻有 12 筆資料。此外, 張元晨 (2007) 整理央行干預匯市報導並篩選出其樣本期間

---
[5] 本節內容主要參考陳旭昇 (2013)。

圖10.3: 變異數分解

Variance Decomposition

Variance Decomposition of PI:				
Period	S.E.	PI	DUE	R
1	0.008522	100.0000	0.000000	0.000000
2	0.008682	98.82018	0.985713	0.194105
3	0.008961	95.47872	4.293259	0.228019
4	0.008987	95.28531	4.446392	0.268294
5	0.009004	94.93395	4.735476	0.330575
6	0.009009	94.87284	4.747859	0.379305
7	0.009011	94.82699	4.754398	0.418611
8	0.009013	94.78856	4.754965	0.456474
9	0.009014	94.75520	4.753704	0.491092
10	0.009016	94.72607	4.752220	0.521711

Variance Decomposition of DUE:				
Period	S.E.	PI	DUE	R
1	0.208401	0.385365	99.61463	0.000000
2	0.209725	0.509162	99.45443	0.036408
3	0.211100	0.622386	99.25166	0.125954
4	0.211226	0.635016	99.17646	0.188522
5	0.211285	0.638863	99.12189	0.239249
6	0.211336	0.638693	99.07441	0.286894
7	0.211383	0.639974	99.03026	0.329770
8	0.211424	0.640062	98.99173	0.368205
9	0.211462	0.640071	98.95694	0.402992
10	0.211495	0.640216	98.92546	0.434325

Variance Decomposition of R:				
Period	S.E.	PI	DUE	R
1	0.954896	0.717350	4.137496	95.14515
2	1.255426	0.586951	2.462888	96.95016
3	1.483919	1.099437	1.791381	97.10918
4	1.660105	1.072178	1.491960	97.43586
5	1.804350	1.024946	1.320724	97.65433
6	1.925264	1.026115	1.184305	97.78958
7	2.027958	1.025297	1.084146	97.89056
8	2.116268	1.020032	1.013104	97.96686
9	2.192865	1.017266	0.958646	98.02409
10	2.259682	1.015544	0.914934	98.06952

Cholesky Ordering: PI DUE R

(2001 年 4 月 16 日至 2003 年 8 月 5 日的日資料) 中, 共有 140 次央行干預匯市的明確報導。其中, 央行阻止新台幣升值的日期共有 104 天, 其餘的只有 36 天是阻止新台幣貶值。因此, 市場上對於央行「阻升不阻貶」的說法不脛而走, 並屢屢造成爭辯焦點, 佔據媒體版面。舉例來說, 2011 年 9 月 23 日, 在台大經濟系與公共經濟中心所舉辦的研討會中, 央行前副總裁許嘉棟抨擊央行「阻升不阻貶」的匯率政策, 央行則立即在新聞稿 (第 183 號) 中指名回擊。[6] 值得注意的是, 當媒體, 業界或是學界批評「央行阻升不阻貶」時, 相信並非以字面上 (literally) 的意義:「央行在外匯市場上只阻止升值, 並不阻止貶值」予以詮釋。相反地, 應該是「央行不願台幣升值, 願意台幣貶值, 故平均而言, 央行在新台幣升值時採逆風干預的次數較多, 在新台幣貶值時, 採放任不管的次數較多。」因此, 以條件均數 (conditional mean) 的概念來思考所謂的「阻升不阻貶」應該較為適當。也就是說, 當統計分析發現央行干預外匯市場 (買賣外匯) 的「平均行為」顯著地受到新台幣升值衝擊影響, 卻未顯著受到新台幣貶值衝擊所影響, 我們就稱為「阻升不阻貶」。相信這是一個較為公允客觀的評價方式, 畢竟央行不可能也不該「在外匯市場上只阻止升值, 卻不阻止貶值」。

我們將央行在外匯市場上的干預會因新台幣升值或貶值衝擊而異的行為稱作「不對稱干預」。因此, 我們把匯率衝擊 (exchange rate shocks) 分成貶值衝擊 (depreciation shocks) 與升值衝擊 (appreciation shocks), 並藉以分析不同衝擊 (貶值或升值) 是否會對央行干預外匯市場的行為有不同的影響。我們考慮以下的實證模型:

$$FXI_t = \alpha + \sum_{j=1}^{P} \rho_j FXI_{t-j} + \sum_{i=0}^{q}(\beta_i^+ e_{t-i}^{Q+} + \beta_i^- e_{t-i}^{Q-}) + u_t, \quad (2)$$

---

[6]媒體報導見諸於:「新台幣匯率阻升不阻貶? 彭淮南舌戰許嘉棟!」(鉅亨網)「阻升不阻貶? 彭淮南回嗆許嘉棟」(聯合新聞網)「台幣阻升不阻貶, 央行: 毫無根據」(自由時報)「遭批阻升不阻貶, 央行駁斥」(中廣新聞網)。

10.7 遞迴式 VAR 的實例應用: 央行在外匯市場的不對稱干預

其中, e_t^{Q+} 與 e_t^{Q-} 分別為新台幣貶值衝擊與升值衝擊, FXI_t 則為央行干預指標。亦即, 如果我們以 e_t^Q 代表以間接報價 (indirect quote) 的新台幣匯率結構性衝擊, $e_t^Q > 0$ 代表貶值衝擊而 $e_t^Q < 0$ 代表升值衝擊, 則貶值衝擊定義為 $e_t^{Q+} \equiv \max[0, e_t^Q]$, 升值衝擊定義為 $e_t^{Q-} \equiv \min[0, e_t^Q]$。

因此, 如果央行執行逆風干預 (leaning against the wind), 則我們期待 $\beta_0^+ < 0$ 與 $\beta_0^- < 0$: 當新台幣貶值時, 進行賣匯操作; 升值時, 進行買匯操作。相反的, 當央行執行順風干預 (leaning with the wind), 則 $\beta_0^+ > 0$ 與 $\beta_0^- > 0$。此外, 當央行執行不對稱干預時, 我們期待 $\beta_0^+ \neq \beta_0^-$。

我們除了關注央行是否對於新台幣升貶值時, 執行不對稱干預, 本文進一步探討的重點在於央行是否「阻升不阻貶」, 亦即, 給定 $\beta_0^+ \neq \beta_0^-$ 之下, 我們對於迴歸係數有如下的進一步解讀:

1. 如果 $\hat{\beta}_0^+ < 0, \hat{\beta}_0^- < 0$ 均具統計顯著性, 且 $|\hat{\beta}_0^+| < |\hat{\beta}_0^-|$, 代表央行採取逆風干預政策, 但阻升的力道大於阻貶的力道, 我們稱之為「阻升重於阻貶」, 算是一種弱形式的「阻升不阻貶」。

2. 如果 $\hat{\beta}_0^- < 0$ 且具統計顯著性, 而 $\beta_0^+ = 0$ 的虛無假設無法被拒絕, 我們稱之為「阻升不阻貶」, 亦即強形式的「阻升不阻貶」。

3. 如果 $\hat{\beta}_0^+ > 0, \hat{\beta}_0^- < 0$ 且均具統計顯著性, 我們稱之「阻升助貶」。

依照相同邏輯, 我們亦可定義「阻貶重於阻升」、「阻貶不阻升」, 以及「阻貶助升」。

我們應用結構式自我向量迴歸模型 (SVAR) 估計新台幣匯率的結構性衝擊:

$$y_t = D_0 y_t + D_1 y_{t-1} + \cdots + D_k y_{t-k} + B e_t,$$

其中, y_t 為 $n \times 1$ 的向量, e_t 為 $n \times 1$ 的結構性衝擊向量,

$$E(e_t e_t') = I.$$

此結構式自我向量迴歸模型所對應的縮減式自我向量迴歸模型 (reduced form vector autoregressive model) 為

$$y_t = \Phi_1 y_{t-1} + \Phi_2 y_{t-2} + \cdots + \Phi_k y_{t-k} + \varepsilon_t,$$

其中, ε_t 為迴歸殘差向量。對於任意 $j = 1, 2, \ldots, k$, $\Phi_j = (I - D_\text{o})^{-1} D_j$, 且結構性衝擊與迴歸殘差之間的關係為

$$(I - D_\text{o})^{-1} B e_t = A^{-1} B e_t = \varepsilon_t,$$

其中 $A = (I - D_\text{o})$。我們令向量 $y_t = [PCM_t, IP_t, CPI_t, M_t, Q_t, R_t]'$, 其中, PCM_t 為原物料商品價格, IP_t 為工業生產指數 (總指數, 不含土石採取業), CPI_t 為消費者物價基本分類指數 (總指數), M_t 為貨幣總計數 M2 (期底), Q_t 為新台幣實質有效匯率 (間接報價, $\Delta Q_t > 0$ 代表新台幣實質貶值), R_t 為金融業拆款市場隔夜拆款利率。

我們在此使用新台幣實質有效匯率而非新台幣對美元匯率的原因是, 央行在考量是否進場干預匯率時, 注重的是出口商品貿易的國際競爭力。因此, 透過使用實質有效匯率資料, 我們能夠更加適切地捕捉央行對於新台幣幣值變化之因應。所有的變數除了利率與央行干預指標之外, 皆予以取對數, 利率則為原始數值。

模型所認定的結構性衝擊分別為原物料商品價格衝擊 (e_t^{PCM}), 產出衝擊 (e_t^Y), 物價衝擊 (e_t^{CPI}), 貨幣需求衝擊 (e_t^{MD}), 匯率衝擊 (e_t^Q), 以及利率政策 (傳統貨幣政策) 衝擊 (e_t^{MP})。我們的認定條件如下:

$$(I - D_\text{o}) \varepsilon_t = A \varepsilon_t = B e_t,$$

10.7 遞迴式 VAR 的實例應用: 央行在外匯市場的不對稱干預

其中

$$A = \begin{pmatrix} 1 & 0 & 0 & 0 & 0 & 0 \\ a_{21} & 1 & 0 & 0 & 0 & 0 \\ a_{31} & a_{32} & 1 & 0 & 0 & 0 \\ a_{41} & a_{42} & a_{43} & 1 & 0 & 0 \\ a_{51} & a_{52} & a_{53} & a_{54} & 1 & 0 \\ a_{61} & a_{62} & a_{63} & a_{64} & a_{65} & 1 \end{pmatrix} \quad B = \begin{pmatrix} b_{11} & 0 & 0 & 0 & 0 & 0 \\ 0 & b_{22} & 0 & 0 & 0 & 0 \\ 0 & 0 & b_{33} & 0 & 0 & 0 \\ 0 & 0 & 0 & b_{44} & 0 & 0 \\ 0 & 0 & 0 & 0 & b_{55} & 0 \\ 0 & 0 & 0 & 0 & 0 & b_{66} \end{pmatrix}$$

SVAR 模型體系中的原物料價格是為了捕捉物價膨脹預期, 放在第一式代表原物料市場不會受到台灣總體變數之影響。台灣為缺乏天然資源的小型開放體系, 實質經濟活動 (物價與產出) 會受到國際原物料價格波動之影響, 此外, 實質面的衝擊會馬上影響到物價 (譬如天災造成供給短缺, 造成物價上漲), 這些反映在第三與第四式第五式的實質貨幣需求為產出與預期未來物價變化 (以原物料商品價格捕捉) 的函數。第五式說明實質匯率受到各種名目與實質衝擊之影響。最後一式為央行的利率政策函數, 該式假設央行的利率設定會參考所有經濟情勢。[7]

關於匯率干預指標的衡量, 由於台灣央行並未公布干預資料, 一般的研究都以外匯存底 (金融統計月報表 1) 或是央行國外資產 (金融統計月報表 8) 的變動量當作央行匯率干預的替代變數。然而, 上述兩變數都沒有剔除匯率影響因素。在此我們遵循王泓仁 (2005) 的做法, 使用已剔除匯率變動因素的「準備貨幣增減因素–國外資產」(金融統計月報表 4), 並以央行國外資產在 1986 年 12 月的存量為起始值, 將「準備貨幣增減因素–國外資產」此資料的流量累加, 以得到一個排除掉匯率影響的央行國外資產存量之衡量, 並進而以其變動率來當作央行匯率干預的替代變數。我們將匯率干預指標畫在圖 10.4。

---

[7]這裡的認定條件與陳旭昇 (2013) 不同。因此, 本節的實證結果可以當成陳旭昇 (2013) 的穩健度分析 (robustness check)。

圖10.4: 匯率干預指標

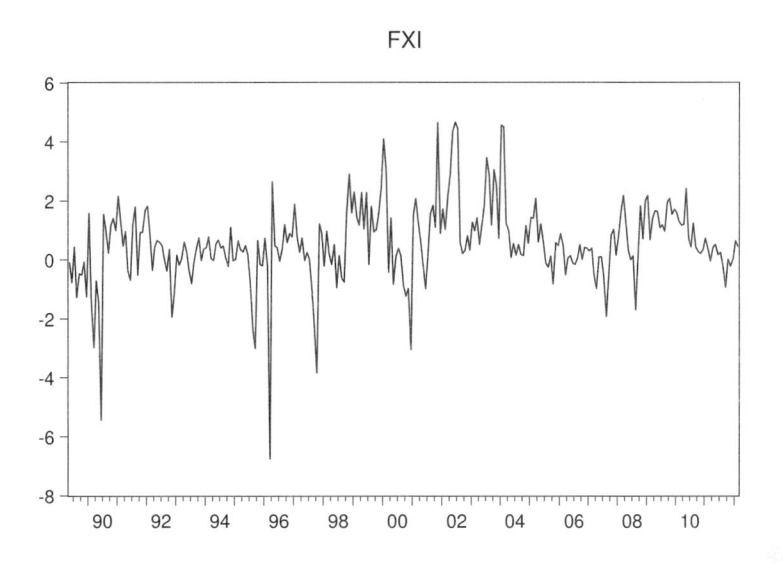

所有的變數除了利率與國外資產變動, 皆為對數值, 利率則為原始數值。在取對數之前, 我們對於消費者物價指數, 工業生產指數, 以及貨幣總計數 M2 的原始值予以季節調整。

打開 EViews 的 Workfile Intervention_ter, 除了 **FXI** (匯率干預指標) 之外, 裡面另外還有 6 個變數: **lpcm** (原物料商品價格), **lip** (工業生產指數), **lcpi** (消費者物價指數), **lm2** (貨幣總計數 M2), **lq** (新台幣實質有效匯率), 以及 **r** (隔夜拆款利率)。圖 10.5 呈現這六個變數的時間序列。

我們在此將以程式檔 svar_chol.prg 來估計遞迴式 VAR 模型與匯率不對稱干預迴歸模型。根據此程式, 讀者可以學習到 (1) 如何以批次程式檔估計結構式 VAR 模型, 以及 (2) 如何透過輸入 A, B 矩陣 (在 **Specify by: Matrix** 的選項下) 估計結構式 VAR 模型。

10.7 遞迴式 VAR 的實例應用: 央行在外匯市場的不對稱干預

圖10.5: SVAR 模型之變數

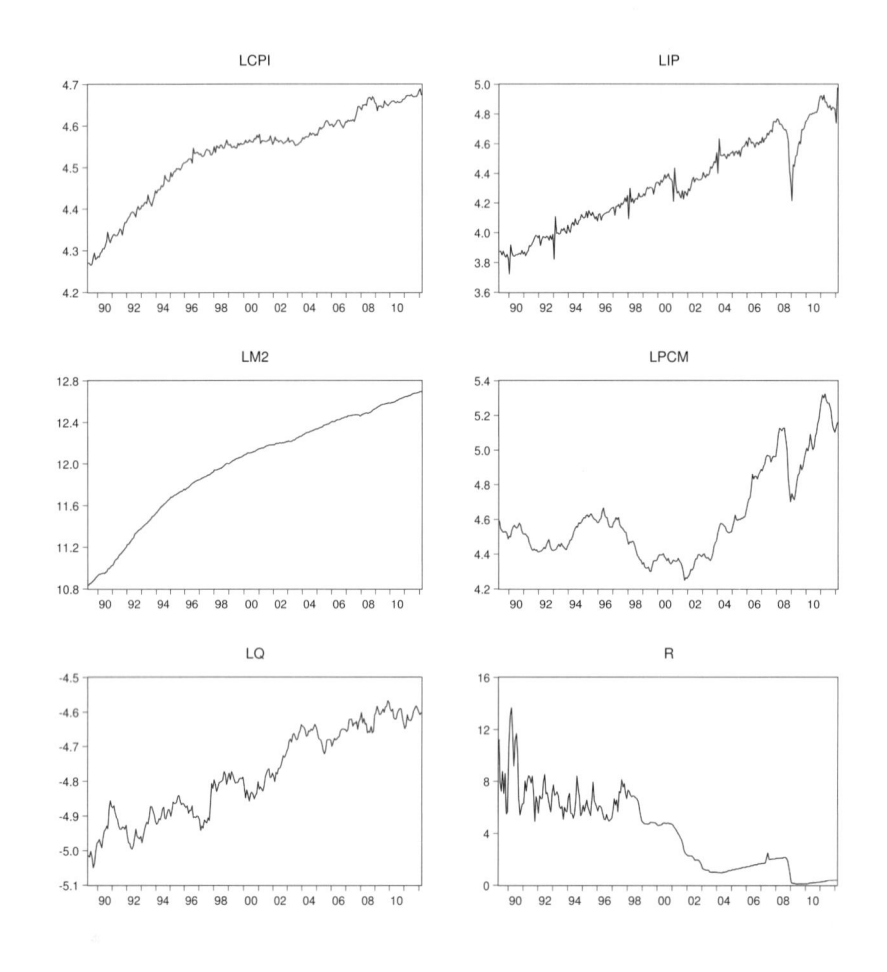

值得注意的是,除了檢視全樣本(1989:M5-2012:M2)之外,我們還將樣本分成兩個子樣本期間:1989:M1-1998:M2,以及1998:M3-2012:M2,藉以檢視央行匯率政策是否因不同總裁在位而不同。[8] EViews 程式如下:

' 台灣匯率不對稱干預政策

```
smpl @all

' 設定 VAR model
var var_chol.ls 1 2 LPCM LIP LCPI LM2 LQ R

'  A=(I-D_0) 矩陣
matrix  a_chol=@identity(6)
a_chol(2,1)=na
a_chol(3,1)=na
a_chol(3,2)=na
a_chol(4,1)=na
a_chol(4,2)=na
a_chol(4,3)=na
a_chol(5,1)=na
a_chol(5,2)=na
a_chol(5,3)=na
a_chol(5,4)=na
a_chol(6,1)=na
a_chol(6,2)=na
a_chol(6,3)=na
a_chol(6,4)=na
a_chol(6,5)=na

' B 矩陣
matrix  b_chol=@identity(6)
b_chol(1,1)=na
b_chol(2,2)=na
b_chol(3,3)=na
b_chol(4,4)=na
```

---

[8]在我們的樣本期間中的央行總裁分別為謝森中(1989:M6-1994:M5),梁國樹(1994:M6-1995:M3),許遠東(1995:M3-1998:M2),以及彭淮南(1998:M2-迄今)。

10.7 遞迴式 VAR 的實例應用: 央行在外匯市場的不對稱干預

```
b_chol(5,5)=na
b_chol(6,6)=na

' 估計 Structural VAR
var_chol.svar(rtype=patsr,namea=a_chol,nameb=b_chol)

' 計算 inv(B)*A
matrix p = @inverse(var_chol.@svarbmat)*var_chol.@svaramat

' VAR 殘差
var_chol.makeresids r1 r2 r3 r4 r5 r6

' 匯率結構性衝擊
genr qshock=p(5,1)*r1+p(5,2)*r2+p(5,3)*r3+p(5,4)*r4+p(5,5)*r5
+p(5,6)*r6

' 貶值與升值匯率結構性衝擊
genr d1=(qshock>0)
genr d2=(qshock<0)
genr qshockp = d1*qshock
genr qshockm = d2*qshock

' 不對稱干預迴歸（全樣本）
smpl @all
equation regall.ls(cov=hac)   fxi c fxi(-1) qshockp qshockm

' 不對稱干預迴歸（彭淮南上任前）
smpl 1989M5 1998M2
equation reg89.ls(cov=hac)   fxi c fxi(-1) qshockp qshockm

' 不對稱干預迴歸（彭淮南時期）
smpl 1998M3 2012M2
equation reg98.ls(cov=hac)   fxi c fxi(-1) qshockp qshockm

' Quandt-Andrews 結構性改變檢定
smpl @all
regall.ubreak 15
```

程式中值得說明的部分如下：

1. 以下指令

指令 4. `var var_chol.ls 1 2 LPCM LIP LCPI LM2 LQ R`

設定並估計縮減式 VAR 模型 (落後期數 $k = 2$), 將以 var_chol 的名稱儲存下來。

2. A 矩陣與 B 矩陣將以 a_chol 與 b_chol 的名稱儲存下來。

3. 以下指令

指令 5. `var_chol.svar(rtype=patsr,namea=a_chol,nameb=b_chol)`

估計結構式 VAR 模型, 其中, 指令 `rtype=patsr` 代表短期限制, 而指令 `namea=a_chol,nameb=b_chol` 則是讓 Eviews 知道認定條件為 a_chol 與 b_chol 兩矩陣。

4. 以下指令

指令 6. `matrix p = @inverse(var_chol.@svarbmat)*var_chol.@svaramat`

求出矩陣 $P = B^{-1}A$, 藉以計算結構性衝擊。

5. 以下指令

指令 7. `var_chol.makeresids r1 r2 r3 r4 r5 r6`

儲存縮減式 VAR 模型之迴歸殘差 (ε_t)。

6. 以下指令

指令 8. `genr qshock=p(5,1)*r1+p(5,2)*r2+p(5,3)*r3+p(5,4)*r4+p(5,5)*r5+p(5,6)*r6`

10.7 遞迴式 VAR 的實例應用: 央行在外匯市場的不對稱干預

用以計算結構性匯率衝擊 (e_t^Q):

$$[0\ 0\ 0\ 0\ 1\ 0]e_t = [0\ 0\ 0\ 0\ 1\ 0]B^{-1}A\varepsilon_t, \quad \forall\ t,$$

並命名為 **qshock** 序列。

7. 以下指令

   指令 9. `genr d1=(qshock>0)`
   `genr d2=(qshock<0)`

   分別設定

   $$D_{1t} = \begin{cases} 1 & \text{if } e_t^Q > 0 \\ 0 & \text{otherwise} \end{cases} \qquad D_{2t} = \begin{cases} 1 & \text{if } e_t^Q < 0 \\ 0 & \text{otherwise} \end{cases}$$

8. 以下指令

   指令 10. `genr qshockp = d1*qshock`
   `genr qshockm = d2*qshock`

   則是計算

   $$e_t^{Q+} = D_{1t} \times e_t^Q, \qquad e_t^{Q-} = D_{2t} \times e_t^Q,$$

   亦即，結構性匯率貶值衝擊與升值衝擊分別命名為 **qshockp** 與 **qshockm**。

9. 不對稱干預迴歸模型在 (1) 全樣本 (1989:M5–2012:M2), (2) 子樣本一 (1989:M5–1998:M2) 與子樣本二 (1998:M3–2012:M2) 的估計結果分別儲存於 `regall`, `reg89` 與 `reg98` 三個 **equation** 中。其中 `cov=hac` 代表標準差的計算是採用 Newey-West HAC 估計式。[9]

---

[9] 參見第 15 章。

10. 指令

指令 11. regall.ubreak 15

則是執行我們在第 7 章中所談到的 Quandt-Andrews 結構性變動檢定。修整 (trimming) 大小為 15%。

不對稱干預迴歸模型的實證結果分別列在圖 10.6, 圖 10.7, 與圖 10.8 中。根據圖 10.6 的實證結果顯示, 央行在面對新台幣升值衝擊時, 一如預期的干預買匯: $\hat{\beta}_0^- < 0$, 且估計結果具統計顯著性。相反的, 當新台幣貶值時, 央行竟然也會買匯 ($\hat{\beta}_0^+ > 0$), 這似乎暗示著「助貶」行為之存在。但是此 (可能的) 順風干預並不具統計上的顯著性, 因此, 根據我們之前的討論, $\hat{\beta}_0^- < 0$ 且具統計顯著性, 而 $\beta_0^+ = 0$ 的虛無假設無法被拒絕, 意味著央行執行「阻升不阻貶」政策。

圖 10.7 說明了前彭淮南時期所得到的點估計值與全樣本所得到的結果一致, 然而, 均不具統計上的顯著性。這樣的結果似乎意味著, 在 1989:M5–1998:M2 之間, 央行對於外匯市場的干預極弱, 使得國外資產變動受到匯率衝擊的影響很小。相對的, 根據圖 10.8 的實證結果, 我們可以發現央行不對稱干預之證據: 估計值 $\hat{\beta}_0^-$ 顯著地為負, 而 $\hat{\beta}_0^+$ 則不具統計顯著性。亦即, 實證證據顯示央行於 1998:M3 之後, 為了因應實質匯率衝擊而對於外匯市場的干預頗深, 且執行的是「阻升不阻貶」政策。

總而言之, 利用子樣本期間來作分析比較, 我們不難發現央行在 1998 年 3 月前後的匯率干預政策有很大的不同。在 1989 年 5 月到 1998 年 2 月, 沒有顯著證據證明央行會為了因應實質匯率衝擊而干預外匯市場, 亦即央行對於外匯市場的干預較小。反之, 證據顯示在 1998 年 3 月之後, 央行對於新台幣實質匯率確有顯著的「阻升不阻貶」之行為。

10.7 遞迴式 VAR 的實例應用: 央行在外匯市場的不對稱干預

圖 10.6: 實證結果：央行外匯市場不對稱干預之估計 (1989:M5–2012:M2)

```
Dependent Variable: FXI
Method: Least Squares
Date: 01/24/13   Time: 16:34
Sample (adjusted): 1989M07 2012M02
Included observations: 272 after adjustments
HAC standard errors & covariance (Bartlett kernel, Newey-West fixed
    bandwidth = 5.0000)

Variable          Coefficient   Std. Error    t-Statistic    Prob.

C                  0.148385     0.103442      1.434466      0.1526
FXI(-1)            0.447849     0.094520      4.738134      0.0000
QSHOCKP            0.081662     0.113628      0.718683      0.4730
QSHOCKM           -0.341396     0.162610     -2.099480      0.0367

R-squared           0.212763    Mean dependent var     0.558436
Adjusted R-squared  0.203951    S.D. dependent var     1.361655
S.E. of regression  1.214891    Akaike info criterion  3.241782
Sum squared resid   395.5570    Schwarz criterion      3.294808
Log likelihood     -436.8823    Hannan-Quinn criter.   3.263070
F-statistic         24.14374    Durbin-Watson stat     2.115459
Prob(F-statistic)   0.000000
```

以上的討論只是想探究制度上的改變前後有何不同，所以我們武斷地 (ad hoc) 以 1998:M3 為子樣本分割點。在此，我們進一步執行 Quandt-Andrews 結構性變動檢定，並將結果報告於圖 10.9。根據圖 10.9，我們有顯著證據拒絕「沒有結構性變動」的虛無假設，而估計的變動點為 1998 年 11 月。

10.8 延伸閱讀

利用遞迴式 VAR 研究總體經濟的經典文章相當多，底下介紹幾篇提供讀者參考。

1. Bernanke and Blinder (1992) 將遞迴式 VAR 應用在貨幣政策的

圖 10.7: 實證結果: 央行外匯市場不對稱干預之估計 (1989:M5–1998:M2)

```
Dependent Variable: FXI
Method: Least Squares
Date: 01/24/13   Time: 16:34
Sample (adjusted): 1989M07 1998M02
Included observations: 104 after adjustments
HAC standard errors & covariance (Bartlett kernel, Newey-West fixed
    bandwidth = 5.0000)
```

Variable	Coefficient	Std. Error	t-Statistic	Prob.
C	-0.092442	0.190857	-0.484350	0.6292
FXI(-1)	0.159340	0.139432	1.142776	0.2559
QSHOCKP	0.117120	0.160927	0.727779	0.4684
QSHOCKM	-0.211703	0.231429	-0.914761	0.3625

R-squared	0.029642	Mean dependent var	0.051774
Adjusted R-squared	0.000531	S.D. dependent var	1.371713
S.E. of regression	1.371349	Akaike info criterion	3.507169
Sum squared resid	188.0598	Schwarz criterion	3.608877
Log likelihood	-178.3728	Hannan-Quinn criter.	3.548374
F-statistic	1.018233	Durbin-Watson stat	1.999389
Prob(F-statistic)	0.387952		

認定上, 並首先提出以 Federal Funds Rates 做為貨幣政策的一個良好衡量。[10]

2. Christiano et al. (1996) 建構不同於 Bernanke and Blinder (1992) 貨幣政策傳導機制的遞迴式 VAR。[11]

3. Eichenbaum and Evans (1995) 將遞迴式 VAR 應用在研究貨幣政策與匯率之關係。

4. Thorbecke (1997) 將遞迴式 VAR 應用在研究貨幣政策與股票報酬之關係。

---

[10] Ben Shalom Bernanke, 2006 年起擔任美國聯準會理事主席 (Chairman of the Federal Reserve)。

[11] 關於貨幣政策傳導機制, 我們將在第 11 章有深入說明。

圖 10.8: 實證結果: 央行外匯市場不對稱干預之估計 (1998:M3–2012:M2)

```
Dependent Variable: FXI
Method: Least Squares
Date: 01/24/13   Time: 16:34
Sample: 1998M03 2012M02
Included observations: 168
HAC standard errors & covariance (Bartlett kernel, Newey-West fixed
     bandwidth = 5.0000)
```

Variable	Coefficient	Std. Error	t-Statistic	Prob.
C	0.194374	0.121001	1.606384	0.1101
FXI(-1)	0.557964	0.080149	6.961597	0.0000
QSHOCKP	0.064114	0.157072	0.408179	0.6837
QSHOCKM	-0.466748	0.157206	-2.969027	0.0034

R-squared	0.351832	Mean dependent var	0.872084
Adjusted R-squared	0.339975	S.D. dependent var	1.260723
S.E. of regression	1.024235	Akaike info criterion	2.909291
Sum squared resid	172.0455	Schwarz criterion	2.983671
Log likelihood	-240.3805	Hannan-Quinn criter.	2.939478
F-statistic	29.67361	Durbin-Watson stat	2.098503
Prob(F-statistic)	0.000000		

圖 10.9: 實證結果: Quandt-Andrews 結構性變動檢定

```
Quandt-Andrews unknown breakpoint test
Null Hypothesis: No breakpoints within 15% trimmed data

Equation Sample: 1989M07 2012M02
Test Sample: 1992M12 2008M10
Number of breaks compared: 191
```

Statistic	Value	Prob.
Maximum LR F-statistic (1998M11)	7.011395	0.0004
Exp LR F-statistic	2.060466	0.0026
Ave LR F-statistic	2.991223	0.0023

Note: probabilities calculated using Hansen's (1997) method

5. Kilian (2009) 將遞迴式 VAR 應用在探討油價與原油市場的需求, 供給以及投機性需求之關係。

6. Stock and Watson (2001) 對於 VAR 做了相當詳盡且富直觀的介紹。

習 題

1. 到美國聖路易斯的聯邦儲備銀行 (Federal Reserve Bank of St. Louis) 所建構的聯邦儲備經濟資料 (Federal Reserve Economic Data, FRED): http://research.stlouisfed.org/fred2/

   下載 1954M7-2007M9 的月資料:

   (i) CPIAUCSL (Consumer Price Index For All Urban Consumers: All Items), 消費者物價指數

   (ii) UNRATE (Civilian Unemployment Rate), 失業率

   (iii) FEDFUNDS (Effective Federal Funds Rate), 聯邦基金利率

   (a) 將資料叫入 EViews, 並分別命名為 **cpi**, **une** 以及 **ff**。由 **cpi** 算出物價膨脹率, 以 **inf** 命名。將失業率與聯邦基金利率取一階差分, 分別命名為 **dune** 與 **dff**

   (b) 估計一個縮減式 VAR

   $$\begin{bmatrix} \text{inf} \\ \text{dune} \\ \text{dff} \end{bmatrix}$$

   以 AIC 決定落後期數並報告估計結果。

(c) 利用短期遞迴式限制, 報告 $(I - \hat{D}_0)^{-1}$ 與 $\hat{B}$ 矩陣。

(d) 利用短期遞迴式限制, 畫出衝擊反應函數。

(e) 利用短期遞迴式限制, 計算變異數分解。

(f) 根據 Stock and Watson (2001), 比較你的結果與 Stock and Watson (2001) 之實證結果。

11 結構式向量自我迴歸 II

- 完全結構式 VAR
- 過度認定檢定
- Bernanke and Mihov (1998) 對於貨幣政策的認定
- Blanchard and Quah 的長期限制認定條件
- 實例應用: Blanchard and Quah 的長期限制
- 延伸閱讀

本章將進一步介紹結構式向量自我迴歸。我們將討論完全結構式 VAR, 以及討論如何以結構式 VAR 認定貨幣政策。此外, 除了短期限制外, 我們還將討論 Blanchard and Quah (1989) 的長期限制。

©陳旭昇 (February 4, 2013)

11.1 完全結構式 VAR

我們在第 10 章中已經說明, 欲認定結構式 VAR 需要求解以下關係式,

$$(I - D_\mathrm{o})\varepsilon_t = Be_t. \tag{1}$$

因此, 文獻中會以式 (1) 來說明 SVAR 的短期認定條件。

以第 10 章的遞迴式 VAR 為例, 我們會寫成

$$\underbrace{\begin{bmatrix} 1 & 0 & \cdots & 0 \\ d_{21} & 1 & & 0 \\ \vdots & & \ddots & \vdots \\ d_{k1} & d_{k2} & \cdots & 1 \end{bmatrix}}_{(I-D_\mathrm{o})} \underbrace{\begin{bmatrix} \varepsilon_{1t} \\ \varepsilon_{2t} \\ \vdots \\ \varepsilon_{kt} \end{bmatrix}}_{\varepsilon_t} = \underbrace{\begin{bmatrix} b_{11} & 0 & \cdots & 0 \\ 0 & b_{22} & & 0 \\ \vdots & & \ddots & \vdots \\ 0 & 0 & \cdots & b_{kk} \end{bmatrix}}_{B} \underbrace{\begin{bmatrix} e_{1t} \\ e_{2t} \\ \vdots \\ e_{kt} \end{bmatrix}}_{e_t}$$

一般來說, 一但將式 (1) 中 $\frac{(3k-1)k}{2}$ 個認定條件確定下來, 使得式 (1) 的關係式中, 「未知參數數目」等於或小於「已知參數數目」, 接下來就可以用最大概似法估計 D_o 與 B 矩陣。[1][2]

例外情況為第 10 章所介紹的遞迴式 VAR。由於 D_o 矩陣為下三角矩陣, 我們可以用 Choleski 分解來找出 D_o 與 B 矩陣。

11.2 過度認定檢定

1. 當認定條件使得 (未知參數數目 = 已知參數數目), 我們稱之「適足認定」(just-identified)。

---

[1] 我們也可以使用一般化動差法 (GMM) 估計之。ML 與 GMM 所得到估計結果為漸近相等 (asymptotically equivalent)。

[2] 事實上, 要使最大概似法的解存在且唯一, 認定條件包含 order condition 與 rank condition 兩條件。我們在這裡所談到的, 未知參數數目等於或小於已知參數數目的條件是謂 order condition。至於 rank condition 較為複雜, 也不易以分析的方式檢驗, 一般來說, 是以數值方法處理。參見 Hamilton (1994), 頁 332-334。反正如果 rank condition 不符合, 統計軟體就會送你一個錯誤訊息!

2. 如果(未知參數數目 > 已知參數數目),稱之為「不足認定」(under-identified)。

3. 如果(未知參數數目 < 已知參數數目),稱之為「過度認定」(over-identified)。

「不足認定」無法估計出所有參數,而「適足認定」與「過度認定」則沒有估計上的問題。除此之外,在「過度認定」下,我們可以做「過度認定檢定」(over-identification tests):

$$\text{LR} = 2(l_u - l_r),$$

且在限制為正確(模型為正確)的虛無假設下,

$$\text{LR} \xrightarrow{d} \chi^2(R),$$

其中, l_u 與 l_r 分別為「未受限」與「受限」的對數概似函數, R 為多過 $\frac{k(k-1)}{2}$ 的認定條件數目 (the number of extra restrictions)。 l_r 一定小於 l_u, 但是如果認定的限制條件是正確的, 則 l_r 會非常接近 l_u, 因此, 如果 LR 的值很大, 我們就傾向拒絕「限制為正確(模型為正確)」的虛無假設。「過度認定」的模型提供我們檢定 SVAR 的限制條件是否為正確的機會。

11.3 Bernanke and Mihov (1998) 對於貨幣政策的認定

本節我們以 Bernanke and Mihov (1998) 為例,說明完全結構式 VAR (fully structural VAR) 的認定條件。[3]

---
[3] 遞迴式 VAR 又稱半結構式 VAR, 因此, 為了與遞迴式 VAR 有所區分, 我們將非遞迴式的結構式 VAR 稱做完全結構式 VAR。

如何認定 (identify), 或是說衡量 (measure) 貨幣政策一直是總體計量經濟學家相當關心的議題之一。在傳統的研究中, 一般將 M1, M2 等狹義或廣義貨幣存量的成長率當作貨幣政策變動的指標。然而, 除了貨幣政策之外, 影響貨幣存量的其他原因很多, 我們很難分辨到底貨幣存量變動是來自供給面衝擊 (貨幣政策), 還是來自需求面衝擊 (例如金融創新, 信用卡的使用等)。因此, 貨幣存量的變動並非貨幣政策的一個適當的指標。

近年來, 在總體經濟研究的發展中, 總體經濟學家提出以下幾種不同的衡量方式:

1. 個案分析法 (narrative approach)。Romer and Romer (1989) 透過對聯邦公開市場操作委員會 (Federal Open Market Committee) 公開訊息的解讀, 判定美國緊縮貨幣政策的操作日期。

2. VAR 分析法 (VAR approach)。

    (a) Bernanke and Blinder (1992) 利用遞迴式 VAR 模型發現, 自 1970 年代以來, 聯邦基金利率 (federal funds rate), 或稱短期隔夜拆款利率, 可以做為貨幣政策之良好指標, 而該利率的 VAR 結構衝擊是央行貨幣政策衝擊的良好近似。

    (b) Christiano and Eichenbaum (1992b) 主張利用非借入準備 (nonborrowed reserves) 做為貨幣政策指標。

    (c) Strongin (1995) 主張以非借入準備佔總準備比例做為貨幣政策指標。

    (d) Cosimano and Sheehan (1994) 則主張以借入準備 (borrowed reserves) 做為貨幣政策指標。

11.3 Bernanke and Mihov (1998) 對於貨幣政策的認定

Bernanke and Mihov (1998) 將 VAR 分析法中各個不同認定方法統整在一起, 在其 6 個變數的 SVAR 中, 考慮 3 個總體經濟變數 (實質國內生產毛額 (real GDP), GDP 平減指數 (GDP deflator), 商品價格指數 (commodity prices)), 以及 3 個政策變數 (總準備 (total bank reserves), 非借入準備 (nonborrowed reserves), 聯邦基金利率 (federal funds rates))。其中, 考慮商品價格指數 (commodity prices) 是為了捕捉物價膨脹預期, 以避免「價格困惑」(price puzzle)。[4]

給定 $v_{1t}^{NP}, v_{2t}^{NP}, v_{3t}^{NP}$ 為「非貨幣政策結構衝擊」; 而 v_t^d, v_t^b, v_t^s 為「貨幣政策結構衝擊」(分別為總準備金需求衝擊, 借入準備金需求衝擊, 以及貨幣政策衝擊), 且令

$$Y_t = \begin{bmatrix} \text{實質國內生產毛額} \\ \text{GDP 平減指數} \\ \text{商品價格指數} \end{bmatrix}, \quad v_t^y = \begin{bmatrix} v_{1t}^{NP} \\ v_{2t}^{NP} \\ v_{3t}^{NP} \end{bmatrix}, \quad v_t^y \sim (0, \Omega_y),$$

$$P_t = \begin{bmatrix} \text{總準備} \\ \text{非借入準備} \\ \text{聯邦基金利率} \end{bmatrix}, \quad v_t^p = \begin{bmatrix} v_t^d \\ v_t^b \\ v_t^s \end{bmatrix}, \quad v_t^p \sim (0, \Omega_p),$$

其中

$$\Omega_y = \begin{bmatrix} \sigma_1^2 & 0 & 0 \\ 0 & \sigma_2^2 & 0 \\ 0 & 0 & \sigma_3^2 \end{bmatrix}, \quad \Omega_p = \begin{bmatrix} \sigma_d^2 & 0 & 0 \\ 0 & \sigma_b^2 & 0 \\ 0 & 0 & \sigma_s^2 \end{bmatrix}.$$

---

[4]所謂「價格困惑」是指在過去 SVAR 文獻中, 估計出的衝擊反應函數有緊縮貨幣政策 (利率上升) 導致價格上漲的不合理現象。參見 Bernanke and Blinder (1992) 以及 Sims (1992)。

則 Bernanke and Mihov (1998) 所考慮的 SVAR 為

$$Y_t = \sum_{i=0}^{k} B_i Y_{t-i} + \sum_{i=0}^{k} C_i P_{t-i} + A^y v_t^y,$$
$$P_t = \sum_{i=0}^{k} D_i Y_{t-i} + \sum_{i=0}^{k} G_i P_{t-i} + A^p v_t^p. \tag{2}$$

Bernanke and Mihov (1998) 進一步假設 $C_0 = 0$, 亦即政策變數對於總體經濟變數沒有即期 (contemporary) 影響。因此，由於當期政策變數對於當期總體經濟變數而言為外生變數，我們可以估計以下的縮減式 VAR

$$Y_t = \sum_{i=1}^{k} H_i^y Y_{t-i} + \sum_{i=1}^{k} H_i^p P_{t-i} + \varepsilon_t^y,$$
$$P_t = \sum_{i=0}^{k} J_i^y Y_{t-i} + \sum_{i=1}^{k} J_i^p P_{t-i} + \varepsilon_t^p. \tag{3}$$

注意到第 (3) 式中 Y_t 會影響 P_t, 也就是說，第 (3) 式與我們一般估計的縮減式 VAR 模型不太一樣。[5]

§11.3.1　Bernanke and Mihov (1998) 的認定條件

根據第 (2) 式以及第 (3) 式，我們知道總體經濟變數與政策變數的認定條件分別仰賴以下兩式：

$$(I - B_0)\varepsilon_t^y = A^y v_t^y, \tag{4}$$

$$(I - G_0)\varepsilon_t^p = A^p v_t^p. \tag{5}$$

亦即，

$$(I - B_0) \begin{bmatrix} \varepsilon_t^{GDP} \\ \varepsilon_t^P \\ \varepsilon_t^{Pcm} \end{bmatrix} = A^y \begin{bmatrix} v_{1t}^{NP} \\ v_{2t}^{NP} \\ v_{3t}^{NP} \end{bmatrix}. \tag{6}$$

---

[5]這樣的做法係依循 Bernanke and Mihov (1998)。之後我們會另外以一般的縮減式 VAR 做法來說明。

$$(I - G_\text{o}) \begin{bmatrix} \varepsilon_t^{TR} \\ \varepsilon_t^{NBR} \\ \varepsilon_t^{FF} \end{bmatrix} = A^p \begin{bmatrix} v_t^d \\ v_t^b \\ v_t^s \end{bmatrix}. \tag{7}$$

Bernanke and Mihov (1998) 對於總體變數的認定條件如下:

$$(I - B_\text{o}) = \begin{bmatrix} 1 & 0 & 0 \\ d_{21} & 1 & 0 \\ d_{31} & d_{32} & 1 \end{bmatrix},$$

而

$$A^y = \begin{bmatrix} 1 & 0 & 0 \\ 0 & 1 & 0 \\ 0 & 0 & 1 \end{bmatrix}.$$

對於政策變數而言, Bernanke and Mihov (1998) 的結構認定條件為一個準備金市場模型 (以外生衝擊表式之):

$$\varepsilon_t^{TR} = -\alpha \varepsilon_t^{FF} + v_t^d \tag{8}$$

$$\varepsilon_t^{BR} = \beta(\varepsilon_t^{FF} - \varepsilon_t^{DISC}) + v_t^b \tag{9}$$

$$\varepsilon_t^{NBR} = \phi^d v_t^d + \phi^b v_t^b + v_t^s \tag{10}$$

$$\varepsilon_t^{TR} = \varepsilon_t^{BR} + \varepsilon_t^{NBR} \tag{11}$$

第 (8) 式爲銀行準備金需求, 聯邦基金利率 (拆款利率) 形同銀行握有準備的機會成本 (價格), 所以拆款利率愈高, 準備金的需求愈低。第 (9) 式決定銀行以貼現窗口向中央銀行借入準備金的部位, 拆款利率愈高, 銀行就有動機向中央銀行借入準備金後再貸放出去, 而貼現率 (ε_t^{DISC}) 就是借入準備金的價格。在此, 我們假設 $\varepsilon_t^{DISC} = 0$, 亦即貼現率爲一固定常數。第 (10) 式刻劃央行行爲, 央行非借入準備之供給係

圖 11.1: 準備金市場

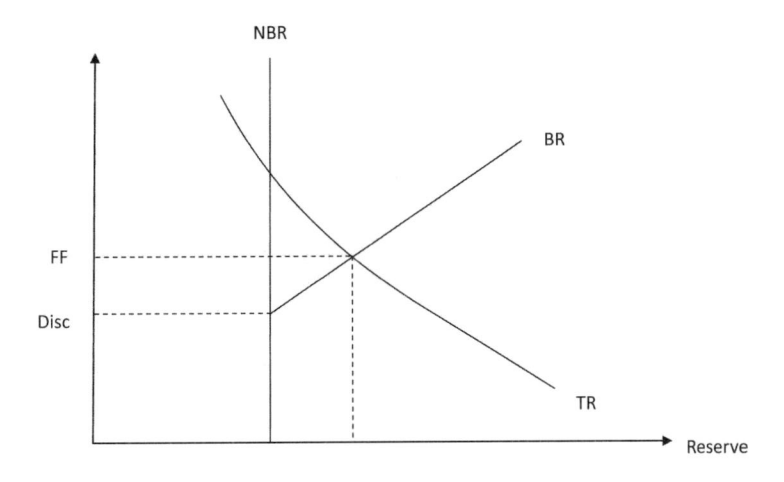

透過公開市場操作,完全由央行控制。我們假設央行貨幣政策會因應準備金與借入準備金需求的外生衝擊。準備金市場均衡條件為 $\varepsilon_t^{TR} = \varepsilon_t^{BR} + \varepsilon_t^{NBR}$。[6] 我們將準備金市場模型呈現在圖 11.1 中。

在不失一般性的情況下,我們假設 $\varepsilon_t^{DISC} = 0$,並整理式 (8)–(11) 可得

$$\begin{bmatrix} 1 & 0 & \alpha \\ 1 & -1 & -\beta \\ 0 & 1 & 0 \end{bmatrix} \begin{bmatrix} \varepsilon_t^{TR} \\ \varepsilon_t^{NBR} \\ \varepsilon_t^{FF} \end{bmatrix} = \begin{bmatrix} 1 & 0 & 0 \\ 0 & 1 & 0 \\ \phi^d & \phi^b & 1 \end{bmatrix} \begin{bmatrix} v_t^d \\ v_t^b \\ v_t^s \end{bmatrix}. \tag{12}$$

因此,第 (12) 式提供了第 (7) 式所需的認定條件:

$$(I - G_0) = \begin{bmatrix} 1 & 0 & \alpha \\ 1 & -1 & -\beta \\ 0 & 1 & 0 \end{bmatrix},$$

---

[6]對於準備金市場與央行公開市場操作之相關討論,有興趣的讀者可參考 Walsh (2003),第 9 章。

11.3 Bernanke and Mihov (1998) 對於貨幣政策的認定 · 265 ·

$$A^p = \begin{bmatrix} 1 & 0 & 0 \\ 0 & 1 & 0 \\ \phi^d & \phi^b & 1 \end{bmatrix}.$$

注意到我們有 13 個未知參數: $(d_{21}, d_{31}, d_{32}, \alpha, \beta, \phi^d, \phi^b, \sigma_1, \sigma_2, \sigma_3, \sigma_d, \sigma_b, \sigma_s)$。而根據第 (3) 式的 VAR, 其變異數-共變數矩陣 $\Sigma_{\varepsilon^y} = E\left[\varepsilon_t^y(\varepsilon_t^y)'\right]$ 與 $\Sigma_{\varepsilon^p} = E\left[\varepsilon_t^p(\varepsilon_t^p)'\right]$ 只能提供 12 個已知參數, 因此, 目前這個 SVAR 為差一個參數的「不足認定」。

我們可以透過式 (8), (9) 與 (10), 以及準備金市場均衡條件, 求解出貨幣政策衝擊為

$$v_t^s = -(\phi^d + \phi^b)\varepsilon_t^{TR} + (1 + \phi^b)\varepsilon_t^{NBR} - (\alpha\phi^d - \beta\phi^b)\varepsilon_t^{FF}.$$

亦即, 說明了貨幣政策衝擊可以寫成準備金需求, 非借入準備與聯邦基金利率的 VAR 殘差的線性組合。Bernanke and Mihov (1998) 考慮以下不同模型。

1. FFR 模型: $\phi^d = 1$, $\phi^b = -1$,

$$v_t^s = -(\alpha + \beta)\varepsilon_t^{FF}.$$

2. NBR 模型: $\phi^d = 0$, $\phi^b = 0$,

$$v_t^s = \varepsilon_t^{NBR}.$$

3. NBR/TR 模型: $\alpha = 0$, $\phi^b = 0$,

$$v_t^s = -\phi^d \varepsilon_t^{TR} + \varepsilon_t^{NBR}.$$

4. BR 模型: $\phi^d = 1$, $\phi^b = \alpha/\beta$,

$$v_t^s = -\left(1 + \frac{\alpha}{\beta}\right)(\varepsilon_t^{TR} - \varepsilon_t^{NBR}).$$

5. JI 模型: $\alpha = 0$,

$$v_t^s = -(\phi^d + \phi^b)\varepsilon_t^{TR} + (1+\phi^b)\varepsilon_t^{NBR} + \beta\phi^b\varepsilon_t^{FF}.$$

其中, FFR, NBR, NBR/TR, 與 BR 模型均為「過度認定」模型, 而 JI 模型為「適足認定」(just-identified) 模型。

§11.3.2 Bernanke and Mihov (1998) 的認定條件: 另一個角度

關於以上的 縮減式 VAR 模型估計, 與一般常用的不同。在此我們考慮常用的縮減式 VAR 估計:

$$\begin{aligned} Y_t &= \sum_{i=1}^k H_i^y Y_{t-i} + \sum_{i=1}^k H_i^p P_{t-i} + \varepsilon_t^y, \\ P_t &= \sum_{i=1}^k M_i^y Y_{t-i} + \sum_{i=1}^k M_i^p P_{t-i} + \tilde{\varepsilon}_t^p. \end{aligned} \quad (13)$$

注意到第 (3) 式與第 (13) 之不同。第 (13) 式的政策變數方程式的解釋變數中不包含 Y_t, 其迴歸殘差以 $\tilde{\varepsilon}_t^p$ 表示, 用來跟第 (3) 式中的 ε_t^p 有所區別。透過一些計算, 我們知道:

$$M_i^y = (I - G_0)^{-1} D_0 H_i^y + D_i, \tag{14}$$

$$M_i^p = (I - G_0)^{-1} D_0 H_i^p + G_i, \tag{15}$$

$$\tilde{\varepsilon}_t^p = (I - G_0)^{-1} D_0 \varepsilon_t^y + \varepsilon_t^p, \tag{16}$$

其中,

$$\varepsilon_t^y = (I - B_0)^{-1} A^y v_t^y, \tag{17}$$

$$\varepsilon_t^p = (I - G_0)^{-1} A^p v_t^p. \tag{18}$$

因此,我們對於總體變數的認定條件與之前相同:

$$(I - B_o)\varepsilon_t^y = A^y v_t^y, \tag{19}$$

至於政策變數的認定,根據第 (16) 式與第 (18) 式,其認定條件則為

$$(I - G_o)\tilde{\varepsilon}_t^p - D_o\varepsilon_t^y = A^p v_t^p. \tag{20}$$

根據式 (19) 與 (20),

$$\begin{bmatrix} (I - B_o) & o \\ -D_o & (I - G_o) \end{bmatrix} \begin{bmatrix} \varepsilon_t^y \\ \tilde{\varepsilon}_t^p \end{bmatrix} = \begin{bmatrix} A^y & o \\ o & A^p \end{bmatrix} \begin{bmatrix} v_t^y \\ v_t^p \end{bmatrix} \tag{21}$$

亦即, 認定條件 (21) 可寫成:

$$\begin{bmatrix} 1 & o & o & o & o & o \\ d_{21} & 1 & o & o & o & o \\ d_{31} & d_{32} & 1 & o & o & o \\ d_{41} & d_{42} & d_{43} & 1 & o & \alpha \\ d_{51} & d_{52} & d_{53} & 1 & -1 & -\beta \\ d_{61} & d_{62} & d_{63} & o & 1 & o \end{bmatrix} \begin{bmatrix} \varepsilon_t^{GDP} \\ \varepsilon_t^P \\ \varepsilon_t^{Pcm} \\ \tilde{\varepsilon}_t^{TR} \\ \tilde{\varepsilon}_t^{NBR} \\ \tilde{\varepsilon}_t^{FF} \end{bmatrix} = \begin{bmatrix} 1 & o & o & o & o & o \\ o & 1 & o & o & o & o \\ o & o & 1 & o & o & o \\ o & o & o & 1 & o & o \\ o & o & o & o & 1 & o \\ o & o & o & \phi^d & \phi^b & 1 \end{bmatrix} \begin{bmatrix} v_{1t}^{NP} \\ v_{2t}^{NP} \\ v_{3t}^{NP} \\ v_t^d \\ v_t^b \\ v_t^s \end{bmatrix}$$

其中

$$v_t = \begin{bmatrix} v_{1t}^{NP} \\ v_{2t}^{NP} \\ v_{3t}^{NP} \\ v_t^d \\ v_t^b \\ v_t^s \end{bmatrix} \sim (o, \Omega),$$

而變異數矩陣為

$$\Omega = \begin{bmatrix} \sigma_1^2 & 0 & 0 & 0 & 0 & 0 \\ 0 & \sigma_2^2 & 0 & 0 & 0 & 0 \\ 0 & 0 & \sigma_3^2 & 0 & 0 & 0 \\ 0 & 0 & 0 & \sigma_d^2 & 0 & 0 \\ 0 & 0 & 0 & 0 & \sigma_b^2 & 0 \\ 0 & 0 & 0 & 0 & 0 & \sigma_s^2 \end{bmatrix}$$

此外，根據

$$\varepsilon_t = \begin{bmatrix} \varepsilon_t^y \\ \tilde{\varepsilon}_t^p \end{bmatrix},$$

其變異數-共變數矩陣為

$$\Sigma_\varepsilon = E(\varepsilon_t \varepsilon_t').$$

注意到基本結構認定條件中，有 22 個未知參數：$(d_{21}, d_{31}, d_{32}, d_{41}, d_{42}, d_{43}, d_{51}, d_{52}, d_{53}, d_{61}, d_{62}, d_{63}, \alpha, \beta, \phi^d, \phi^b)$，以及 Ω 中的 $(\sigma_1, \sigma_2, \sigma_3, \sigma_d, \sigma_b, \sigma_s)$。而 Σ_ε 能提供 $\frac{k(k+1)}{2} = \frac{6(6+1)}{2} = 21$ 個已知參數。

§11.3.3 Bernanke and Mihov (1998) 的實證結果複製

在 Ben Bernanke 的網站上有 JI 模型的資料與程式 (RATS 程式) 可以下載 (http://www.princeton.edu/~bernanke/)，在此，我以 EViews 重新複製其結果。

1. 打開 EViews 的 Workfile: bernankemihov98

2. 裡面有一個 var_ji，按兩下後，VAR 的估計結果視窗就會跳出來

3. 你可以先按 **View/Structural Factorization**, 則 $I - D_0$ 與 B 矩陣的估計結果就會呈現出來

4. 接下來, 按 **Impulse**

5. 在 **Impulse Definition** 中選擇 **Structural Decomposition**

6. 回到 **Display** 的視窗,

    (a) **Impulses** 選擇 6 (亦即第六個結構衝擊, v_t^s)

    (b) **Responses** 則納入所有變數

按 OK 後, 就會跑出如圖 11.2 的衝擊反應函數。

讀者不妨將圖 11.2 與 Bernanke and Mihov (1998) 頁 893 中的圖 II 做比較。[7]

11.4　Blanchard and Quah 的長期限制認定條件

除了以短期限制 (short-run restriction) 認定結構式 VAR, Blanchard and Quah (1989) 建議以長期限制 (long-run restriction) 作為認定條件, 對於 $D_0, D_1, \cdots, D_p$ 矩陣都予以限制, 而非只對 D_0 矩陣做限制。亦即,

1. 短期限制: 對於 D_0 矩陣做限制, 使某衝擊對於另一變數沒有當期影響。

---

[7]我在此只做 JI 模型的原因是, Ben Bernanke 只提供 JI 模型的 RATS 程式。我利用 RATS 程式中的資訊, 改寫成 EViews 程式, 才能成功地複製 Bernanke and Mihov (1998) 的結果。你可以自行試試看估計其他 FFR, NBR, NBR/TR, 與 BR 模型, 然而, 一但嘗試去做估計, 即使我們已經掌握認定條件, 你會發現, 在缺乏若干資訊的情況下 (如 VAR 的落後期數), 要成功複製別人的實證結果並不是件容易的事。

圖 11.2: 衝擊反應函數: 貨幣政策衝擊 (v_t^s)

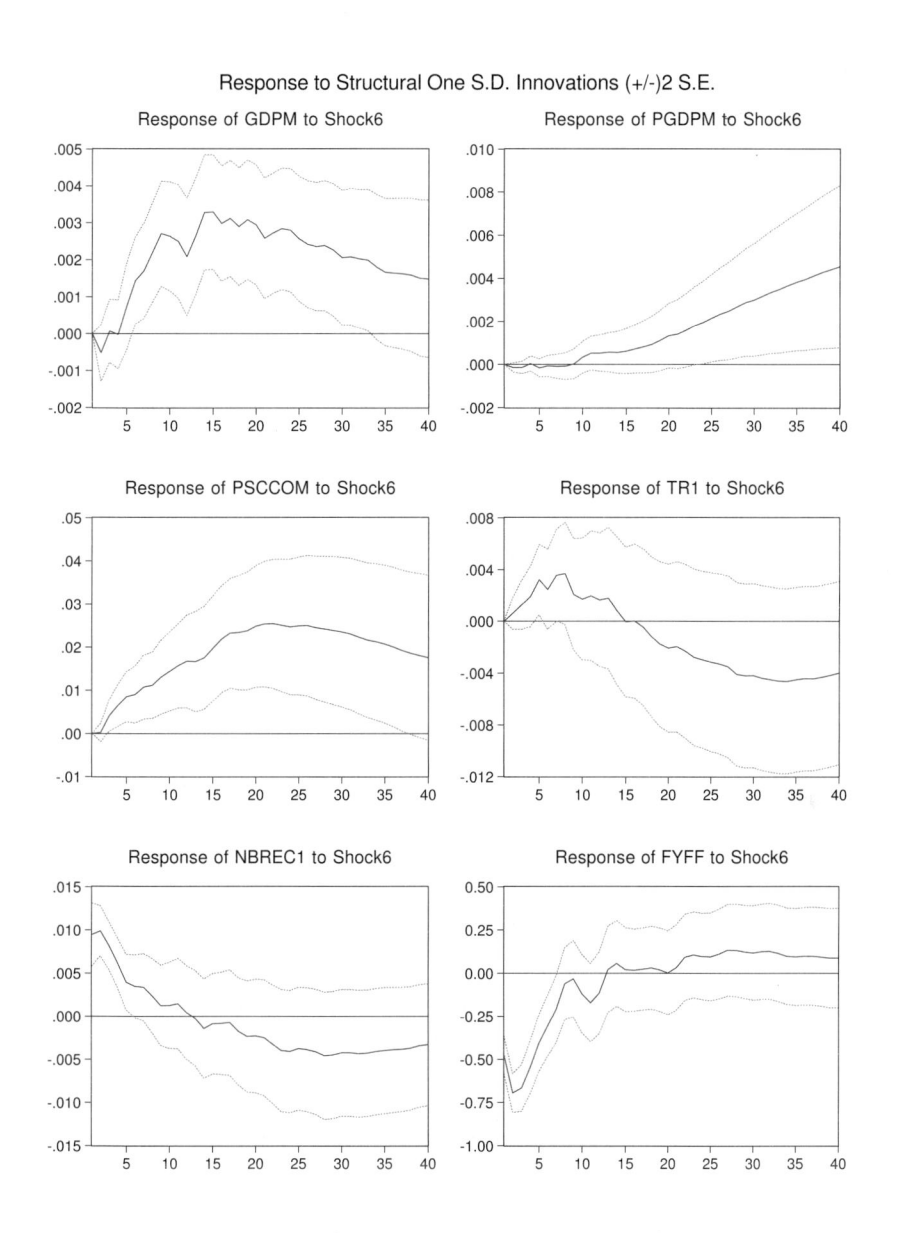

Response to Structural One S.D. Innovations (+/-)2 S.E.

11.4 Blanchard and Quah 的長期限制認定條件

2. 長期限制: 對於每一個 D_j 矩陣都做限制, 使某衝擊對於另一變數沒有長期影響。

一個「長期限制」最好的例子就是貨幣在長期具有中立性 (money is neutral in the long-run)。

令

$$z_t = \begin{bmatrix} 實質產出 \\ 貨幣 \end{bmatrix} = \begin{bmatrix} z_{1t} \\ z_{2t} \end{bmatrix}$$

在總體時間序列中, 大多數的實證證據發現實質產出與貨幣為差分後定態序列 (difference stationary series), 由於自我向量迴歸模型必須符合定態要求, 所以我們取一階差分後考慮以下的 SVAR(p),[8]

$$y_t = \Delta z_t = z_t - z_{t-1},$$

$$y_t = D_0 y_t + D_1 y_{t-1} + \cdots + D_p y_{t-p} + B e_t,$$

其中, e_t 為結構性衝擊 (structural shocks),

$$e_t = \begin{bmatrix} e_{1t} \\ e_{2t} \end{bmatrix} = \begin{bmatrix} 技術衝擊 \text{ (Productivity Shock)} \\ 貨幣政策衝擊 \text{ (Monetary Shock)} \end{bmatrix} \sim (0, I).$$

因此,

$$y_t = \underbrace{(I - D_0)^{-1} D_1}_{\Phi_1} y_{t-1} + \underbrace{(I - D_0)^{-1} D_2}_{\Phi_2} y_{t-2}$$
$$+ \cdots + \underbrace{(I - D_0)^{-1} D_p}_{\Phi_p} y_{t-p} + \underbrace{(I - D_0)^{-1} B e_t}_{\varepsilon_t}.$$

令 $(I - D_0)^{-1} D_j = \Phi_j$ 且 $\Phi(L) = I - \Phi_1 L - \cdots - \Phi_p L^p$, 我們可以得到

$$\Phi(L) y_t = (I - D_0)^{-1} B e_t,$$

---

[8]事實上, 我們得先檢定此兩變數是否存在共整合關係 (cointegration), 我們留待第 12 章詳細討論。在此我們假設兩變數沒有共整合關係。

亦即，

$$y_t = \Phi(L)^{-1}(I - D_\text{o})^{-1} B e_t,$$

再令

$$C(L) = \Phi(L)^{-1}(I - D_\text{o})^{-1} B, \qquad (22)$$

則有如下的 SVMA(∞)，

$$y_t = C(L) e_t. \qquad (23)$$

注意到

$$\sum_{j=0}^{h} y_{t+j} = y_t + y_{t+1} + \cdots + y_{t+h},$$
$$= \Delta z_t + \Delta z_{t+1} + \cdots + \Delta z_{t+h},$$
$$= (z_t - z_{t-1}) + (z_{t+1} - z_t) + \cdots + (z_{t+h} - z_{t+h-1}),$$
$$= -z_{t-1} + z_{t+h}.$$

因此，

$$z_{t+h} = \sum_{j=0}^{h} y_{t+j} + z_{t-1},$$

且

$$\frac{\partial z_{1t+h}}{\partial e_{2t}} = \sum_{j=0}^{h} \frac{\partial y_{1t+j}}{\partial e_{2t}}.$$

根據式 (23)，

$$\begin{bmatrix} y_{1t} \\ y_{2t} \end{bmatrix} = \begin{bmatrix} C_{11,0} & C_{12,0} \\ C_{21,0} & C_{22,0} \end{bmatrix} \begin{bmatrix} e_{1t} \\ e_{2t} \end{bmatrix} + \begin{bmatrix} C_{11,1} & C_{12,1} \\ C_{21,1} & C_{22,1} \end{bmatrix} \begin{bmatrix} e_{1t-1} \\ e_{2t-1} \end{bmatrix} + \cdots$$

向前 j 期,

$$\begin{bmatrix} y_{1t+j} \\ y_{2t+j} \end{bmatrix} = \begin{bmatrix} C_{11,0} & C_{12,0} \\ C_{21,0} & C_{22,0} \end{bmatrix} \begin{bmatrix} e_{1t+j} \\ e_{2t+j} \end{bmatrix} + \begin{bmatrix} C_{11,1} & C_{12,1} \\ C_{21,1} & C_{22,1} \end{bmatrix} \begin{bmatrix} e_{1t+j-1} \\ e_{2t+j-1} \end{bmatrix} + \cdots$$

$$\cdots + \begin{bmatrix} C_{11,j} & C_{12,j} \\ C_{21,j} & C_{22,j} \end{bmatrix} \begin{bmatrix} e_{1t} \\ e_{2t} \end{bmatrix} + \cdots$$

因此我們可得

$$\frac{\partial y_{1t+j}}{\partial e_{2t}} = C_{12,j},$$

以及

$$\frac{\partial z_{1t+h}}{\partial e_{2t}} = \sum_{j=0}^{h} C_{12,j}.$$

貨幣長期中立性隱含貨幣政策衝擊 e_{2t} 長期而言對於實質產出沒有影響:

$$\lim_{h \to \infty} \frac{\partial z_{1t+h}}{\partial e_{2t}} = 0,$$

或是說

$$\lim_{h \to \infty} \sum_{j=0}^{h} C_{12,j} = \sum_{j=0}^{\infty} C_{12,j} = C_{12}(1) = 0,$$

其中

$$C_{12}(L) = C_{12,0} + C_{12,1}L + C_{12,2}L^2 + C_{12,3}L^3 + \cdots$$

亦即, Blanchard and Quah 的認定條件爲

$$C(1) = \begin{bmatrix} C_{11}(1) & 0 \\ C_{21}(1) & C_{22}(1) \end{bmatrix}$$

根據式 (22), 我們知道 $C(z) = \Phi(z)^{-1}(I - D_0)^{-1}B$, 則

性質 21. *(Blanchard and Quah 認定條件)*

$$C(1) = \Phi(1)^{-1}(I - D_0)^{-1}B$$

的第 (1, 2) 的元素 (右上角) 爲零, 亦即 $C(1)$ 爲下三角矩陣。

§ 11.4.1　估計 D_o 與 B 的第一種方法

第一種方法係遵循 Blanchard and Quah (1989)。由於 $C(1) = \Phi(1)^{-1}(I-D_\text{o})^{-1}B$ 是下三角矩陣，我們可以在估計出 $\hat{\Phi}_1, \hat{\Phi}_2, \ldots, \hat{\Phi}_p$ 後，假設 $B = I$，

$$C(1) = \Phi(1)^{-1}(I - D_\text{o})^{-1},$$

因此，

$$C(1)C(1)' = \Phi(1)^{-1}(I - D_\text{o})^{-1}(I - D_\text{o})^{-1'}\Phi(1)^{-1'}. \quad (24)$$

但是我們知道 $\varepsilon_t = (I - D_\text{o})^{-1}e_t$，所以

$$\Sigma_\varepsilon = (I - D_\text{o})^{-1}I(I - D_\text{o})^{-1'} = (I - D_\text{o})^{-1}(I - D_\text{o})^{-1'}. \quad (25)$$

根據式 (24) 與式 (25)，

$$\Phi(1)^{-1}\Sigma_\varepsilon \Phi(1)^{-1'} = C(1)C(1)'$$

由於 $C(1)$ 是下三角矩陣，我們可以用 Choleski 分解 $\Phi(1)^{-1}\Sigma_\varepsilon \Phi(1)^{-1'}$ 後得到

$$\Phi(1)^{-1}\Sigma_\varepsilon \Phi(1)^{-1'} = PP',$$

進而得到

$$C(1) = P,$$

且由於 $C(1) = \Phi(1)^{-1}(I - D_\text{o})^{-1}$，則

$$I - D_\text{o} = C(1)^{-1}\Phi(1)^{-1},$$
$$= P^{-1}\Phi(1)^{-1}.$$

§11.4.2　估計 D_o 與 B 的第二種方法

估計出 $\hat{\Phi}_1, \hat{\Phi}_2, \ldots, \hat{\Phi}_p$ 後, 採用最大概似法將 D_o 與 B 估計出來 (這是 EViews 所採用的方法)。技術上的細節已超出本書範圍, 但是實務上許多統計軟體如 RATS 或是 EViews 都能幫我們將這些未知參數估計出來, 值得注意的是, 由於計算上的限制, EViews 無法處理非線性限制, 亦即限制式中的 $(I - D_\mathrm{o})^{-1}$。因此 EViews 會假設

$$D_\mathrm{o} = \begin{bmatrix} \mathrm{o} & \mathrm{o} \\ \mathrm{o} & \mathrm{o} \end{bmatrix}$$

11.5　實例應用: Blanchard and Quah 的長期限制

Blanchard and Quah (1989) 考慮以下的 VAR:

$$y_t = \begin{bmatrix} \Delta \mathrm{RGDP}_t \\ \mathrm{UR}_t \end{bmatrix}$$

其中, RGDP_t 為取對數後的實質 GDP, 而 UR_t 為失業率。Blanchard and Quah (1989) 認定了兩個結構性衝擊,

$$e_t = \begin{bmatrix} e_t^d \\ e_t^s \end{bmatrix} = \begin{bmatrix} \text{需求面衝擊 (Demand Shock)} \\ \text{供給面衝擊 (Supply Shock)} \end{bmatrix} \sim (\mathrm{o}, I),$$

且假設需求面衝擊對於實質 GDP 沒有長期影響, 亦即

$$C(1) = \begin{bmatrix} \mathrm{o} & C_{12}(1) \\ C_{21}(1) & C_{22}(1) \end{bmatrix}$$

1. 打開 EViews 的 Workfile: bq_data, 其中資料 **dy** 與 **u** 分別為 Blanchard and Quah (1989) 所用的資料 (1948Q1-1987Q4)

2. 把 var_long 叫出來, 這是我以 **dy** 與 **u** 估計的 VAR(8), 落後期數 $p = 8$ 是根據 Blanchard and Quah (1989)

3. 在 **Vector Autoregression Estimates** 的視窗中, 選擇

    Proc/Estimate Structural Fatorization...,

    會跳出一個新視窗, 叫做 **SVAR Options**

4. 輸入

    @LR1(@u1) = 0

    亦即, 第一個結構衝擊 (e_t^d) 對於第一個變數 (ΔRGDP_t) 沒有長期影響。按確定後你會得到如圖 11.3 的估計結果

5. 接下來按 **Impulse**

6. 在 **Impulse Definition** 中選擇 **Structural Decomposition**

7. 然後回到 **Display** 的視窗

由於我們想得到的是實質 GDP (RGDP_t) 的衝擊反應函數, 而非實質 GDP 一階差分 (ΔRGDP_t) 的衝擊反應函數, 因此我們選擇

1. **Responses** 為 **dy**

2. 下面選擇 **Accumulated Responses** (得到實質 GDP, **y** 的衝擊反應函數, 而非 **dy** 的衝擊反應函數)

3. **Periods** 填入 40

然後按確定後, 就會得到如圖 11.4 中第一列的衝擊反應函數。而失業率的衝擊反應函數則是

1. **Responses** 為 **u**

2. 「不要」選擇 **Accumulated Responses**

3. **Periods** 填入 40

然後按確定後, 就會得到如圖 11.4 中第二列的衝擊反應函數。

讀者不妨將圖 11.4 與 Blanchard and Quah (1989) 頁 662 中的圖 2 做比較。

11.6　延伸閱讀

底下介紹幾篇利用結構式 VAR 的總體計量經濟研究。

1. Gali (1999) 利用長期限制的結構式 VAR 探討技術衝擊與就業及景氣波動之關係。該文嚴峻地拒絕了實質景氣循環理論。

2. Clarida and Gali (1994) 以及 Rogers (1999) 則是以長期限制的結構式 VAR 探討貨幣政策對於解釋實質匯率波動之重要性。

3. Cooley and Dwyer (1998) 探討結構式 VAR 與景氣循環。

4. Kim and Roubini (2000) 則是將結構式 VAR 應用到匯率怪現象 (exchange rate anomalies) 的研究上。

5. Kim (2003) 將結構式 VAR 應用到央行對外匯市場干預之研究。

圖 11.3: Blanchard and Quah 的長期限制下的估計結果

Structural VAR Estimates

```
Structural VAR Estimates
Date: 09/24/07   Time: 14:29
Sample (adjusted): 1950:2 1987:4
Included observations: 151 after adjustments
Estimation method: method of scoring (analytic derivatives)
Convergence achieved after 7 iterations
Structural VAR is just-identified
```

Model: Ae = Bu where E[uu']=I
Restriction Type: long-run text form
Long-run response pattern:
    0   C(2)
    C(1)   C(3)

	Coefficient	Std. Error	z-Statistic	Prob.
C(1)	4.043262	0.232664	17.37815	0.0000
C(2)	0.518601	0.029842	17.37815	0.0000
C(3)	0.008335	0.329036	0.025332	0.9798

Log likelihood	-199.8042

Estimated A matrix:
   1.000000   0.000000
   0.000000   1.000000
Estimated B matrix:
   0.929613   0.074605
  -0.208223   0.219819

圖 11.4: Blanchard and Quah 的長期限制下的衝擊反應函數

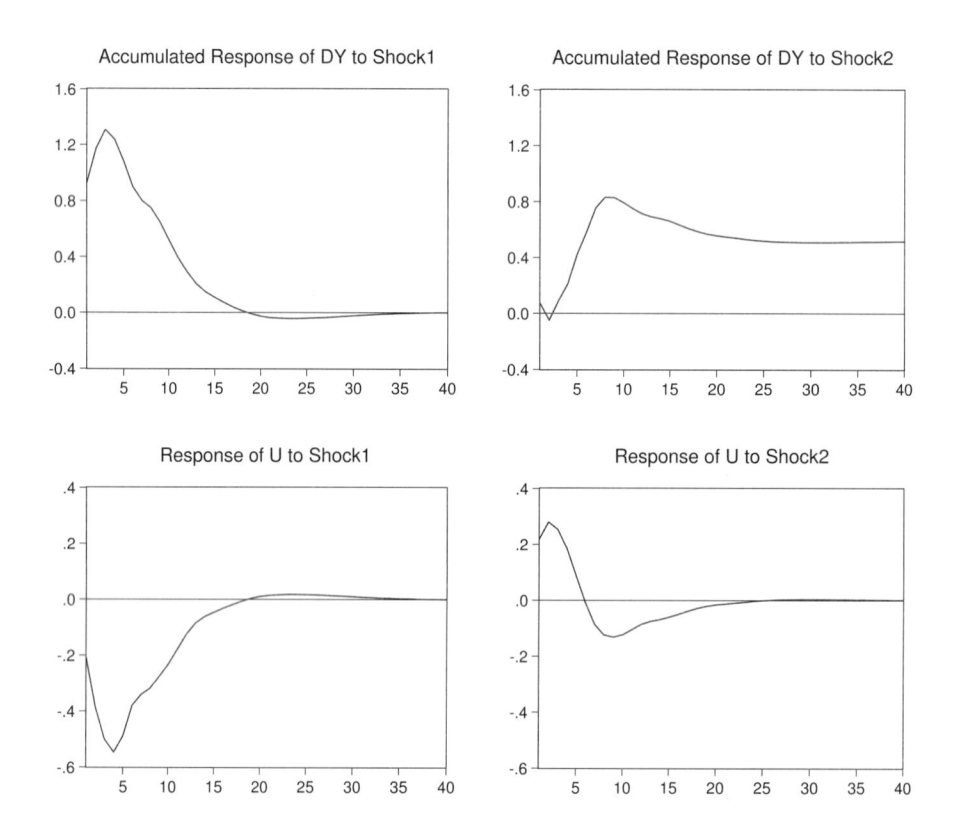

6. Cochrane (1998) 檢討了結構式 VAR 與貨幣政策之研究。

習 題

1. (Clarida and Gali 1994)

    (a) 到主計處網站下載台灣的 1981M1 到 2006M12 的月資料:

    　　i. 消費者物價基本分類-總指數 (物價統計/消費者物價指數)

    　　ii. 美元即期匯率-銀行間收盤匯率 (中央銀行金融統計/外匯匯率-美元即期匯率)

    　　iii. 勞動力生產指數-工業 (勞動統計/重要勞動力指數)

    　　將資料叫入 EViews, 並分別命名為 **cpitw**, **S**, 以及 **prodtw**.

    (b) 到美國聖路易斯的聯邦儲備銀行 (Federal Reserve Bank of St. Louis) 所建構的聯邦儲備經濟資料 (Federal Reserve Economic Data, FRED): (http://research.stlouisfed.org/fred2/) 下載美國 1981M1 到 2006M12 的月資料:

    　　i. CPIAUCSL (Consumer Price Index For All Urban Consumers: All Items), 消費者物價指數

    　　ii. INDPRO (Industrial Production), 工業生產指數

    　　將資料叫入 EViews, 並分別命名為 **cpius** 以及 **produs**.

    (c) 製造以下三個新序列:

    　　i. 實質匯率: q=**log(S)+log(cpius)-log(cpitw)**

    　　ii. 相對產出: y=**log(prodtw)-log(produs)**

    　　iii. 相對物價: p=**log(cpitw)-log(cpius)**

(d) 估計一個縮減式 VAR

$$\begin{bmatrix} \Delta y \\ \Delta q \\ \Delta p \end{bmatrix}$$

以 AIC 決定落後期數並報告估計結果。

(e) 考慮以下 SVMA

$$x_t = C(L)\varepsilon_t,$$

其中

$$x_t = \begin{bmatrix} \Delta y_t \\ \Delta q_t \\ \Delta p_t \end{bmatrix}, \quad C(L) = \begin{bmatrix} C_{11}(L) & C_{12}(L) & C_{13}(L) \\ C_{21}(L) & C_{22}(L) & C_{23}(L) \\ C_{31}(L) & C_{32}(L) & C_{33}(L) \end{bmatrix}, \quad \varepsilon_t = \begin{bmatrix} \varepsilon_t^s \\ \varepsilon_t^d \\ \varepsilon_t^m \end{bmatrix}.$$

並考慮以下的長期認定條件:

$$C(1) = \begin{bmatrix} C_{11}(1) & 0 & 0 \\ C_{21}(1) & C_{22}(1) & 0 \\ C_{31}(1) & C_{32}(1) & C_{33}(1) \end{bmatrix}$$

請畫出衝擊反應函數並做變異數分解 (參考資料: Clarida and Gali (1994))。

12 共整合與向量誤差修正模型

- 共整合關係
- 共整合與共同隨機趨勢
- 向量誤差修正模型
- 共整合分析
- 共整合分析 I: Engle-Granger 兩階段程序
- 共整合分析 II: Johansen 程序
- 共整合分析的實例應用: 利率期限結構
- 關於共整合分析
- 附錄

本章介紹共整合與向量誤差修正模型。

©陳旭昇 (February 4, 2013)

12.1 共整合關係

在介紹共整合關係 (cointegration) 之前,我們先介紹 I(0) 與 I(d) 序列。在本書中,我們將定態時間序列稱為零階整合 (integrated of order zero) 序列,簡稱 I(0) 序列,並以 $y_t \sim$ I(0) 代表 y_t 為一個零階整合序列。[1] 因此,如果一個序列經過一階差分後為定態,則稱此序列稱為一階整合 (integrated of order one) 序列,亦即 I(1) 序列,並以 $z_t \sim$ I(1) 表示之。注意到若

$$\Delta z_t = (1-L)z_t \sim \text{I(0)},$$

則 $z_t \sim$ I(1);同理,當

$$\Delta^d x_t = (1-L^d)x_t \sim \text{I(0)},$$

則 x_t 為 I(d) 序列。

> **定義 25.** *(共整合關係)* 給定 $k \times 1$ 的向量序列 y_t,如果 $y_t \sim$ I(1),且存在一個 $k \times \gamma$ 矩陣 β 使得
>
> $$\beta' y_t \sim \text{I(0)}$$
>
> 則我們稱 y_t 中的 k 個序列具共整合關係,而矩陣 β 中的 γ 個向量就稱做共整合向量 *(cointegrating vectors)*。

簡單地說,共整合關係的意義就是,將一群 I(1) 序列做某一線性組合後變成一個新序列,而該新序列竟然變成 I(0) 序列!

共整合關係的定義純粹是一個統計的概念,然而,在總體經濟研究中,配合實際資料的性質,有許多理論隱含共整合關係。底下我們提供幾個例子。

---
[1] 更嚴謹的定義請參閱Hayashi (2000, 頁 558)。

1. 貨幣需求函數

$$m_t = \beta_0 + \beta_1 p_t + \beta_2 y_t + \beta_3 r_t + e_t,$$

其中 m_t, p_t, y_t 以及 r_t 分別代表 貨幣需求, 物價水準, 實質所得與名目利率。除了名目利率之外, 其他變數均已取對數。由於實證上發現 m_t, p_t, y_t 與 r_t 均為 $I(1)$ 序列, 而貨幣需求的干擾

$$e_t = m_t - \beta_0 - \beta_1 p_t - \beta_2 y_t - \beta_3 r_t$$

必須是 $I(0)$ 序列。如果 e_t 不是定態, 則代表貨幣市場均衡的偏離 (deviation) 不會消殆。因此, m_t, p_t, y_t 與 r_t 具共整合關係, 且共整合向量為

$$\begin{bmatrix} 1 \\ -\beta_1 \\ -\beta_2 \\ -\beta_3 \end{bmatrix}$$

2. 消費函數

$$C_t = C_t^p + C_t^t,$$
$$= \beta y_t^p + C_t^t,$$

其中 C_t^p 是恆常消費 (permanent consumption), 為恆常所得 (permanent income) 的函數, C_t^t 則是短暫消費 (transitory consumption)。由於 $y_t^p \sim I(1), C_t \sim I(1)$, 則根據短暫消費的定義,

$$C_t^t = C_t - \beta y_t^p$$

是 $I(0)$ 序列。因此, C_t 與 y_t^p 具共整合關係, 且共整合向量為

$$\begin{bmatrix} 1 \\ -\beta \end{bmatrix}$$

3. 遠期外匯不偏假說 (forward rate unbiasedness hypothesis, FRUH)

根據 Engel (1996a), 在理性預期 (rational expectations) 與風險中立 (risk neutrality) 的假設下, 遠期外匯應為未來匯率的不偏估計式

$$E_t[s_{t+1}] = f_t,$$

其中 s_t 為名目匯率, f_t 為遠期外匯匯率。因此, FRUH 可以改寫成

$$s_{t+1} = f_t + u_{t+1}, \quad E_t(u_{t+1}) = 0.$$

給定 $s_t \sim I(1), f_t \sim I(1)$, 則 $u_{t+1} \sim I(0)$。理由很簡單, 如果說 u_{t+1} 非定態, 亦即,

$$u_{t+1} = u_t + e_{t+1},$$

$$e_t \sim^{i.i.d.} (0, \sigma^2).$$

則

$$s_{t+1} = f_t + u_{t+1},$$
$$= f_t + u_t + e_{t+1},$$

$$E_t(s_{t+1}) = f_t + u_t,$$

代表遠期外匯匯率並沒有包含所有資訊, 或是說市場不具效率性。因此, FRUH 隱含 $u_{t+1} \sim I(0)$, 也就是說 s_{t+1} 與 f_t 具共整合關係, 且共整合向量為

$$\begin{bmatrix} 1 \\ -1 \end{bmatrix}$$

相關討論詳見 Hakkio and Rush (1989) 與 Zivot (2000)。

4. 購買力平價說 (purchasing power parity, PPP) 我們在第 3 章已經說明根據購買力平價,

$$q_t = s_t + p_t^* - p_t$$

必須是一個定態的數列, $q_t \sim I(0)$。因此, PPP 隱含 s_t, p_t^*, 與 p_t 具共整合關係, 且共整合向量為

$$\begin{bmatrix} 1 \\ 1 \\ -1 \end{bmatrix}$$

因此, 檢定購買力平價說有兩種方法, (1) 直接對 q_t 應用單根檢定; (2) 檢定 s_t, p_t^*, 與 p_t 是否具共整合關係。[2]

12.2 共整合與共同隨機趨勢

根據 Stock and Watson (1988), 考慮

$$x_t = \begin{bmatrix} y_t \\ z_t \end{bmatrix} = \begin{bmatrix} \mu_{yt} + e_{yt} \\ \mu_{zt} + e_{zt} \end{bmatrix}$$

其中 μ_{yt} 與 μ_{zt} 為隨機漫步序列 (random walk series), e_{yt} 與 e_{zt} 為定態序列 (stationary component)。顯而易見地, y_t 與 z_t 均為 I(1) 序列。

假設 y_t 與 z_t 具共整合關係: $\beta' x_t \sim I(0)$. 亦即,

$$\begin{aligned} \beta' x_t &= \beta_1 y_t + \beta_2 z_t, \\ &= \beta_1(\mu_{yt} + e_{yt}) + \beta_2(\mu_{zt} + e_{zt}), \\ &= (\beta_1 \mu_{yt} + \beta_2 \mu_{zt}) + (\beta_1 e_{yt} + \beta_2 e_{zt}). \end{aligned}$$

---
[2] 我們之後會介紹如何檢定共整合關係。

因此，如果 $\beta' x_t \sim I(0)$，則前一項 $(\beta_1 \mu_{yt} + \beta_2 \mu_{zt})$ 必須消失。也就是說，

$$\beta_1 \mu_{yt} + \beta_2 \mu_{zt} = 0,$$

或是說

$$\mu_{yt} = \frac{-\beta_2}{\beta_1} \mu_{zt}.$$

令 $\mu_{zt} = \mu_t$，我們可以得到

$$\begin{bmatrix} y_t \\ z_t \end{bmatrix} = \begin{bmatrix} \frac{-\beta_2}{\beta_1} \\ 1 \end{bmatrix} \mu_t + \begin{bmatrix} e_{yt} \\ e_{zt} \end{bmatrix} \tag{1}$$

根據第 (1) 式，序列若具有共整合關係，則它們具有共同的隨機趨勢 (common stochastic trend)。因此，「共整合」一詞聽起來很玄，事實上就是說序列具有相同的隨機趨勢，亦步亦趨地一起移動。

舉例來說，我們在圖 12.1 中畫出了美國 3 個月期與 10 年期的國庫券利率 (TB3M 與 GS10)，並在底下畫出此兩利率之利差 (spread)。此兩利率亦步亦趨地一起移動，可能具有相同的隨機趨勢。

12.3 向量誤差修正模型

考慮一個 VAR(p) 模型，

$$\Phi(L) y_t = \varepsilon_t, \quad y_t \in \mathbb{R}^k \text{ 且 } \varepsilon_t \stackrel{i.i.d.}{\sim} (0, \Omega).$$

亦即

$$(I - \Phi_1 L - \Phi_2 L^2 - \cdots - \Phi_p L^p) y_t = \varepsilon_t.$$

圖12.1: 美國 3 個月期與 10 年期的國庫券利率 (TB3M 與 GS10) 以及長短期利差

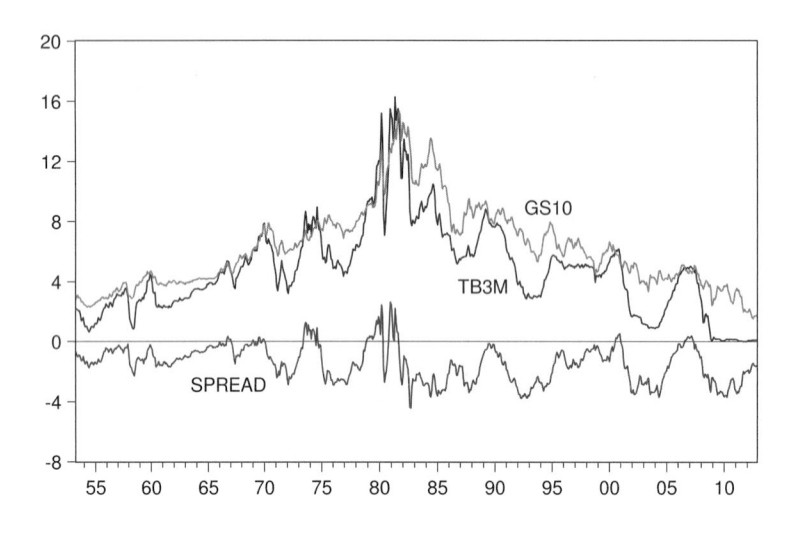

因此,

$$y_t = \Phi_1 y_{t-1} + \Phi_2 y_{t-2} + \cdots + \Phi_p y_{t-p} + \varepsilon_t,$$
$$= \left[\left(\sum_{j=1}^{p} \Phi_j \right) L - \sum_{s=2}^{p} \Phi_s (1-L) L - \sum_{s=3}^{p} \Phi_s (1-L) L^2 - \cdots \right.$$
$$\left. \cdots - \sum_{s=p}^{p} \Phi_s (1-L) L^{p-1} \right] y_t + \varepsilon_t.$$

注意到上式可由以下算式驗證:

$$\begin{array}{rl} & (\Phi_1+\Phi_2+\Phi_3\cdots+\Phi_p) \quad L \\ - & (\Phi_2+\Phi_3\cdots+\Phi_p) \quad L(1-L) \\ - & (\Phi_3\cdots+\Phi_p) \quad L^2(1-L) \\ - & \qquad\qquad \vdots \quad\quad \vdots \\ - & \qquad\qquad \Phi_p \quad L^{p-1}(1-L) \\ \hline & \Phi_1 L + \Phi_2 L^2 + \cdots + \Phi_p L^p \end{array}$$

令

$$D_j = -\sum_{s=j+1}^{p} \Phi_s = -(\Phi_{j+1} + \Phi_{j+2} + \cdots + \Phi_p),$$

則 y_t 可以改寫成

$$y_t = \left[\sum_{j=1}^{p} \Phi_j\right] y_{t-1} + \sum_{j=1}^{p-1} D_j \Delta y_{t-j} + \varepsilon_t.$$

左右兩邊都減去 y_{t-1} 可得

$$\begin{aligned} \Delta y_t &= \left[-I + \sum_{j=1}^{p} \Phi_j\right] y_{t-1} + \sum_{j=1}^{p-1} D_j \Delta y_{t-j} + \varepsilon_t, \\ &= \underbrace{-\Phi(1)}_{\Pi} y_{t-1} + \sum_{j=1}^{p-1} D_j \Delta y_{t-j} + \varepsilon_t, \\ &= \Pi y_{t-1} + \sum_{j=1}^{p-1} D_j \Delta y_{t-j} + \varepsilon_t. \end{aligned}$$

假設 y_t 的自積階次最高爲一階，I(1)，則 $\Delta y_t \sim$ I(0)。如果 Δy_t, $\sum_{j=1}^{p-1} D_j \Delta y_{t-j}$ 與 ε_t 均爲定態，則

$$\Pi y_{t-1} = \Delta y_t - \sum_{j=1}^{p-1} D_j \Delta y_{t-j} - \varepsilon_t$$

一定也是定態。

根據 Π 矩陣的秩 (rank) 的性質可以決定三種不同情況。

1. $rank(\Pi) = k$，Π 爲滿秩 (full rank)。因此，y_{t-1} **所有的**線性組合都是定態時間序列，亦即 $y_t \sim I(0)$。在這種情況下，我們直接以 y_t 估計 VAR 模型。

2. $rank(\Pi) = 0$。因此，**沒有任何一個** y_{t-1} 的線性組合是定態時間序列，亦即 $y_t \sim I(1)$，且不存在共整合關係。在這種情況下，我們直接以 Δy_t 估計 VAR 模型。

3. $rank(\Pi) = r < k$。因此，y_{t-1} **部分的**線性組合是定態時間序列，更精確地說，存在 r 個共整合關係，且 r 稱爲共整合秩 (cointegration rank)。

在第 3 種情況下，稱之爲減秩 (reduced rank)，則我們可以將 Π 分解爲:[3]

$$\Pi = \alpha\beta'$$

其中 α 與 β 均爲 $k \times r$ 矩陣，且

$$rank(\alpha) = rank(\beta) = r.$$

定理 3. *(Granger Representation* 定理*)* 給定 $y_t \in \mathbb{R}^k$, $y_t \sim I(1)$ 具有 $r < k$ 個共整合關係，若且爲若 $rank(\Pi) = r$ 且 Π 可以分解成 $\Pi = \alpha\beta'$，其中 β 與 α 爲 $k \times r$ 矩陣, $rank(\beta) = rank(\alpha) = r$ 且 *VAR(p)* 模型可以寫成向量誤差修正模型 *(vector error correction model, VECM)*，或是稱共整合 *VAR* 模型 *(cointegrated VAR model)*

$$\Delta y_t = \alpha\beta' y_{t-1} + \sum_{j=1}^{p-1} D_j \Delta y_{t-j} + \varepsilon_t.$$

對於誤差修正模型，我們有以下補充說明。

---
[3]讀者可參見一般的線性代數教科書。如 Schott (2005) 中之引理 1.9.1 (Corollary 1.9.1)。

1. Granger Representation 定理告訴我們, 對於任何具共整合關係的一組序列, 共整合關係與向量誤差修正模型為一體之兩面。

2. 由於 $\Pi = -\Phi(1)$, 所有長期影響 (long-run effects) 的資訊已經包含在 Π 矩陣中。

3. Π 衡量長期影響, 而 D_j 衡量短期影響。

4. β 為共整合向量所組成的矩陣。

5. $\beta' y_{t-1}$ 稱做「均衡誤差」(equilibrium error) 或是「誤差修正項」(error correction)。

讓我們以下面這個例子說明 Granger Representation 定理。

例 8. x_t 與 z_t 有如下向量誤差修正模型

$$\begin{bmatrix} \Delta x_t \\ \Delta z_t \end{bmatrix} = \begin{bmatrix} -1 & 1 \\ 0 & 0 \end{bmatrix} \begin{bmatrix} x_{t-1} \\ z_{t-1} \end{bmatrix} + \begin{bmatrix} \varepsilon_{xt} \\ \varepsilon_{zt} \end{bmatrix}$$

或是寫成

$$\Delta y_t = \Pi y_{t-1} + \varepsilon_t,$$

其中

$$y_t = \begin{bmatrix} x_t \\ z_t \end{bmatrix} \quad \Pi = \begin{bmatrix} -1 & 1 \\ 0 & 0 \end{bmatrix} \quad \text{且} \quad \varepsilon_t = \begin{bmatrix} \varepsilon_{xt} \\ \varepsilon_{zt} \end{bmatrix} \sim (0, \Omega).$$

首先, 我們可以輕易得到

$$z_t = z_{t-1} + \varepsilon_{zt},$$
$$= \sum_{j=1}^{t} \varepsilon_{zj} + \varepsilon_{z0},$$

且

$$x_t = z_{t-1} + \varepsilon_{xt},$$
$$= \sum_{j=1}^{t-1} \varepsilon_{zj} + \varepsilon_{z0} + \varepsilon_{xt},$$
$$= (\sum_{j=1}^{t} \varepsilon_{zj} - \varepsilon_{zt}) + \varepsilon_{z0} + \varepsilon_{xt},$$
$$= \sum_{j=1}^{t} \varepsilon_{zj} + \varepsilon_{z0} + (\varepsilon_{xt} - \varepsilon_{zt}).$$

我們有如下的觀察,

1. $\sum_{j=1}^{t} \varepsilon_{zj}$ 為一隨機趨勢,所以 x_t 與 z_t 都是 I(1) 序列。

2. $\sum_{j=1}^{t} \varepsilon_{zj}$ 稱為 x_t 與 z_t 的共同隨機趨勢。

3. x_t 與 z_t 的某一線性組合可以消除此共同隨機趨勢:

$$x_t - z_t = (z_{t-1} + \varepsilon_{xt}) - (z_{t-1} + \varepsilon_{zt}) = \varepsilon_{xt} - \varepsilon_{zt} \sim I(0).$$

4. 注意到 Π 可以寫成

$$\Pi = \begin{bmatrix} -1 & 1 \\ 0 & 0 \end{bmatrix} = \underbrace{\begin{bmatrix} -1 \\ 0 \end{bmatrix}}_{\alpha} \underbrace{\begin{bmatrix} 1 & -1 \end{bmatrix}}_{\beta'} = \alpha\beta'$$

12.4 共整合分析

共整合分析有兩種主要的程序。第一種係由 Robert Engle 以及 Clive Granger 所提出,他們假設變數之間最多只存在一個共整合關係,並且採取兩階段程序,以第一階段的殘差在第二階段檢定共整合關係以及建構誤差修正模型。

第二種方法則是由 Soren Johansen 所提出,此方法容許多個共整合關係存在,並以最大概似法從事檢定與估計。我們將在底下兩小節討論此兩種方法。

12.5　共整合分析 I: Engle-Granger 兩階段程序

§ 12.5.1　共整合檢定

Engle and Granger (1987) 在**最多只存在一個共整合關係**的假設下,提出一種兩階段檢定法以檢定一組 I(1) 序列是否具有共整合關係。我們以兩個序列 x_t 與 z_t 為例,說明如何執行 Engle-Granger 檢定。

1. 估計共整合關係:

$$x_t = \beta_0 + \beta_1 z_t + e_t.$$

2. 對 $\{\hat{e}_t\}$ 做 ADF 檢定,[4]

$$\Delta \hat{e}_t = a_0 + a_1 \hat{e}_{t-1} + \sum_{i=1}^{n} a_{i+1} \Delta \hat{e}_{t-i} + \varepsilon_t.$$

3. 欲檢定的假設 (hypothesis) 為

$$\begin{cases} H_0 : a_1 = 0 & \text{不具共整合關係} \\ H_1 : a_1 < 0 & \text{具共整合關係} \end{cases}$$

4. 如果我們拒絕虛無假設,代表 x_t 與 z_t 具有共整合關係。反之,如果我們無法拒絕虛無假設,代表 x_t 與 z_t 不具共整合關係 (更精確地說,是我們找不到證據支持 x_t 與 z_t 具有共整合關係)。

---

[4]在 Enders (2004) 中強調,根據定義 $\hat{e}_t$ 的均數為零,因此在 ADF 檢定中不必放常數項。然而,在 Stock and Watson (2006) 中則強調須加入常數項。我個人傾向接受 Stock and Watson (2006) 的做法。

表 12.1: Engle-Granger 統計檢定量臨界值

$k-1$	1%	5%	10%
1	-3.96	-3.37	-3.07
2	-4.31	-3.77	-3.45
3	-4.73	-4.11	-3.83
4	-5.07	-4.45	-4.16
5	-5.28	-4.71	-4.43

參見 Phillips and Ouliaris (1990),第 190 頁。

5. Engle-Granger 檢定中的 ADF 檢定不能使用傳統的 ADF 統計量的臨界值,其漸近分配由 Phillips and Ouliaris (1990) 推導出來,參考表 12.1。

§12.5.2　估計共整合關係與向量誤差修正模型

x_t 與 z_t 的向量誤差修正模型為

$$\Delta x_t = \alpha_1 + \alpha_x [x_{t-1} - \beta_1 z_{t-1}] + \sum_{i=1} \alpha_{11}^i \Delta x_{t-i} + \sum_{i=1} \alpha_{12}^i \Delta z_{t-i} + \varepsilon_{xt},$$

$$\Delta z_t = \alpha_2 + \alpha_z [x_{t-1} - \beta_1 z_{t-1}] + \sum_{i=1} \alpha_{21}^i \Delta x_{t-i} + \sum_{i=1} \alpha_{22}^i \Delta z_{t-i} + \varepsilon_{zt}.$$

透過第一階段估計出共整合關係後,令迴歸殘差為

$$\hat{e}_t = x_t - \hat{\beta}_0 + \hat{\beta}_1 z_t,$$

Engle and Granger (1987) 建議估計向量誤差修正模型如下,

$$\Delta x_t = \alpha_1 + \alpha_x \hat{e}_{t-1} + \sum_{i=1} \alpha_{11}^i \Delta x_{t-i} + \sum_{i=1} \alpha_{12}^i \Delta z_{t-i} + \varepsilon_{xt},$$

$$\Delta z_t = \alpha_2 + \alpha_z \hat{e}_{t-1} + \sum_{i=1} \alpha_{21}^i \Delta x_{t-i} + \sum_{i=1} \alpha_{22}^i \Delta z_{t-i} + \varepsilon_{zt}.$$

最後,對於 Engle-Granger 兩階段程序我們有幾點補充說明:

1. 無論選擇哪一個變數 (x_t 或 z_t) 當作共整合關係中的被解釋變數, 理論上 (大樣本性質) 不會影響我們對是否存在共整合關係的推論, 然而, 實務上如果樣本數較小, 統計推論會因不同的變數選擇而不同。

2. Engle-Granger 兩階段程序無法處理多個共整合關係的存在。

3. 兩階段程序可能會不具效率性。在第一階段估計共整合關係時, 產生的估計誤差會被帶到下一個階段。

4. 由於 Engle-Granger 兩階段檢定是對殘差做檢定, 是故又稱殘差式檢定 (residual-based tests)。

5. 對於共整合關係的估計, 利用 OLS 所得到的係數估計式 $\hat{\beta}_0, \hat{\beta}_1$ 具一致性, 在某些情況下 (譬如誤差項 e_t 具序列相關) 其 t 比率 (t-ratio) 的漸近分配不是標準常態。Stock and Watson (1993) 建議一種簡單的解決方法: 動態 OLS (dynamic OLS, DOLS),

$$x_t = \beta_0 + \beta_1 z_t + \sum_{j=-p}^{p} \delta_j \Delta z_{t-j} + e_t.$$

12.6 共整合分析 II: Johansen 程序

§12.6.1 共整合檢定

考慮 VAR(p),

$$\Phi(L)y_t = \varepsilon_t, \quad \Phi(L) = I - \Phi_1 L - \Phi_2 L^2 - \cdots - \Phi_p L^p, \quad y_t \in \mathbb{R}^k,$$

亦即
$$y_t = \Phi_1 y_{t-1} + \Phi_2 y_{t-2} + \cdots + \Phi_p y_{t-p} + \varepsilon_t.$$

令
$$D_j = -\sum_{s=j+1}^{p} \Phi_s,$$
$$\Pi = -\Phi(1) = -(I - \Phi_1 - \Phi_2 - \cdots - \Phi_p),$$

則 VAR(p) 可以改寫成 VECM

$$\Delta y_t = \Pi y_{t-1} + \sum_{j=1}^{p-1} D_j \Delta y_{t-j} + \varepsilon_t.$$

給定 y_t 的階次最高為一。

1. 如果 $rank(\Pi) = 0$, 意指沒有任何 y_t 的線性組合為 I(0), 則 y_t 不存在共整合關係。此外, 若 $rank(\Pi) = 0$, 則隱含 $\Pi = 0$ (零矩陣), 因此, $\Delta y_t = \sum_{j=1}^{p-1} D_j \Delta y_{t-j} + \varepsilon_t$ 為 I(0), 亦即 y_t 為 I(1)。

2. 如果 $rank(\Pi) = k$, 意指 y_t 的所有線性組合都是 I(0), 則所有的 y_t 都是 I(0)。換句話說, y_t 不存在共整合關係。事實上, 由於 $rank(\Pi) = k$, Π 矩陣為滿秩 (full rank), 則 Π 矩陣可逆, 且

$$y_{t-1} = \Pi^{-1} \Delta y_t - \Pi^{-1} \sum_{j=1}^{p-1} D_j \Delta y_{t-j} - \Pi^{-1} \varepsilon_t$$

為定態。

3. 如果 $rank(\Pi) = r < k$, 則 y_t 存在 k 個共整合關係。

因此, 我們可以用 Π 矩陣的秩來檢定是否存在共整合關係, 這樣的檢定方式一般稱為 Johansen 檢定 (Johansen test)。

性質 22. *(矩陣秩的重要性質)* Π 矩陣的秩等於其異於零的特性根數目。

假設 Π 矩陣的特性根為 $\lambda_1, \lambda_2, \cdots, \lambda_k$,

1. 如果

$$rank(\Pi) = 0 \Rightarrow \lambda_1 = \lambda_2 = \cdots = \lambda_k = 0$$
$$\Rightarrow \log(1 - \lambda_i) = 0 \ \forall i$$

$$rank(\Pi) = k \Rightarrow \log(1 - \lambda_i) \neq 0 \ \forall i$$

則 y_t 不存在共整合關係。

2. 如果 $rank(\Pi) = r$, 且假設

$$\begin{cases} \lambda_1, \lambda_2, \ldots, \lambda_r \neq 0 \\ \lambda_{r+1} = \lambda_{r+2} = \ldots = \lambda_k = 0 \end{cases}$$

亦即,

$$\begin{cases} \log(1 - \lambda_i) \neq 0 \ \text{for } i = 1, 2 \ldots r \\ \log(1 - \lambda_i) = 0 \ \text{for } i = r + 1, r + 2, \ldots k \end{cases}$$

則 y_t 存在共整合關係。

實務上, 我們只能透過資料找出估計式 $\hat{\Pi}$, 進而找出 $rank(\hat{\Pi})$。在給定 $rank(\Pi) = r$, Johansen (1988) 以最大概似法估計 VECM, 亦即, 在 $\Pi = \alpha \beta'$ 的限制下, 估計

$$\Delta y_t = \Pi y_{t-1} + \sum_{j=1}^{p-1} D_j \Delta y_{t-j} + \varepsilon_t,$$

有興趣的讀者請參閱附錄。欲檢定共整合階次, 給定特性根

$$1 > \hat{\lambda}_1 > \hat{\lambda}_2 > \cdots > \hat{\lambda}_r > \hat{\lambda}_{r+1} > \cdots > \hat{\lambda}_k > 0,$$

Johansen (1988) 提出兩種檢定統計量。[5]

定義 26. *(跡檢定, Trace Test)*

1. 檢定之假設為

$$\begin{cases} H_0: 最大共整合階次為 r \,(最多只有 r 個共整合關係) \\ H_1: 最大共整合階次為 k \,(最多只有 k 個共整合關係) \end{cases}$$

2. 跡檢定量

$$\lambda_{trace}(r) = -T \sum_{j=r+1}^{k} \log(1 - \hat{\lambda}_j)$$

如果虛無假設 H_0 為真, 則 $\hat{\lambda}_{r+1}, \hat{\lambda}_{r+2}, \ldots, \hat{\lambda}_k$ 都會很接近零, 則跡檢定量 $\lambda_{trace}(r)$ 會很小。當對立假設成立時, 有更多的 $\log(1-\hat{\lambda}_j) < 0$ 被加進跡檢定量, 由於檢定量前面乘上一個負號, 亦即在對立假設成立時, 跡檢定量會較大。

定義 27. *(最大特性根檢定, Max Test)*

1. 檢定之假設為

$$\begin{cases} H_0: 最大共整合階次為 r \,(最多只有 r 個共整合關係) \\ H_1: 最大共整合階次為 r+1 \,(最多只有 r+1 個共整合關係) \end{cases}$$

2. 最大特性根檢定量

$$\lambda_{max}(r, r+1) = -T \log(1 - \hat{\lambda}_{r+1})$$

---

[5]關於如何求得這些特性根, 參見附錄。事實上, 在 $\varepsilon_t \sim N(0, \Omega)$ 假設下, 最大概似法可以轉化成典型相關分析 (canonocal analysis), 而這些特性根就是 Δy_t 與 y_{t-1} 之間的樣本典型偏相關係數之平方 (squared sample partial canonocal correlations)。檢定 $rank(\Pi) = r$ 就如同檢定有多少典型偏相關係數之平方顯著異於零。參見 Hamilton (1994) 之討論。至於為何 $0 < \lambda_j < 1$, 請參見 Davison and MacKinnon (2004) (641–642 頁)。

如果虛無假設 H_0 為真,則 $\hat{\lambda}_{r+1}$ 會很接近零,最大特性根檢定量 $\lambda_{\max}(r, r+1)$ 會很小。

簡而言之,此兩種檢定量在虛無假設為真時會較小。因此,當跡檢定量或是最大特性根檢定量的值很大時,我們就拒絕虛無假設。

我們在底下以最大特性根檢定為例,介紹如何執行 Johansen 程序。

例 9. (最大特性根檢定)

- 步驟一: 檢定 $H_0: r = 0$ vs. $H_1: r = 1$,如果無法拒絕 H_0,代表我們無法拒絕沒有共整合關係。反之,如果我們拒絕 H_0,則須執行下一步驟。

- 步驟二: 檢定 $H_0: r = 1$ vs. $H_1: r = 2$,如果無法拒絕 H_0,代表有一個共整合關係。反之,如果我們拒絕 H_0,則須繼續執行 $H_0: r = 2$ vs. $H_1: r = 3$ 的檢定... 一直做下去,直到無法拒絕虛無假設為止。

此兩種檢定量的臨界值可參考 Osterwald-Lenum (1992),或是參考 Maddala and Kim (1998) 頁 213 的表 6.5。此外,關於 VECM 的設定,有以下五種設定。

1. 設定 1, VAR 與 ECM 都沒有常數項。

$$\Delta y_t = \alpha \beta' y_{t-1} + \sum_{j=1}^{p-1} D_j \Delta y_{t-j} + \varepsilon_t.$$

2. 設定 2, VAR 沒有常數項而 ECM 有常數項。

$$\Delta y_t = \alpha(\beta' y_{t-1} - \gamma_2) + \sum_{j=1}^{p-1} D_j \Delta y_{t-j} + \varepsilon_t.$$

3. 設定 3, VAR 與 ECM 都有常數項。

$$\Delta y_t = \gamma_1 + \alpha(\beta' y_{t-1} - \gamma_2) + \sum_{j=1}^{p-1} D_j \Delta y_{t-j} + \varepsilon_t.$$

4. 設定 4, VAR 有常數項而 ECM 有常數項與時間趨勢項。

$$\Delta y_t = \gamma_1 + \alpha(\beta' y_{t-1} - \gamma_2 - \delta_2 t) + \sum_{j=1}^{p-1} D_j \Delta y_{t-j} + \varepsilon_t.$$

5. 設定 5, VAR 與 ECM 都有常數項與時間趨勢項。

$$\Delta y_t = \gamma_1 + \delta_1 t + \alpha(\beta' y_{t-1} - \gamma_2 - \delta_2 t) + \sum_{j=1}^{p-1} D_j \Delta y_{t-j} + \varepsilon_t.$$

EViews 提供了一個很好的彙整功能, 我們在之後的實例應用會予以介紹。跡檢定與最大特性根檢定可能會給我們不一致的檢定結果。遇到這種情況, Johansen and Juselius (1990) 建議採用最大特性根檢定。

12.7 共整合分析的實例應用: 利率期限結構

例 10. (利率期限結構) 令 $R_{k,t}$ 代表 k 年期長期利率, R_t 代表 1 年期短期利率, e_t 代表 $I(0)$ 的期限溢價 (term premium)。根據利率期限結構的預期理論 (the expectations theory of the term structure of interest rates), 長期利率與短期利率之間的關係為

$$R_{k,t} = \frac{\sum_{j=1}^{k} E_t(R_{t+j})}{k} + e_t,$$

其中, $E_t(R_{t+j})$ 為對於第 $t+j$ 期的 1 年期短期利率以第 t 期的資訊集合所做的預期。假設 R_t 為一隨機漫步序列:

$$R_t = R_{t-1} + u_t,$$

$$u_t \sim^{i.i.d.} N(0,1).$$

我們知道[6]

$$E_t(R_{t+j}) = R_t,$$

---

[6] 你需要 (1) $E_t(R_{t+1}) = R_t$ 以及 (2) 運用多次雙重期望值法則 (law of iterated expectations): $E_t(R_{t+2}) = E_t(E_{t+1}(R_{t+2})) = E_t(R_{t+1}) = R_t, \ldots$。參見 陳旭昇 (2012)。

因此, 根據以上模型,

$$R_{k,t} = \frac{\sum_{j=1}^{k} E_t(R_{t+j})}{k} + e_t,$$
$$= \frac{\sum_{j=1}^{k} R_t}{k} + e_t,$$
$$= \frac{kR_t}{k} + e_t,$$
$$= R_t + e_t.$$

亦即

$$R_{k,t} - R_t = e_t \sim I(0).$$

也就是說, **經濟理論告訴我們長期利率與短期利率之間存在共整合關係**, 且共整合向量為

$$\begin{bmatrix} 1 \\ -1 \end{bmatrix}$$

1. 打開 EViews 的 Workfile: Tbill_us1953, 裡面有兩個變數, 分別是美國 1 年期與 10 年期的國庫券利率 (TB1Y 與 TB10Y)

2. 我們同時點選此兩序列, 然後按右鍵: **Open/as Group**, 一個 **Group** 的視窗就會跳出來

3. 接著按 **View/Cointegration Test...**, 選擇 **Summary**, **Lag intervals** 輸入 {1 2} (亦即 $p = 3$),

4. 然後按確定, 就會得到圖 12.2 之結果。這就是 EViews 所提供的彙整功能。

注意到 AIC 與 BIC 選擇了設定 1 或設定 2, 以及一個共整合關係 ($r = 1$)。因此, 我們就 (任意地決定) 以設定 2 來估計 (利用設定 1 的估計結果相差不大)。

12.7 共整合分析的實例應用: 利率期限結構

圖 12.2: Johansen 共整合檢定彙整

Johansen Cointegration Test Summary

```
Date: 09/28/07   Time: 11:01
Sample: 1953:04 2007:08
Included observations: 650
Series: TB10Y TB1Y
Lags interval: 1 to 2

Selected (0.05 level*) Number of Cointegrating Relations by Model
```

Data Trend:	None	None	Linear	Linear	Quadratic
Test Type	No Intercept No Trend	Intercept No Trend	Intercept No Trend	Intercept Trend	Intercept Trend
Trace	1	1	1	1	1
Max-Eig	1	1	1	1	1

*Critical values based on MacKinnon-Haug-Michelis (1999)

Information Criteria by Rank and Model

Data Trend:	None	None	Linear	Linear	Quadratic
Rank or No. of CEs	No Intercept No Trend	Intercept No Trend	Intercept No Trend	Intercept Trend	Intercept Trend

Log Likelihood by Rank (rows) and Model (columns)

0	-38.57848	-38.57848	-38.55729	-38.55729	-37.67581
1	-27.44751	-26.76398	-26.74540	-26.58896	-26.06273
2	-27.32287	-24.98760	-24.98760	-24.72795	-24.72795

Akaike Information Criteria by Rank (rows) and Model (columns)

0	0.143318	0.143318	0.149407	0.149407	0.152849
1	0.121377*	0.122351	0.125370	0.127966	0.129424
2	0.133301	0.132270	0.132270	0.137624	0.137624

Schwarz Criteria by Rank (rows) and Model (columns)

0	0.198420*	0.198420*	0.218284	0.218284	0.235500
1	0.204029	0.211890	0.221798	0.231281	0.239626
2	0.243504	0.256247	0.256247	0.275377	0.275377

1. 我們再按一次 **View/Cointegration Test...**

2. 選擇 **2) Intercept (no trend) in CE - no intercept in VAR**

按確定後就會得到圖 12.3 之結果。其中包含的資訊有:

1. 跡檢定量

2. 最大特性根檢定量

3. β 與 α 在未受限制或是說滿秩 (full rank) 下的估計式 (此時假設 $y_t \sim I(0)$)

4. 共整合關係

5. 誤差修正項的調整係數

接下來, 我們估計向量誤差修正模型 (VECM)。

1. 按 **Proc/Make Vector Autoregression...**

2. 在 **Basics** 下選擇 **Vector Error Correction**

3. 在 **Cointegration** 下選擇設定 2

然後按確定, 就會得到如圖 12.4 的結果。亦即, 我們得到的共整合關係為

$$R_{10,t} = 0.74 + 1.01 R_t,$$

其中, R_t 代表 1 年期利率, $R_{10,t}$ 代表 10 年期利率。令

$$\widehat{EC}_t = R_{10,t} - 0.74 - 1.01 R_t,$$

圖 12.3: Johansen 共整合檢定: 設定 2

Johansen Cointegration Test

```
Date: 09/28/07   Time: 12:14
Sample (adjusted): 1953:07 2007:08
Included observations: 650 after adjustments
Trend assumption: No deterministic trend (restricted constant)
Series: TB10Y TB1Y
Lags interval (in first differences): 1 to 2
```

Unrestricted Cointegration Rank Test (Trace)

Hypothesized No. of CE(s)	Eigenvalue	Trace Statistic	0.05 Critical Value	Prob.**
None *	0.035700	27.18177	20.26184	0.0047
At most 1	0.005451	3.552763	9.164546	0.4828

Trace test indicates 1 cointegrating eqn(s) at the 0.05 level
* denotes rejection of the hypothesis at the 0.05 level
**MacKinnon-Haug-Michelis (1999) p-values

Unrestricted Cointegration Rank Test (Maximum Eigenvalue)

Hypothesized No. of CE(s)	Eigenvalue	Max-Eigen Statistic	0.05 Critical Value	Prob.**
None *	0.035700	23.62900	15.89210	0.0025
At most 1	0.005451	3.552763	9.164546	0.4828

Max-eigenvalue test indicates 1 cointegrating eqn(s) at the 0.05 level
* denotes rejection of the hypothesis at the 0.05 level
**MacKinnon-Haug-Michelis (1999) p-values

Unrestricted Cointegrating Coefficients (normalized by b'*S11*b=I):

TB10Y	TB1Y	C
-0.980920	0.993486	0.725066
0.489399	-0.115326	-2.620457

Unrestricted Adjustment Coefficients (alpha):

| D(TB10Y) | 0.013560 | -0.018140 |
| D(TB1Y) | -0.027661 | -0.026910 |

1 Cointegrating Equation(s):   Log likelihood   -26.76398

Normalized cointegrating coefficients (standard error in parentheses)

TB10Y	TB1Y	C
1.000000	-1.012811	-0.739169
	(0.07126)	(0.45594)

Adjustment coefficients (standard error in parentheses)

D(TB10Y)	-0.013302
	(0.00987)
D(TB1Y)	0.027133
	(0.01513)

圖12.4: 向量誤差修正模型

Vector Error Correction Estimates

```
Vector Error Correction Estimates
Date: 09/28/07   Time: 12:18
Sample (adjusted): 1953:07 2007:08
Included observations: 650 after adjustments
Standard errors in ( ) & t-statistics in [ ]
```

Cointegrating Eq:	CointEq1	
TB10Y(-1)	1.000000	
TB1Y(-1)	-1.012811 (0.07126) [-14.2130]	
C	-0.739169 (0.45594) [-1.62121]	

Error Correction:	D(TB10Y)	D(TB1Y)
CointEq1	-0.013302 (0.00987) [-1.34733]	0.027133 (0.01513) [1.79295]
D(TB10Y(-1))	0.405960 (0.06287) [6.45733]	0.340409 (0.09637) [3.53243]
D(TB10Y(-2))	-0.283583 (0.06299) [-4.50227]	-0.269501 (0.09655) [-2.79135]
D(TB1Y(-1))	-0.018657 (0.04070) [-0.45835]	0.288299 (0.06239) [4.62066]
D(TB1Y(-2))	0.035564 (0.04036) [0.88108]	-0.082498 (0.06187) [-1.33338]

R-squared	0.150223	0.204804
Adj. R-squared	0.144953	0.199872
Sum sq. resids	42.46952	99.78672
S.E. equation	0.256601	0.393329
F-statistic	28.50569	41.53016
Log likelihood	-35.64967	-313.2804
Akaike AIC	0.125076	0.979324
Schwarz SC	0.159514	1.013763
Mean dependent	0.002400	0.003108
S.D. dependent	0.277501	0.439721

Determinant resid covariance (dof adj.)	0.003780
Determinant resid covariance	0.003722
Log likelihood	-26.76398
Akaike information criterion	0.122351
Schwarz criterion	0.211890

則 VECM 為

$$\widehat{\Delta R_{10,t}} = -0.01\widehat{EC}_{t-1} + 0.41\Delta R_{10,t-1} - 0.28\Delta R_{10,t-2} - 0.02\Delta R_{t-1} + 0.04\Delta R_{t-2},$$

$$\widehat{\Delta R_t} = 0.03\widehat{EC}_{t-1} + 0.34\Delta R_{10,t-1} - 0.27\Delta R_{10,t-2} + 0.29\Delta R_{t-1} - 0.08\Delta R_{t-2},$$

1. 注意到在 $\Delta R_{10,t}$ 的方程式中，$\widehat{EC}_{t-1}$ 的係數為負值，代表當長期利率與短期利率脫離其長期均衡關係 (共整合關係): 譬如說，當 $R_{10,t} > 0.74 + 1.01 R_t$ 時，長期利率會下跌 ($\Delta R_{10,t} < 0$)，以回復長期均衡。同理，由於 ΔR_t 的方程式中，$\widehat{EC}_{t-1}$ 的係數為正值，當 $R_{10,t} > 0.74 + 1.01 R_t$ 時，則短期利率會上漲 ($\Delta R_t > 0$)，以回復長期均衡。

2. 理論上的共整合向量 $\beta = [1 \quad -1]'$，而我們的估計式為 $\hat{\beta} = [1 \quad -1.01]'$，我們可以針對此理論模型做假設檢定。亦即，檢定 $\beta = [1 \quad -1]'$ 的虛無假設。在 EViews 的做法為，

    (a) 按 **Proc/Make Vector Autoregression...**
    (b) 在 **Basics** 下選擇 **Vector Error Correction**
    (c) 在 **Cointegration** 下選擇設定 2
    (d) 在 **VEC Restrictions** 下按 **Impose Restrictions**
    (e) 然後在視窗中輸入

    B(1,1)=1, B(1,2)=-1

    意指我們限制共整合向量為 $[1 \quad -1]'$

按確定就會得到如圖 12.5 的結果。

我們不難發現，檢定虛無假設 $\beta = [1 \quad -1]'$ 的統計值為 0.02，p-value 為 0.879，亦即我們無法拒絕此利率期限結構理論模型。

圖12.5: 向量誤差修正模型: 加上理論共整合向量的限制

Vector Error Correction Estimates

Vector Error Correction Estimates Date: 09/28/07　Time: 12:28 Sample (adjusted): 1953:07 2007:08 Included observations: 650 after adjustments Standard errors in ( ) & t-statistics in [ ]		
Cointegration Restrictions: 　B(1,1)=1, B(1,2)=-1 Convergence achieved after 1 iterations. Restrictions identify all cointegrating vectors LR test for binding restrictions (rank = 1): Chi-square(1)　　　　0.023149 Probability　　　　　0.879070		
Cointegrating Eq:	CointEq1	
TB10Y(-1)	1.000000	
TB1Y(-1)	-1.000000	
C	-0.793785	
Error Correction:	D(TB10Y)	D(TB1Y)
CointEq1	-0.014083 (0.01004) [-1.40267]	0.026708 (0.01539) [1.73489]
D(TB10Y(-1))	0.405906 (0.06291) [6.45264]	0.339904 (0.09645) [3.52408]
D(TB10Y(-2))	-0.283389 (0.06303) [-4.49606]	-0.269898 (0.09664) [-2.79271]
D(TB1Y(-1))	-0.018788 (0.04073) [-0.46127]	0.288395 (0.06245) [4.61779]
D(TB1Y(-2))	0.035143 (0.04040) [0.86991]	-0.082861 (0.06194) [-1.33772]
C	0.002103 (0.01007) [0.20880]	0.002262 (0.01544) [0.14645]
R-squared Adj. R-squared Sum sq. resids S.E. equation F-statistic Log likelihood Akaike AIC Schwarz SC Mean dependent S.D. dependent	0.150482 0.143886 42.45657 0.256761 22.81540 -35.55060 0.127848 0.169174 0.002400 0.277501	0.204586 0.198411 99.81399 0.393689 33.12835 -313.3693 0.982675 1.024001 0.003108 0.439721
Determinant resid covariance (dof adj.) Determinant resid covariance Log likelihood Akaike information criterion Schwarz criterion		0.003792 0.003722 -26.75697 0.125406 0.221833

12.7 共整合分析的實例應用: 利率期限結構

12.8 關於共整合分析

1. 共整合關係是一個很神奇的東西, 數個 I(1) 的非定態序列做了線性組合後, 竟然會產生一個 I(0) 的定態序列! 根據 Clive W. Granger 教授之說法, 他當初會發現共整合這個概念是為了證明「沒有共整合這種現象」。

   > ...I am often asked how the idea of cointegration came about; was it the result of logical deduction or a flash of inspiration? In fact, it was rather more prosaic. A colleague, David Hendry, stated that the difference between a pair of integrated series could be stationary. My response was that it could be proved that he was wrong, but in attempting to do so, I showed that he was correct, and generalized it to cointegration, and proved the consequences such as the error-correction representation.

   見 Granger (2004)。

2. 然而,「共整合」原本純為統計上的概念, 對於共整合分析的適當應用為: 給定一經濟模型, 模型中的 I(1) 變數根據經濟理論在某些線性組合下可為定態, 接下來以共整合檢定驗證經濟理論 (如我們上一節的利率期限結構理論)。一般常見的不適當做法為隨意找一組 I(1) 變數, 做共整合分析並得到統計上共整合關係, 就冒然宣稱變數之間存在的經濟關係。統計上的共整合關係只是建議變數之間存在一個看不見的共同變因 (hidden common factor), 至於這個共同變因是什麼, 則有賴經濟理論, 經濟制度, 或是總體經濟環境等之啓迪。參見 Johansen (2000) 的討論。

3. 舉例來說, 最常被誤用的概念就是, 錯把統計上的共整合與經濟整合或是金融整合混在一起。你把不同國家的股票價格 (或是匯率) 找來做共整合檢定, 發現共整合關係, 然後就下結論說亞洲各國的股票市場 (外匯市場) 具有相當程度的金融整合, 顯然是不適當的。除非你能夠建構一個經濟模型說明金融整合隱含各國股票價格 (或是匯率) 有共整合關係, 接下來再以共整合檢定驗證之。

4. 再從另外一個角度來看, 假設各國股票價格爲 I(1) 序列且存在共整合關係; 則各國股票報酬爲 I(0), 自然沒有所謂的共整合關係。如果我們貿然地將共整合關係詮釋爲金融整合, 則弔詭的是, 同樣的股票市場, 何以「價格」告訴我們有金融整合, 而「報酬」卻又隱含金融整合不存在? 此外, 另外一個常見的不適當應用, 就是將共整合與市場效率性混在一起。參見 Lence and Falk (2005), Engel (1996b)。

5. 共整合分析只能應用在所有序列均爲 I(1), 要應用共整合分析前, 我們必須先透過單根檢定確認序列爲 I(1), 而單根檢定的檢定力已於第 6 章討論過, 令人堪慮。

6. 實務上我們常會碰到研究的變數有的爲 I(0), 有的爲 I(1), VAR 體系中有 I(0) 與 I(1) 序列的混合, 此時應用共整合分析就不恰當。對於這些問題, 建議讀者參考以下兩文獻:

12.8 關於共整合分析 · 311 ·

(a) Toda, Hiro Y., and Taku Yamamoto (1995) "Statistical Inference in Vector Autoregressions with Possibly Integrated Processes", *Journal of Econometrics*, 66, pp. 225-250.

(b) Pesaran, M. Hashem, Yongcheol Shin, and Richard J. Smith (2001) "Bounds Testing Approaches to the Analysis of Level Relationships," *Journal of Applied Econometrics*, 16(3), pp. 289-326.

12.9　附錄

§ 12.9.1　以最大概似法估計共整合關係

給定 $y_t \sim I(1)$,

$$y_t = \Phi_1 y_{t-1} + \Phi_2 y_{t-2} + \cdots + \Phi_p y_{t-p} + \varepsilon_t.$$

其中, 我們假設 ε_t 服從常態分配,

$$\varepsilon_t \sim^{i.i.d.} N(0, \Omega).$$

我們可將 y_t 改寫成

$$\Delta y_t = \Pi y_{t-1} + \sum_{j=1}^{p-1} D_j \Delta y_{t-j} + \varepsilon_t.$$

其中,

$$D_j = -\sum_{s=j+1}^{p} \Phi_s,$$

$$\Pi = -\Phi(1) = -(I - \Phi_1 - \Phi_2 - \cdots - \Phi_p).$$

由於 y_t 為 I(1), Δy_t 為 I(0), 則 Π 矩陣不能為滿秩 (full rank), 且 Π 矩陣可寫成

$$\Pi = \alpha \beta'$$

因此,

$$\Delta y_t = \alpha \beta' y_{t-1} + \sum_{j=1}^{p-1} D_j \Delta y_{t-j} + \varepsilon_t.$$

我們的目標就是要將 α 與 β 以最大概似法估計出來。

1. 我們將 Δy_t 對 $\Delta y_{t-1}, \Delta y_{t-2}, \ldots, \Delta y_{t-p+1}$ 估計迴歸模型, 得到迴歸殘差 r_{ot}, 接下來將 y_{t-1} 對 $\Delta y_{t-1}, \Delta y_{t-2}, \ldots, \Delta y_{t-p+1}$ 估計迴歸模型, 得到迴歸殘差 r_{1t}, 根據 Frisch-Waugh-Lovell 定理, 我們知道

$$r_{ot} = \alpha \beta' r_{1t} + u_t.$$

我們將上式寫成矩陣形式

$$R_o = R_1 \beta \alpha' + U.$$

令

$$S_{oo} = \frac{\sum r_{ot} r'_{ot}}{T} = \frac{1}{T} R'_o R_o,$$

$$S_{11} = \frac{\sum r_{1t} r'_{1t}}{T} = \frac{1}{T} R'_1 R_1,$$

$$S_{o1} = \frac{\sum r_{ot} r'_{1t}}{T} = \frac{1}{T} R'_o R_1,$$

$$S_{1o} = \frac{\sum r_{1t} r'_{ot}}{T} = \frac{1}{T} R'_1 R_o = S'_{o1}.$$

則對數概似函數可以寫成

$$\log \mathcal{L} = \frac{-T}{2} \log |\Omega| - \sum_t u'_t \Omega^{-1} u_t.$$

將 Ω 的 MLE，$\hat{\Omega} = \frac{1}{T}\sum_t \hat{u}_t \hat{u}_t'$ 帶入可得

$$\log \mathcal{L}(\alpha, \beta) = \frac{-T}{2}\log|\hat{\Omega}(\alpha,\beta)|$$

注意到

$$\begin{aligned}
\hat{\Omega} &= \frac{1}{T}\sum_t \hat{u}_t \hat{u}_t' \\
&= \frac{1}{T}U'U \\
&= \frac{1}{T}(R_0 - R_1\beta\alpha')'(R_0 - R_1\beta\alpha') \\
&= S_{00} - S_{01}\beta\alpha' - \alpha\beta'S_{10} + \alpha\beta'S_{11}\beta\alpha'
\end{aligned}$$

2. 接下來，我們先假設 β 為固定不變，找出 α 的估計式 $\hat{\alpha}(\beta)$，然後再找 β 的 MLE。亦即，

$$R_0 = \underbrace{R_1\beta}_{Z}\alpha' + U = Z\alpha' + U,$$

則

$$\begin{aligned}
\hat{\alpha}(\beta) &= ((Z'Z)^{-1}Z'R_0)', \\
&= \left(\left(\beta'\frac{1}{T}R_1'R_1\beta\right)^{-1}\beta'\frac{1}{T}R_1'R_0\right)', \\
&= ((\beta'S_{11}\beta)^{-1}\beta'S_{10})', \\
&= S_{01}\beta(\beta'S_{11}\beta)^{-1}.
\end{aligned}$$

代回對數概似函數，

$$\log \mathcal{L}(\hat{\alpha}(\beta), \beta) = -\frac{T}{2}\log|\hat{\Omega}(\hat{\alpha}(\beta),\beta)|,$$

或是寫成

$$\log \mathcal{L}(\beta) = -\frac{T}{2}\log|\hat{\Omega}(\beta)|.$$

其中,
$$\hat{\Omega}(\beta) = S_{00} - S_{01}\beta(\beta' S_{11}\beta)^{-1}\beta' S_{10}.$$

因此,
$$\hat{\beta} = \arg\max \log \mathcal{L}(\beta)$$

就等於
$$\hat{\beta} = \arg\min |\hat{\Omega}(\beta)| = \arg\min |S_{00} - S_{01}\beta(\beta' S_{11}\beta)^{-1}\beta' S_{10}|$$

3. 注意到在步驟 1 與 2 中,我們將 $\hat{\Omega}$ 以及 $\hat{\alpha}$ 消去,使原來的概似函數變成濃縮概似函數 (concentrated likelihood function),其運作原理來自最大概似估計式的帶入原則 (invariance principle)。

4. 根據線性代數性質,極小化 $|S_{00} - S_{01}\beta(\beta' S_{11}\beta)^{-1}\beta' S_{10}|$ 就等於是解以下特性根問題 (eigenvalue problem),

$$|\lambda S_{11} - S_{10} S_{00}^{-1} S_{01}| = 0.$$

加入標準化條件 (normalizing condition): $\beta' S_{11}\beta = I$,[7] 我們可以得到特性根

$$\hat{\lambda}_1 > \hat{\lambda}_2 > \cdots > \hat{\lambda}_r > \hat{\lambda}_{r+1} > \cdots > \hat{\lambda}_k \geq 0,$$

以及對應的標準化特性向量,

$$\hat{h}_1, \hat{h}_2, \ldots, \hat{h}_k.$$

則 β 的 MLE 就是

$$\hat{\beta} = (\hat{h}_1, \hat{h}_2, \ldots, \hat{h}_r),$$

---
[7]對於特性向量 (eigenvectors) 標準化。

而
$$\hat{\alpha} = S_{01}\hat{\beta}.$$

習 題

1. 表 12.2 報告 最大特性根 (λ_{max}) 統計量。

表 12.2: Cointegration Tests: Max-eigenvalue Test

Number of Cointegrating Vector	Eigenvalue	Max-Eigen Statistic	5 Percent Critical Value	1 Percent Critical Value
0	0.33	41.93	34.40	39.79
At most 1	0.24	29.10	28.14	33.24
At most 2	0.14	16.28	22.00	26.81
At most 3	0.08	8.53	15.67	20.20
At most 4	0.03	3.24	9.24	12.97

(a) 在 5% 顯著水準下, 最大特性根檢定建議存在幾個共整合關係?

(b) 在 1% 顯著水準下, 最大特性根檢定建議存在幾個共整合關係?

2. 再探購買力平價 (PPP)

(a) 到主計處網站下載台灣的 1981M1 到 2006M12 的月資料:

  i. 消費者物價基本分類-總指數 (物價統計/消費者物價指數)

  ii. 美元即期匯率-銀行間收盤匯率 (中央銀行金融統計/外匯匯率-美元即期匯率)

將資料叫入 EViews, 並分別命名為 **cpitw** 以及 **S**.

(b) 到美國聖路易斯的聯邦儲備銀行 (Federal Reserve Bank of St. Louis) 所建構的聯邦儲備經濟資料 (Federal Reserve Economic Data, FRED): (http://research.stlouisfed.org/fred2/) 下載美國 1981M1 到 2006M12 的月資料:

　　i. CPIAUCSL (Consumer Price Index For All Urban Consumers: All Items), 消費者物價指數

將資料叫入 EViews, 並命名為 **cpius**.

(c) 利用 Engle-Granger 兩階段程序檢定此三變數是否具共整合關係。報告你所估計的共整合向量。

(d) 利用 Johansen 程序檢定此三變數是否具共整合關係。報告你所估計的共整合向量。

13 ARCH-GARCH 模型

- 時間序列的波動性
- ARCH 模型
- GARCH 模型
- 檢定 ARCH 效果
- GARCH 模型的擴充
- GARCH 模型的最大概似估計
- GARCH 模型的實例應用: 央行在外匯市場的干預

本章介紹財務金融研究中常用的計量模型: ARCH-GARCH 模型。我們首先介紹 ARCH 以及 GARCH 的概念, 接下來說明 GARCH 模型的擴充與應用。

©陳旭昇 (February 4, 2013)

13.1 時間序列的波動性

我們將在本章探討時間序列的波動性, 更精確地說, 所謂的波動性就是資產報酬的條件變異數 (conditional variance)。我們在之前各章的討論中, 都假設時間序列的條件變異數不會因時點 t 改變而改變。舉例來說, 考慮簡單的 AR(1) 模型:

$$y_{t+1} = \beta_1 y_t + \varepsilon_{t+1},$$

$$\varepsilon_t \sim^{i.i.d.} (0, \sigma^2).$$

因此, y_{t+1} 條件期望值

$$E_t(y_{t+1}) = E_t(\beta_1 y_t + \varepsilon_{t+1}) = \beta_1 y_t$$

會隨著時點 t 改變而改變。y_{t+1} 條件變異數

$$\begin{aligned} Var_t(y_{t+1}) &= Var_t(\beta_1 y_t + \varepsilon_{t+1}) \\ &= Var_t(\beta_1 y_t) + Var_t(\varepsilon_{t+1}) \\ &= \beta_1^2 Var_t(y_t) + Var(\varepsilon_{t+1}) \\ &= 0 + \sigma^2 = \sigma^2 \end{aligned}$$

卻不會因時點 t 改變而改變。其中 $Var_t(y_t) = 0$ 係因為 y_t 在給定 t 期的資訊集合下為常數。而 $Var_t(\varepsilon_{t+1}) = Var(\varepsilon_{t+1})$ 係因為 ε_t 為 i.i.d. 序列。

一般而言, 資產報酬序列有以下重大特徵:

1. 條件變異數似乎是因時點 t 改變而改變。

2. 波動具有很強的持續性, 亦即大波動伴隨著大波動, 小波動緊跟著小波動, 是謂「波動的群聚現象」(volatility clustering)。

圖13.1: 道瓊指數月報酬率, 1990:1–1999:12

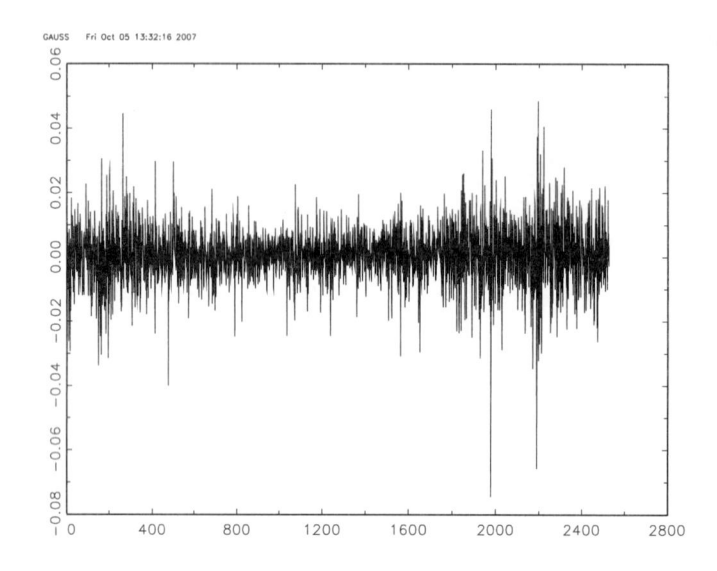

3. 資產報酬序列的實證分配 (empirical distribution) 具有厚尾 (heavy tail) 現象 (極端值較多)。

圖 13.1 畫出了道瓊指數月報酬率 (monthly returns of the Dow-Jones index), 1990:1–1999:12。我們不難看出之前提到的特徵: 波動因時點改變而改變以及群聚現象。此外, 為了衡量其實證分配的厚尾現象, 我們計算其峰態係數 (Kurtosis) 為 8.201159, 而常態分配的峰態係數為 3, 亦即, 資產報酬序列的實證分配比常態分配更為高狹, 尾部的機率密度較高。

我將道瓊指數月報酬率的實證分配 (實線) 與標準常態分配 (虛線) 畫在圖 13.2。顯然地, 常態分配並不適用於股票報酬, 股票報酬的分配較高 (taller) 也較瘦 (skinner), 且存在較厚的尾部 (fatter tails)。

資產報酬序列之三大特點: 因時而變, 群聚現象與厚尾現象, 都可以利用 ARCH-GARCH 模型捕捉。然而, 我必須先強調的是:

· 320 ·   ARCH-GARCH 模型

圖13.2: 道瓊指數月報酬率實證分配 (實線) 與標準常態分配 (虛線)

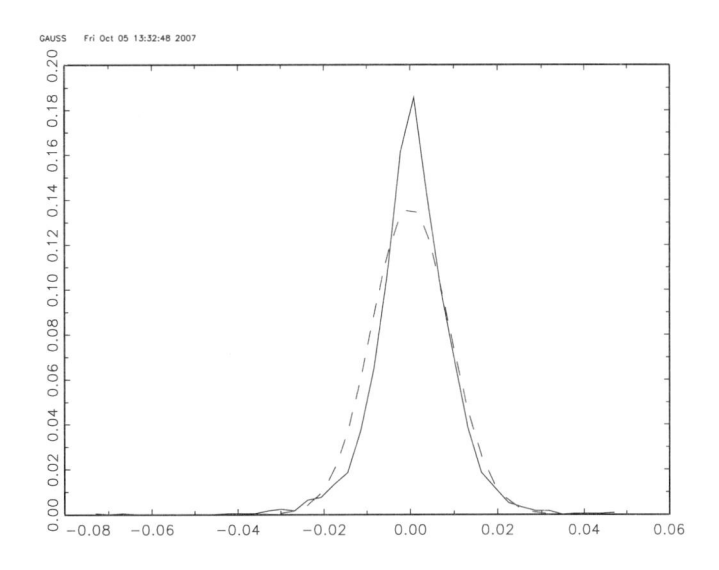

> ARCH-GARCH 模型是一個完全單純的統計模型, 它只是「捕捉」到資產報酬序列的特徵, 卻不是用來「解釋」為何資產報酬序列有這些特徵。它只是提供了一個「機械式」的方法 (mechanical way) 來描繪資產報酬序列的條件變異數。

13.2 ARCH 模型

ARCH 模型全名為「自我迴歸條件異質變異」模型 (AutoRegressive Conditional Heteroskedasticity Model), 係由 Robert Engle 所提出,[1] 參見 Engle (1982)。考慮以下資產報酬模型,

$$y_t = \mu + \varepsilon_t, \tag{1}$$

---

[1]Robert Engle 為 2003 年諾貝爾經濟學獎得主。

其中

$$E(\varepsilon_t) = 0, \quad E(\varepsilon_t^2) = \sigma^2 > 0, \quad 且 \quad E(\varepsilon_t \varepsilon_{t-j}) = 0, \forall j \neq 0.$$

而 ARCH 模型的主要概念就是, 既然波動具有群聚現象, 何不就令 ε_t 的條件變異數 σ_t^2 與前期 ε_t 的平方有正相關:

$$\sigma_t^2 = c + \sum_{i=1}^{q} \alpha_i \varepsilon_{t-i}^2 + u_t, \tag{2}$$

其中

$$u_t \sim^{i.i.d.} (0, 1).$$

如果 ε_t 的條件變異數如上所示, 則我們稱 ε_t 服從一 ARCH(q) 過程 (ARCH(q) process), 以

$$\varepsilon_t \sim \text{ARCH}(q)$$

示之。為了保證 $\sigma_t^2 > 0$, 我們必須限制 $c \geq 0, \alpha_i \geq 0, \forall i,$ 且

$$1 - \alpha_1 z - \alpha_2 z^2 - \cdots - \alpha_q z^q = 0$$

的所有根都要落在單位圓之外。把這些條件彙整在一起, 也就是要求

$$\sum_{i=1}^{q} \alpha_i < 1.$$

總結來說, 最簡單的 ARCH 模型中包含兩個方程式。

1. 均數方程式: 資產報酬率的均數為常數, 如式 (1) 所示。對於均數方程式, 我們可以設定成更為複雜的 ARMA 模型。

2. 變異數方程式: 它的變異數與前期 ε_t 的平方有正相關, 如式 (2) 所示。

我們可以用另一種方式表示 ARCH(q) 過程。

定義 28. *(ARCH(q) 過程)*
$$\varepsilon_t = \sqrt{h_t} v_t,$$
其中 $v_t \sim^{i.i.d.} (0,1)$,
$$h_t = c + \sum_{i=1}^{q} \alpha_i \varepsilon_{t-i}^2,$$
且對於所有 $i > 0$, v_t 與 ε_{t-i} 為獨立。

因此，我們可以得到以下結果。

1. h_t 就是 ε_t 二階動差的條件期望值，
$$\begin{aligned} E_{t-1}(\varepsilon_t^2) &= E(\varepsilon_t^2 | I_{t-1}), \\ &= E(\varepsilon_t^2 | \varepsilon_{t-1}, \varepsilon_{t-2}, \ldots), \\ &= c + \sum_{i=1}^{q} \alpha_i \varepsilon_{t-i}^2, \\ &= h_t. \end{aligned}$$

2. ε_t 的條件期望值為零，
$$E_{t-1}(\varepsilon_t) = E(\varepsilon_t | I_{t-1}) = 0.$$

3. ε_t 的期望值為零，
$$E(\varepsilon_t) = 0.$$

4. ε_t 無序列相關，
$$E(\varepsilon_t \varepsilon_{t-j}) = 0, \text{ for } j \neq 0.$$

5. ε_t 的變異數為
$$\sigma^2 = E(\varepsilon_t^2) = \frac{c}{1 - \sum_{i=1}^{q} \alpha_i}.$$

13.3 GARCH 模型

Bollerslev (1986) 將 ARCH 過程擴充為一般化 ARCH 過程 (Generalized AutoRegressive Conditional Heteroskedasticity), 簡稱 GARCH 過程。

定義 29. *(GARCH(p,q) 過程)*

$$\varepsilon_t = v_t\sqrt{h_t},$$

其中 $v_t \sim^{i.i.d.} (0,1)$ 且

$$h_t = c + \sum_{i=1}^{q}\alpha_i\varepsilon_{t-i}^2 + \sum_{j=1}^{p}\beta_j h_{t-j}.$$

且對於所有 $i > 0$, v_t 與 ε_{t-i} 為獨立。我們稱之 GARCH(p,q) 過程 *(GARCH(p,q) process)*。

顯然地,

$$\sigma_t^2 = E_{t-1}(\varepsilon_t^2) = h_t.$$

此外, 為了保證 $\sigma_t^2 > 0$, 我們必須限制 $\alpha_i \geq 0$ for all i, $\beta_j \geq 0$ for all j 且

$$\sum_{i=1}^{q}\alpha_i + \sum_{j=1}^{p}\beta_j < 1.$$

最後值得注意的是, ε_t 的非條件變異數為

$$\sigma^2 = \frac{c}{1 - \sum_{i=1}^{q}\alpha_i - \sum_{j=1}^{p}\beta_j}.$$

13.4 檢定 ARCH 效果

Engle (1982) 建議以殘差來檢定 ARCH 效果。

- 步驟一: 對於均數建構一個適當的 ARMA 模型,並得到殘差 $\{\hat{\varepsilon}_t\}$ 與殘差的平方 $\{\hat{\varepsilon}_t^2\}$。

- 步驟二: 估計以下迴歸式

$$\hat{\varepsilon}_t^2 = a_0 + a_1 \hat{\varepsilon}_{t-1}^2 + u_t.$$

因此,如果不存在 ARCH 效果,則隱含 $a_1 = 0$,你可以據此檢定 ARCH 效果存在與否。

此外,如果不存在 ARCH 效果,則此迴歸式的解釋能力非常小,判定係數 R^2 也會很小。在「沒有 ARCH 效果」的虛無假設成立下,

$$T \times R^2 \xrightarrow{d} \chi^2(1).$$

13.5　GARCH 模型的擴充

GARCH 模型發展 20 多年來,已有許多變化與擴充。有興趣的讀者可參閱 Engle (2002) 以及 Li et al. (2002)。我只在這裡介紹幾個重要的 GARCH 模型之擴充。

§13.5.1　GARCH-M 模型

財務市場上,持有具風險之資產往往會要求風險貼水,亦即部分之資產報酬會由風險 (波動) 所決定。這樣的模型係由 Engle et al. (1987) 所提出,稱之為 GARCH in Mean 模型,簡稱 GARCH-mean。

$$y_t = \mu_t + \varepsilon_t,$$

$$\mu_t = \beta + \delta h_t,$$

$$\varepsilon_t = v_t\sqrt{h_t},$$
$$h_t = c + \sum_{i=1}^{q}\alpha_i\varepsilon_{t-i}^2 + \sum_{j=1}^{p}\beta_j h_{t-j},$$
$$v_t \sim^{i.i.d.} (0,1).$$

亦即, 在均數方程式中, 我們設定 μ_t 為 h_t 的函數。

§ 13.5.2　自積 GARCH 模型

在 GARCH(p,q) 模型中, 如果我們要求

$$\sum_{i=1}^{q}\alpha_i + \sum_{j=1}^{p}\beta_j = 1,$$

則 Engle and Bollerslev (1986) 稱之為自積 GARCH 模型 (integrated GARCH model), 簡稱 IGARCH。

§ 13.5.3　指數 GARCH 模型

注意到

$$\varepsilon_t = \sqrt{h_t}v_t,$$
$$v_t \sim^{i.i.d.} (0,1).$$

為了捕捉資產報酬為正或是為負對於財務波動產生非對稱效果, 亦即壞消息 (負的資產報酬) 對於資產報酬未來的波動較好消息 (正的資產報酬) 的影響來得大。這種現象又稱「槓桿效應」(leverage effect)。

Nelson (1991) 提出一個新的設定: 指數 GARCH 模型 (exponential GARCH model, 簡稱 EGARCH) 以捕捉當期資產報酬與資產報酬未來的波動之間的不對稱關係。

$$\log h_t = c + \sum_{i=1}^{q}\alpha_i g(v_{t-i}) + \sum_{j=1}^{p}\gamma_j \log h_{t-j},$$

$$g(v_t) = \theta v_t + |v_t| - E|v_t|,$$

$$v_t = \frac{\varepsilon_t}{\sqrt{h_t}},$$

$$v_t \sim^{i.i.d.} N(0,1).$$

注意到給定 v_t 為標準常態, 則

$$E|v_t| = \left(\frac{2}{\pi}\right)^{0.5}$$

我們將 EGARCH 模型的性質彙整如下。

1. 如果 v_t 為正向的衝擊 ($v_t > 0$), 則 $g(v_t)$ 為 v_t 的線性函數且斜率為 $\theta + 1$。如果 v_t 為負向的衝擊 ($v_t < 0$), 則 $g(v_t)$ 為 v_t 的線性函數且斜率為 $\theta - 1$。這就是「槓桿效應」。

2. 在變異數方程式放的是 ε_{t-i} 的標準數: $v_{t-i} = (\varepsilon_{t-i}/\sqrt{h_{t-i}})$, 而非 ε_{t-i} 本身。

3. 由於變異數方程式設定為條件變異數的對數, 則 EGARCH 在估計時, 不須限制係數必須為正。

13.6　GARCH 模型的最大概似估計

我們以一個簡單的迴歸模型為例子, 說明如何利用最大概似法估計 GARCH 模型。

$$y_t = b_0 + b_1 x_t + \varepsilon_t,$$

$$\varepsilon_t = v_t \sqrt{h_t},$$

$$h_t = c + \alpha_1 \varepsilon_{t-1}^2,$$

$$v_t \sim^{i.i.d.} N(0,1).$$

則最大概似函數可以寫成

$$\mathcal{L} = \prod_{t=1}^{T} \left(\frac{1}{\sqrt{2\pi h_t}}\right) \exp\left(\frac{-\varepsilon_t^2}{2h_t}\right).$$

因此, 對數最大概似函數為

$$\log \mathcal{L} = -\frac{T}{2}\log(2\pi) - \frac{1}{2}\sum_{i=1}^{T}\log h_t - \frac{1}{2}\sum_{i=1}^{T}\left(\frac{\varepsilon_t^2}{h_t}\right),$$
$$= -\frac{T-1}{2}\log(2\pi) - \frac{1}{2}\sum_{i=2}^{T}\log(c+\alpha_1\varepsilon_{t-1}^2) - \frac{1}{2}\sum_{i=2}^{T}\left[\frac{(y_t - b_0 - b_1 x_t)^2}{c + \alpha_1 \varepsilon_{t-1}^2}\right].$$

由於一階條件為非線性函數, 我們必須以數值方法來找出 c, α_1, b_0 以及 b_1 的極大值。

13.7 GARCH 模型的實例應用: 央行在外匯市場的干預

匯率是外匯資產的價格, 則 GARCH 模型也能應用到外匯報酬率。[2] 此外, 根據第 10 章的討論, 我們知道台灣的央行在外匯市場干預甚深。根據央行的宣稱, 干預是為了穩定市場, 降低市場波動。亦即將匯率控制在「反映我國經濟基本面」的匯率水準附近, 避免出現過度波動。

央行匯率干預是否有效, 學者之間仍有爭論。為分析干預政策是否有效, 研究者區分沖銷性干預 (sterilized intervention) 與非沖銷性干預 (non-sterilized intervention)。前者是指央行為了干預匯率而購入外匯之後, 隨即又進行沖銷動作以維持國內貨幣供給的穩定。顯然, 在非沖銷性干預政策中, 國內貨幣供給會隨著干預政策而變動, 進而可能影響利率與匯率等變數。Sarno and Taylor (2001) 的文獻回顧指出, 研究者的共識是, 非沖銷性干預的確會造成匯率的變動; 但沖銷性干預是否有效則無定論。

---

[2] 本節內容主要參考 陳旭昇・吳聰敏 (2007)。

在國際金融理論中,匯率的波動主要來自以下三種因素:

1. 市場基本面的波動 (volatility in market fundamentals),

2. 預期的變動 (changes in expectations)

3. 投機活動 (speculative activities)。

我們可以由一個簡單的理性預期匯率資產定價模型 (asset-pricing model) 來討論這些因素:

$$e_t = (1-\delta)\sum_{j=0}^{\infty} \delta^j E(f_{t+j}|\Omega_t), \qquad (3)$$

其中, e_t 為名目匯率, Ω_t 為第 t 期的資訊集合, δ 為折現因子 (discount factor), 而 f_t 就是第 t 期的基本面總體經濟變數。[3]

首先, 市場基本面 f_t 包含實質產出, 利率水準以及貨幣政策等總體經濟變數, f_t 的變動將直接影響匯率的波動。相對而言, 預期的變動則是透過 Ω_t 的改變影響匯率的波動。預期的變動可能來自於 (a) 對未來市場基本面預期的改變, 以及 (b) 市場參與者對自己的預期的信心程度 (亦即對於自己預期的正確性有多大把握)。舉例來說, 如果投資人對於自己的預期充滿不確定感, 則任何新的資訊進入市場, 都會使投資人不斷更新他的預期, 進而不斷改變其買進賣出的交易決策, 最終造成匯率的波動。最後, 匯率的波動可能來自與市場基本面 (現今的基本面或是預期的未來基本面) 完全無關的投機活動。譬如, 自我預言實現的匯價變動 (self-fulfilling exchange rate movements) 或是雜訊交易行為 (noise trading) 的存在等。

---

[3] (3) 式可由許多匯率決定的理論模型所導出。例如, Money-Income models, 以及 Taylor-Rule models 等, 參見 Engel and West (2005) 之討論。

至於探討央行的外匯市場干預如何影響匯率的波動, 事實上就是探討央行干預如何影響上述三種因素。如果央行所執行的是沖銷性干預, 則干預政策並不會造成第一項基本面因素的變動。然而, 無論是沖銷性干預或是非沖銷性干預, 央行的干預 (以下以 I_t 表示) 會將 (3) 式改變成:

$$e_t = (1-\delta)\sum_{j=0}^{\infty}\delta^j E(f_{t+j}|\Omega_t + I_t). \tag{4}$$

此時, 央行的干預行為或是央行的干預宣告, 就如同是一個進入資訊集合的「訊號」(signal), $\Omega_t + I_t > \Omega_t$。而央行的干預可能增加或是降低匯率的波動, 端賴 I_t 的性質而定。

舉例來說, 如果央行明白宣示要捍衛匯率, 或是以行動表示捍衛匯率的決心。倘若央行的宣示或行動是可信 (creditable) 且明確 (unambiguous), 而外匯市場又是具有效率性, 則央行的干預可以降低匯率的波動。反之, 倘若央行的宣示或行動是不可信 (not creditable) 且模糊 (ambiguous), 投資人對於央行政策充滿狐疑, 則匯率的波動反而會因為央行干預所導致的不確定感而擴大。值得一提的是, 外匯市場是否具效率對於央行的干預效果亦有決定性的影響。如果外匯市場不具有效率性, 即便央行的宣示或行動是可信且明確, 央行干預亦無法降低匯率的波動 (參見 Dominguez (1998) 之討論)。

在此, 我們考慮以下簡單的 GARCH(2,1) 模型:

$$y_t = \mu + \rho y_{t-1} + \varepsilon_t,$$

$$\varepsilon_t = v_t\sqrt{h_t},$$

$$v_t \sim^{i.i.d.} (0,1),$$

$$h_t = c + \alpha_1\varepsilon_{t-1}^2 + \alpha_2\varepsilon_{t-2}^2 + \beta h_{t-1} + \theta|\Delta x_t|.$$

其中, y_t 為外匯報酬, x_t 為外匯存底。由於台灣的央行並未公布其外匯買賣之細節, 故我們無法得知央行之干預金額, 只能以外匯存底變動的絕對值 $|\Delta x_t|$ 作為央行干預金額, I_t, 的替代變數。

1. 打開 EViews 的 Workfile: intervention, 裡面有兩個變數, **dlex** (台灣的外匯報酬) 以及 **dfrabs** (台灣外匯存底變動的絕對值), 樣本期間為 1990:1-2003:4。在估計 GARCH 模型之前, 我們可以先檢定外匯報酬是否存在 ARCH/GARCH 效果

2. 按 **Quick/Estimate Equation...**, 然後輸入

    ```
    dlex c dlex(-1)
    ```

    按確定後得到估計結果

3. 在 **Equation** 的估計結果視窗中, 按

    View/Residual Test/Heteroskedasticity Test...,

4. 然後在 **Test type:** 選擇 **ARCH**, **Number of lags** 選擇 2

最後按 OK 就會得到圖 13.3 的檢定結果。由檢定結果我們知道, 無論是 χ^2 或是 F 檢定都拒絕「沒有 GARCH 效果」的虛無假設。

接下來, 我們估計一個 GARCH (1,2) 模型。

1. 按 **Quick/Estimate Equation...**,

2. 在下面的 **Estimation settings** 中的 **Method** 選擇 **ARCH**, 一個新的 **Equation Estimation** 視窗就會跳出來, 其中有許多 GARCH 模型的選項, 我們大多不改變

3. 在 **Mean equation** 輸入

13.7 GARCH 模型的實例應用: 央行在外匯市場的干預

圖13.3: ARCH/GARCH 效果檢定

Heteroskedasticity Test: ARCH			
F-statistic	4.016851	Prob. F(2,155)	0.0199
Obs*R-squared	7.785660	Prob. Chi-Square(2)	0.0204

Test Equation:
Dependent Variable: RESID^2
Method: Least Squares
Date: 09/30/07   Time: 17:02
Sample (adjusted): 1990M03 2003M04
Included observations: 158 after adjustments

	Coefficient	Std. Error	t-Statistic	Prob.
C	1.095074	0.369120	2.966715	0.0035
RESID^2(-1)	0.120398	0.079153	1.521070	0.1303
RESID^2(-2)	0.169849	0.079155	2.145781	0.0334

R-squared	0.049276	Mean dependent var	1.542859
Adjusted R-squared	0.037009	S.D. dependent var	4.262758
S.E. of regression	4.183134	Akaike info criterion	5.718803
Sum squared resid	2712.284	Schwarz criterion	5.776954
Log likelihood	-448.7855	Hannan-Quinn criter.	5.742419
F-statistic	4.016851	Durbin-Watson stat	2.119556
Prob(F-statistic)	0.019916		

```
dlex c dlex(-1)
```

4. **ARCH** 填入 2 ($q = 2$),

5. **GARCH** 填入 1 ($p = 1$)。

6. 最後, 在 **Variance regressors** 輸入 dfrabs 然後按確定, 就會得到圖 13.4 的估計結果。

顯然地, 由於 $\hat{\theta}$ = 0.030696 > 0, 亦即

$$\theta = \frac{\partial \sigma_t^2}{\partial |\triangle x_t|} > 0,$$

代表央行的干預並無法有效降低匯率的的波動程度, 反而會加劇其不穩定性!

簡而言之, 若外匯市場具有效率性, 而且央行的宣示或行動是可信且明確, 則干預政策可以降低匯率的波動。循此角度解釋, 對於外匯市場的交易者而言, 台灣央行的宣示或行動可能是模糊或不盡可信的, 匯率干預行動因而提高了匯市的不確定性, 導致匯率波動擴大。梁國樹 (1997) 曾指出:

> "穩定的政策減少人們的不確定性, 而能做出理想之決策。若政策不明確, 且經常有新而不同的政策說明, 則將引起各種猜測, 而增加不確定性。最近央行不僅發言甚多, 其所指政策方向又常改變, 且多「鬆中帶緊、緊中帶鬆」之類不明確之用語。今後最好能改爲具體、明確而且不隨便更改的政策目標乃至政策法則。"

這裡的實証結果支持其論點。

習 題

圖 13.4: 外匯報酬的 GARCH(2,1) 模型估計結果

```
Dependent Variable: DLEX
Method: ML - ARCH (Marquardt) - Normal distribution
Date: 09/30/07   Time: 17:24
Sample: 1990M01 2003M04
Included observations: 160
Convergence achieved after 36 iterations
Presample variance: backcast (parameter = 0.7)
GARCH = C(3) + C(4)*RESID(-1)^2 + C(5)*RESID(-2)^2 + C(6)*GARCH(-1)
    + C(7)*DFRABS
```

	Coefficient	Std. Error	z-Statistic	Prob.
C	0.096213	0.083330	1.154605	0.2483
DLEX(-1)	0.394814	0.086646	4.556658	0.0000
Variance Equation					
C	-0.046104	0.079641	-0.578901	0.5627
RESID(-1)^2	0.206585	0.082302	2.510071	0.0121
RESID(-2)^2	0.059253	0.119254	0.496864	0.6193
GARCH(-1)	0.489374	0.096487	5.071912	0.0000
DFRABS	0.030696	0.008802	3.487389	0.0005

R-squared	0.113810	Mean dependent var	0.179203
Adjusted R-squared	0.079057	S.D. dependent var	1.318267
S.E. of regression	1.265085	Akaike info criterion	3.035781
Sum squared resid	244.8674	Schwarz criterion	3.170319
Log likelihood	-235.8624	Hannan-Quinn criter.	3.090412
F-statistic	3.274853	Durbin-Watson stat	2.086271
Prob(F-statistic)	0.004656		

1. 到網站 Time Series Data Library: http://www-personal.buseco.monash.edu.au/%7Ehyndman/TSDL/, 選擇 Finance, 下載資料 9-17b.DAT (Quarterly S&P 500 index, 1900-1996. Source: Makridakis, Wheelwright and Hyndman (1998))。將資料叫入 EViews, 並命名為 **SP500**. 取對數後差分, 所得的新序列稱為 **SP500R**

    (a) 對 **SP500R** 以 DF-GLS 作單根檢定, 落後期數以修正 AIC 決定。

    (b) 檢定 ARCH 效果。

    (c) 估計一個 GARCH(1,1) 模型。

14 蒙地卡羅模擬與 Bootstrap

- 蒙地卡羅模擬
- 蒙地卡羅模擬的應用
- 樣本重抽法與 Bootstrap
- Bootstrap 偏誤與標準差
- Bootstrap 信賴區間
- Bootstrap P-values (假設檢定)
- 迴歸模型的 Bootstrap
- Bootstrapping 長期追蹤調查資料
- 蒙地卡羅模擬與 Bootstrap 的實例應用
- 附錄

電腦模擬在計量經濟的應用中, 扮演越來越重要的角色。本章將介紹蒙地卡羅模擬與一個重要的樣本重抽法: Bootstrap。

©陳旭昇 (February 4, 2013)

14.1 蒙地卡羅模擬

蒙地卡羅模擬 (Monte Carlo simulation) 在計量經濟學中所扮演的角色, 隨著電腦科技的進步, 益發重要。所謂的「模擬」(simulation) 係指以一個人造的模型 (an artificial model of a real system) 來研究與了解實際系統的運作。舉例來說, 就像是航太研究中的風洞 (wind-tunnels) 實驗技術, 提供飛行器在不同馬赫數之飛行狀況進行設計與驗證, 譬如說關於飛機表面粗糙度對飛行阻力的影響等。而「蒙地卡羅」一詞爲 S. Ulam 與 Nicholas Metropolis 所創, 代表模擬分析中的隨機性 (randomness)。蒙地卡羅爲摩納哥 (Monaco) 的一個以賭場聞名的觀光勝地, 在過去, 曾有賭客以模擬的方式計算各種可能賭局出象的機率, 意圖海撈一票。所以蒙地卡羅模擬就是指以電腦模擬系統中的隨機過程 (random process), 重複數以萬次, 然後直接紀錄與整理這些模擬結果並加以分析。

假設 $\{x_i\}_{i=1}^n$ 爲隨機抽樣自母體分配 F 的隨機樣本資料。令

$$T_n = T_n(x_1, \ldots, x_n, \theta)$$

爲我們有興趣的統計量, 其中 θ 爲母體未知參數, 且一般而言我們假設 θ 足以代表母體分配的所有特徵。T_n 的實際抽樣分配爲

$$G_n(\tau, F) = P(T_n \leq \tau | F).$$

由於 F (或是說 θ) 未知, 則 G_n 也是未知。甚至於在某些情況下, 即使 F 已知, 我們也未必能夠推導出 G_n 分配。[1]

---

[1] 舉例來說, 若 $X_i \sim^{i.i.d.} N(0,1)$, 亦即 F 已知, 則推導 $T_n = \sum_{i=1}^n X_i^3$ 的分配就不是件容易的事。

而蒙地卡羅模擬就是在研究者自己選擇的 F 下, 利用數值模擬 (numerical simulation) 來計算 $G_n(\tau, F)$, 因此, 你可以把執行蒙地卡羅模擬的研究人員想像成造物者, 透過不同的環境設定 (選擇的不同的 F), 觀察並記錄萬物的運作。茲簡述蒙地卡羅模擬應用在統計學 (計量經濟學) 的執行方式如下。

定義 30. *(蒙地卡羅模擬)*

1. 研究者選擇 θ 以及樣本大小 n 以建構一個虛擬的資料生成過程 *(data generating process, DGP)*。

2. 利用電腦的隨機變數產生器 *(亂數產生器, random number generator)* 由 θ 所代表的分配 F 中抽出一組隨機樣本 $\{x_i^*\}_{i=1}^n$。更明確地說, 應該是擬眞亂數產生器 *(pseudo random number generator)* 因爲所有的亂數產生器都是「幾可亂眞」的程式。參見 趙民德・李紀難 *(2005)*, 第二章。

3. 由這組虛擬樣本計算統計量 $T_n = T_n(x_1^*, \ldots, x_n^*, \theta)$。

4. 重複 B 次步驟 2 與 3, 一般來說, B 爲很大的數字如 $B = 1000$ 或是 $B = 5000$ 等。令第 b 次抽樣得到的統計量以 T_{nb} 表示, 根據 B 次的反覆計算 *(亦即樣本大小爲 B)*, 我們得到了 T_{nb} 的實證分配函數 *(empirical distribution function, EDF)*,

$$\hat{G}_n(\tau) = \frac{1}{B}\sum_{b=1}^{B} 1(T_{nb} \leq \tau),$$

其中 $1(\cdot)$ 爲指標函數 *(indicator function)*,

$$1(T_{nb} \leq \tau) = \begin{cases} 1, & \text{if } T_{nb} \leq \tau \\ 0, & \text{if } T_{nb} > \tau \end{cases}$$

應用蒙地卡羅模擬的理論基礎爲「統計學基本定理」(fundamental

theorem of statistics, FTS)。亦即,我們知道

$$G_n(\tau) = P(T_n \leq \tau) = E(1(T_n \leq \tau)),$$

則根據 WLLN,

$$\hat{G}_n(\tau) = \frac{1}{B}\sum_{b=1}^{B} 1(T_{nb} \leq \tau) \xrightarrow{p} E(1(T_n \leq \tau)) = G_n(\tau).$$

也就是說,在給定某資料生成過程下我們抽出一組隨機樣本並計算統計量 T_{nb},重複 B 次後,我們會得到 T_{nb} 的實證分配函數 $\hat{G}_n(\tau)$,而 FTS 告訴我們此實證分配函數 $\hat{G}_n(\tau)$ 機率收斂到該資料生成過程下的統計量之實際抽樣分配 $G_n(\tau)$。

性質 23. *(隨機變數產生器)* 在做電腦模擬時,我們會設定隨機變數產生器的起始值,其目的是為了讓別人可以重製我們的模擬結果。舉例來說,在 *EViews* 以及 *GAUSS*,我們使用以下指令,

    RNDSEED 123587

在 *RATS*,我們用

    SEED 123587

14.2 蒙地卡羅模擬的應用

蒙地卡羅模擬在計量經濟學中的主要應用在於評估統計推論程序的表現好壞,譬如估計式與檢定量的表現。而統計推論程序的表現一般而言決定於樣本大小 n 以及真正的資料生成過程 F,舉例來說,我們可以透過蒙地卡羅模擬來檢視一個檢定量的「檢定大小」(size) 以及「檢定力」(power)。此外,我們也可以用蒙地卡羅模擬來近似估計式的小樣本分配,建構其標準差以及區間估計式。

§14.2.1　應用 I: 模擬 AR(1) 係數 OLS 估計式的小樣本偏誤

考慮以下的 DGP:

$$y_t = c + \phi y_{t-1} + e_t,$$

其中 $e_t \sim^{i.i.d.} N(0,1)$。透過此 DGP, 我們以起始值 $y_0^* = 0$ 並遞迴地 (recursively) 製造模擬資料 $\{y_t^*\}_{t=1}^n$。我們將樣本大小設定為 150, 然後丟棄掉前 50 個資料點以降低我們任意設定起始值的影響。給定此樣本大小為 100 的模擬資料, 我們以 OLS 估計一個 AR(1) 模型, 並將 ϕ 的估計值記錄下來。

我們重複以上所述步驟 1000 次, 就會得到 1000 個 $\hat{\phi}$, 也就是 $\hat{\phi}$ 的抽樣分配 (sampling distribution)。

在 DGP 中, 我們設定 $c = 0.1$, 且考慮以下不同的真實 ϕ 值: $\phi = 0.50, 0.90, 0.95, 0.99$ 以及 1.0。表 14.1 報告了估計值 $\hat{\phi}$ 小於真實 ϕ 值的機率 (亦即, 1000 個 $\hat{\phi}$ 中有多少比率使得 $\hat{\phi} < \phi$)。我們可以很清楚地由表中看出, $\hat{\phi}$ 在小樣本中存在向下偏誤 (downward bias), 且此小樣本向下偏誤隨著真實的 ϕ 趨近於 1 而越來越嚴重。舉例來說, 當真實的 ϕ 為 0.99 時, OLS 估計式 $\hat{\phi}$ 的均值竟然只有 0.94 而已。此外, 有將近 93.5% 的比率, 估計式 $\hat{\phi}$'s 比真實的 $\phi = 0.99$ 來的小。我們將 $\phi = 0.99$ 時的 EDF 畫在圖 14.1 中。事實上, 你也可以自己改變程式中的參數 c 或是樣本大小 n, 然後看看模擬結果有何改變 (RATS 程式詳見附錄)。

表14.1: 模擬小樣本向下偏誤

ϕ	$E(\hat{\phi})$	$P(\hat{\phi} < \phi)$
0.99	0.94	93.5%
0.95	0.90	83.1%
0.90	0.86	74.5%
0.50	0.47	58.9%

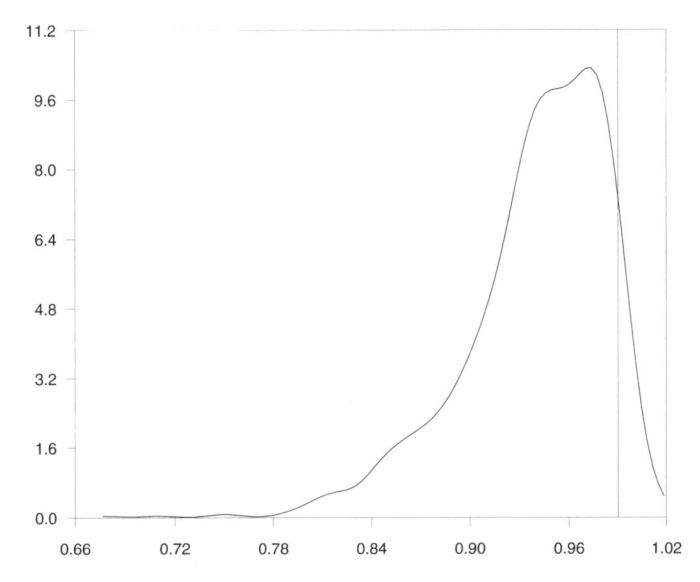

圖14.1: 實證分配函數 ($\phi = 0.99$)

§14.2.2　應用 II: 模擬 t 檢定的實證檢定力與檢定大小

考慮以下簡單的迴歸模型,

$$y_t = \alpha + \beta x_t + e_t.$$

當樣本夠大時, 在虛無假設 $H_\circ: \beta = 0$ 成立下, 我們知道 t 比率 (t-ratio) 的極限分配為標準常態,

$$t = \frac{\hat{\beta}}{SE(\hat{\beta})} \xrightarrow{d} N(0,1).$$

在此應用實例中,我們將檢視迴歸係數的 t 檢定量的實證檢定力 (empirical power) 與實證檢定大小 (empirical size)。

1. 在虛無假設 $H_0: \beta = 0$ 成立下,DGP 為

$$y_t = 2.5 + e_t,$$

其中 e_t 服從自由度為 3 的 student-t 分配。

2. 在對立假設 H_1 成立下,

$$y_t = 2.5 + \beta x_t + e_t,$$

其中簡單設定 $x_t \sim N(0, 1)$。我們考慮對立假設下的 β 值有 $\beta = 0.1, 0.5, 1.0$ 以及 -0.1。

接下來,我們執行顯著水準為 5% 的假設檢定。別忘了「檢定大小」(size) 的定義為

$$P(|t| > 1.96 \mid H_0 \text{ 為真}),$$

而「檢定力」(power) 的定義為

$$P(|t| > 1.96 \mid H_1 \text{ 為真}).$$

我們也可以計算「調整檢定大小後之檢定力」(size-adjusted power)。利用虛無假設 $H_0: \beta = 0$ 成立下的 DGP,我們可以找出臨界值 (critical value, cv), t^* 使得

$$P(|t| > t^* \mid H_0 \text{ 為真}) = 0.05.$$

則「調整檢定大小後之檢定力」定義為

$$P(|t| > t^* \mid H_1 \text{ 為真}).$$

表 14.2 報告了當樣本大小為 25 時, 不同的 β 所對應的檢定大小, 真實 5% 臨界值, 檢定力以及調整檢定大小後之檢定力。模擬次數為 1000 次。我們不難發現, 隨著真實的 β 距離零越遠, 實證檢定力就越大。

表 14.2: 模擬 t 檢定的實證檢定力與檢定大小

β	Size	True 5% cv (t^*)	Power	Size-adjusted Power
0.1	0.060	2.045	0.082	0.067
0.5	0.060	2.045	0.648	0.615
1.0	0.060	2.045	0.993	0.991
−0.5	0.060	2.045	0.632	0.595

我們也可以檢視樣本大小如何影響 t 檢定的實證檢定力與檢定大小。在表 14.3 中, 我們考慮 $\beta = 0.1$ 於對立假設中。顯然地, 實證檢定力隨著樣本變大而變大。

表 14.3: 模擬樣本大小的影響

Sample Size	Size	True 5% cv (t^*)	Power	Size-adjusted Power
25	0.060	2.045	0.082	0.067
50	0.052	1.966	0.099	0.099
100	0.059	2.060	0.156	0.132
1000	0.059	2.005	0.900	0.889

我們將本節的 GAUSS 程式放在附錄中。

14.3 樣本重抽法與 Bootstrap

§14.3.1 樣本重抽法

傳統的計量經濟學在做統計推論時, 必須仰賴實際抽樣分配或是大樣本漸近分配。樣本重抽法 (resampling method) 則是一個與實際抽樣分配或是大樣本漸近分配完全迥異的做法, 其統計推論的基礎, 來自「原有樣本的重複抽樣」。樣本重抽法與蒙地卡羅模擬的關係十分密切, 都是借助模擬來建構一個人造的體系。其主要的不同處在於, 蒙地卡羅模擬所製造出來的資料可以抽樣自完全虛擬的 DGP, 而樣本重抽法的模擬必須根據實際資料重抽。

樣本重抽法的優點如下。

1. 較少假設。舉例來說, 樣本重抽法不需假設 DGP 的分配為常態或是其他特定分配。

2. 較為精確。一般而言, 在大多數的情況下, 樣本重抽法的統計推論較傳統大樣本漸近理論來的精確。

3. 較易操作。樣本重抽法在大多數的情況下都可以使用, 你不必辛苦地尋找樞紐統計量 (pivotal statistics)。此外, 傳統大樣本漸近理論需要 Delta Method 來處理非線性函數, 而樣本重抽法可以輕易地應用到各種不同設定如非線性函數。

樣本重抽法中, 有以下四種最為重要: (1) 隨機檢定 (randomization test), 又稱排列檢定 (permutation test); (2) 交互驗證法 (cross-validation); (3) Jackknife 重抽法; 以及 (4) Bootstrap 重抽法。其中又以 Bootstrap 重抽法為計量經濟學中應用最廣的樣本重抽法。

§14.3.2 Bootstrap 簡介

Bootstrap 重抽法是由 Bradley Efron 所提出。這個單字原意是指一種靴子後面的小環帶, 拉著可以讓自己方便脫下靴子, 而不需他人幫助,因此 bootstrap 引申爲由原有樣本不斷重複抽樣後得到許多新樣本。在漢語的翻譯中，常見的直譯爲「靴帶法」、「拔靴法」或是「脫靴法」，至於意譯則爲「自助法」或是「自助重抽法」。我的習慣用法則是不予翻譯。

信賴區間，假設檢定以及標準差在傳統的統計學中必須應用實際抽樣分配或是大樣本漸近分配。然而，在許多情況下，我們無法推導出實際抽樣分配，而樣本數又不足以讓我們應用漸近理論，bootstrap 可以幫助我們解決這些問題。Bootstrap 的基本想法非常簡單，把我們手頭擁有的這組樣本視爲母體，然後根據這個虛擬母體重複多次抽樣進而得到 bootstrap 分配。接下來的統計推論則不再使用抽樣分配，而是以 bootstrap 分配取代之。

在正式介紹 bootstrap 之前，我們先呈現一個利用大樣本漸近分配來做統計推論時，結果未盡理想之例子。

例 11. 考慮以下的迴歸模型，

$$\{y_i, x_{1i}, x_{2i}\}_{i=1}^n$$

$$y_i = \beta_0 + x_{1i}\beta_1 + x_{2i}\beta_2 + e_i,$$

$$\begin{pmatrix} x_{1i} \\ x_{2i} \end{pmatrix} \sim N(0, I_2),$$

$$e_i \sim N(0, 3^2),$$

且 $\beta_0 = 0$, $\beta_1 = 1$, $\beta_2 = 0.5$, $n=300$.

我們感興趣的參數爲

$$\theta = \frac{\beta_1}{\beta_2}.$$

因此，θ 的眞實參數值爲 $\theta_0 = 2$。

θ 的估計式為
$$\hat{\theta} = \frac{\hat{\beta}_1}{\hat{\beta}_2}.$$

根據 Delta Method,
$$t(\hat{\theta}) = \frac{\hat{\theta} - \theta}{S_n(\hat{\theta})} \xrightarrow{d} N(0,1)$$

其中
$$S_n(\hat{\theta}) = \sqrt{n^{-1}(\hat{H}'_\beta \hat{V} \hat{H}_\beta)},$$

$$\hat{H}_\beta = \begin{pmatrix} 0 \\ 1/\hat{\beta}_2 \\ -\hat{\beta}_1/\hat{\beta}_2^2 \end{pmatrix},$$

且 $\hat{V}$ 為變異數-共變數矩陣的估計式,
$$\hat{V} = \left[\frac{1}{n} \sum_i x_i x'_i \right]^{-1} \left[\frac{1}{n} \sum_i x_i x'_i \hat{e}_i^2 \right] \left[\frac{1}{n} \sum_i x_i x'_i \right]^{-1}.$$

我們以重複 10000 的模擬建構 $t(\hat{\theta})$ 在虛無假設下的實際抽樣分配, 並將 $t(\hat{\theta})$ 的實際抽樣分配與標準常態分配一起畫在圖 14.2 中。顯然地, 兩者的差異極大, 實際抽樣分配具有長左尾 (skewed) 而非對稱 (asymmetric)。犯型 I 誤差的機率為 $P(|t| > 1.96) = 0.084 = 8.4\%$, 其實證檢定大小 (empirical size) 大於 5%, 亦即以大樣本漸近分配來做統計推論會造成「過度拒絕」(overreject) 的現象。事實上, 這個模擬分析告訴我們即使樣本數增加到 $n = 300$, 以大樣本漸近分配來做統計推論的表現依然很差。The bootstrap 對此問題提供一種解決之法。

§14.3.3 Bootstrap 定義

假設資料 $\{x_i\}_{i=1}^n$ 來自未知的分配 F, 且令
$$T_n = T_n(x_1, \ldots, x_n, F)$$

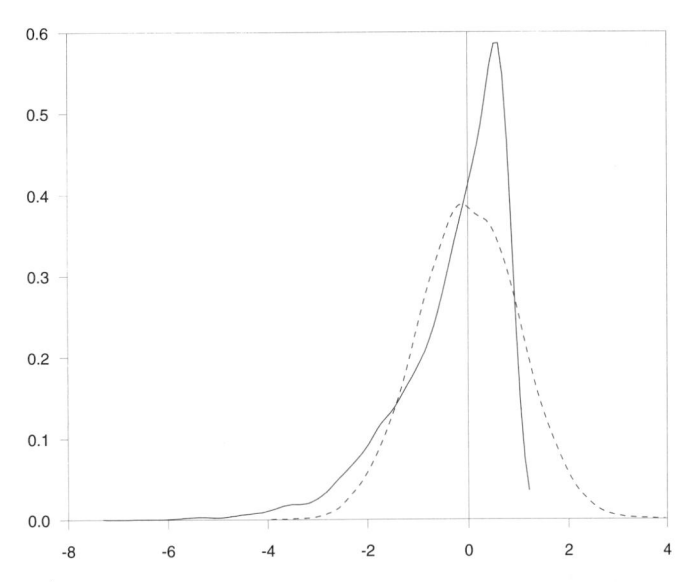

圖14.2: $t(\hat{\theta})$ 的實際抽樣分配 (實線) 與大樣本極限分配 (虛線, $N(0,1)$)

為我們有興趣的統計量。在大部分的情況下, 該統計量又可寫成

$$T_n = T_n(x_1, \ldots, x_n, \theta).$$

舉例來說,

$$T_n = \hat{\theta}, \qquad \text{(估計式)}$$
$$T_n = \hat{\theta} - \theta, \qquad \text{(偏誤)}$$
$$T_n = \frac{(\hat{\theta} - \theta)}{S(\hat{\theta})}, \qquad (t\text{-統計量})$$

由於參數 θ 為 F 的函數,

$$\theta = \theta(F),$$

因此,

$$T_n = T_n(x_1, \ldots, x_n, \theta) = T_n(x_1, \ldots, x_n, \theta(F)) = T_n(x_1, \ldots, x_n, F).$$

給定資料抽樣自分配 F, 令

$$G_n(\tau, F) = P(T_n \leq \tau | F)$$

為 T_n 的實際抽樣分配函數。顯而易見地, T_n 取決於 $\{x_i\}_{i=1}^n$ 以及 θ, 則其抽樣分配 $G(\cdot)$ 取決於 F 以及 θ, 然而 $\theta = \theta(F)$, 則 $G(\cdot)$ 透過兩個管道受到 F 影響: $\{x_i\}_{i=1}^n$ 以及 θ。

1. 理想上, T_n 的統計推論應該根據實際抽樣分配函數,

$$G_n(\tau, F).$$

然而, 由於一般來說 F 未知, 則實務上是不可能知道實際抽樣分配函數。

2. 傳統的大樣本理論就是利用 $G_\infty(\tau, F) = \lim_{n\to\infty} G_n(\tau, F)$ 來近似 $G_n(\tau, F)$ 函數。當 $G_\infty(\tau, F) = G_\infty(\tau)$ 與 F 無關, 我們就稱 T_n 為漸近樞紐統計量 (asymptotically pivotal statistics), 並且以極限分配 $G_\infty(\tau)$ 做為統計推論的基礎。舉例來說, 許多計量經濟學中的統計量或是檢定量的極限分配為與 F 及 θ 無關的 $N(0,1)$ 或是 χ^2 分配。然而, 在大多數的應用中, 漸近樞紐統計量並不存在。此外, 就算漸近樞紐統計量存在, 其大樣本近似可能如同例 14.2 一般, 表現不盡理想。

Efron (1979) 提出一種不同於漸近理論的近似方式: the bootstrap。Bootstrap 最迷人的地方就在於我們可以盡情地使用它, 而不需擔心統計量 T_n 有多複雜, 也不必辛苦地應用 Delta method, 皓首窮究於繁瑣的計算中。T_n 不需要存在任何一個已知的極限分配。

Bootstrap 的做法是, 首先找出 F 的一致估計式, F_n, 然後將 F_n 代入 $G_n(\tau, F)$ 函數並得到

$$G_n^*(\tau) = G_n(\tau, F_n)$$

做為 $G_n(\tau, F)$ 的估計式。我們將 $G_n^*(\tau)$ 稱做 bootstrap 分配, 而 T_n 的統計推論就是根據 $G_n^*(\tau)$ 的 bootstrap 分配。

由於
$$F(x) = P(x_i \leq x) = E(1(x_i \leq x)),$$
則根據類比原則 (analogy principle), $F(x)$ 的類比估計式 (analog estimator) 為實證分配函數 (empirical distribution function, EDF),
$$F_n(x) = \frac{1}{n} \sum_{i=1}^{n} 1(x_i \leq x).$$
根據 WLLN, 對於任意 x,
$$F_n(x) \xrightarrow{p} F(x),$$
為 F 的一致估計式。

給定一些技術性的條件,[2] 我們可以得到
$$\lim_{n \to \infty} G_n^*(\tau) = G_n(\tau, F)$$
以及
$$\lim_{n \to \infty} G_n^*(\tau) = G_\infty(\tau, F)$$
也就是說, bootstrap 分配函數, $G_n^*(\tau)$ 在樣本夠大時, 會趨近於 T_n 的實際抽樣分配函數 $G_n(\tau, F)$。此外, 由於我們知道當樣本很大時, T_n 的極限分配為 $G_\infty(\tau, F) = \lim_{n \to \infty} G_n(\tau, F)$, 因此, 當樣本很大時, bootstrap 分配, $G_n^*(\tau)$ 也會趨近於 T_n 的極限分配, $G_\infty(\tau, F)$。

在這裡的討論中, 我們用很不嚴謹的符號與描述來簡單說明 bootstrap 的觀念與其具備一致性的性質。[3] 讀者若對於嚴謹的定義與說明有興趣, 可參閱 Horowitz (2001)。

---

[2]既然是技術性, 我們就不贅言。

[3]就是因為 bootstrap 具一致性, 我們以 bootstrap 分配來近似 T_n 的實際抽樣分配才有意義。雖然一些不尋常的情況會導致 bootstrap 不具一致性, Horowitz (2001) 說明了在大多數計量經濟學的應用中, bootstrap 具一致性。

§14.3.4　模擬 Bootstrap 分配

我們在上一節所介紹的 bootstrap 分配

$$G_n^*(\tau) = G_n(\tau, F_n),$$

Efron (1979) 建議以蒙地卡羅模擬的方式來近似 G_n^* 函數, 其程序如下。

步驟 1　以抽出放回 (draw with replacement) 的方式, 從樣本 $\{x_i\}_{i=1}^n$ 抽出一組 bootstrap 樣本 (bootstrap sample), 以 $\{x_i^*\}_{i=1}^n$ 表示之。注意到相同的樣本點可能會被抽到一次以上, 而有的樣本點可能沒被抽到。

步驟 2　利用這組 bootstrap 樣本計算 bootstrap 的統計量

$$T_n^* = T_n(x_1^*, \ldots, x_n^*, F_n),$$

一般來說, T_n 之所以是 F 的函數, 係透過參數 θ, 因此, 我們又可將 bootstrap 統計量寫成

$$T_n^* = T_n(x_1^*, \ldots, x_n^*, \theta_n),$$

其中, $\theta_n = \hat{\theta}$, 為 θ 的估計式。

步驟 3　重複步驟 1 與步驟 2 共 B 次, 得到 B 個 bootstrap 統計量

$$T_{nb}^*, \quad b = 1, 2, \ldots, B.$$

或是

$$\{T_{n1}^*, \ldots, T_{nB}^*\}.$$

因此, T_{nb}^* 的實證分配函數 (EDF) 為

$$\hat{G}_n^*(\tau) = \frac{1}{B} \sum_{b=1}^{B} 1(T_{nb}^* \leq \tau).$$

當 $B \to \infty$,

$$\hat{G}_n^*(\tau) \xrightarrow{p} G_n^*(\tau).$$

這樣的做法稱做無母數 bootstrap (nonparametric bootstrap)。理由在於, 我們在做重抽時, 沒有使用任何母體參數的資訊。一般而言, 我們要求很大的 B 值, 如 $B = 1000$ 或是 $B = 5000$。

§14.3.5　無母數 Bootstrap 的實際執行方式

以下說明實務上如何對樣本 $\{x_1, x_2, \ldots, x_n\}$ 執行無母數 bootstrap 的重抽。

1. 首先, 我們從均等分配 (uniform distribution), $U[0,1]$ 抽出 n 個隨機變數 $\{v_i\}_{i=1}^{n}$。

2. 對於每一個 v_i, 計算

$$\kappa_i = \min(round(0.5 + v_i \times n), n)$$

其中 $round$ 代表取到最接近的整數。因此, $\kappa_i \in [1, n]$.

3. 令第 i 個 bootstrap 樣本, x_i^* 為第 κ_i 個 x 樣本點。

舉例來說, 給定 $n = 10$, 原有樣本 $\{x_i\}_{i=1}^{10}$ 為

$$\{x_1,\ x_2,\ x_3,\ x_4,\ x_5,\ x_6,\ x_7,\ x_8,\ x_9,\ x_{10}\}.$$

假設抽出來的 v_i 為

0.631, 0.277, 0.745, 0.202, 0.914, 0.136, 0.851, 0.878, 0.120, 0.00

則 κ_i 等於

7, 3, 8, 3, 10, 2, 9, 9, 2, 1

因此, bootstrap 樣本 $\{x_i^*\}_{i=1}^{10}$ 為

$$\{x_1^*, \ x_2^* \ x_3^*, \ x_4^*, \ x_5^*, \ x_6^*, \ x_7^*, \ x_8^*, \ x_9^*, \ x_{10}^*\}$$
$$= \{x_7, \ x_3, \ x_8, \ x_3, \ x_{10}, \ x_2, \ x_9, \ x_9, \ x_2, \ x_1\}$$

顯然地, 如前所述, 原來樣本點會在 bootstrap 樣本中出現一次以上 (如 x_2, x_3 以及 x_9), 或是完全沒被選到 (如 x_4, x_5 以及 x_6)。

　　一般的計量軟體都會提供簡單的指令幫助你做無母數 bootstrap 重抽。譬如說, RATS 的指令稱做 BOOT, EViews 的指令為 resample, 而 STATA 的指令為 bootstrap。至於 GAUSS 我們必須自己撰寫無母數 bootstrap 重抽的程序, 底下提供一個簡單的例子。

指令 12. *(GAUSS 指令: 無母數 bootstrap)*

```
/*  This GAUSS program performs Bootstrap   */
new;
rndseed 12568;

T=100;
u=rndn(T,1);
B_u=Boot(u,T);

proc(1)=Boot(x,BT);
local v, k, Bootu;
v=rndu(BT,1);
k=round(0.5+v*BT);
if k> BT;
k=BT;
endif;
Bootu=x[k,1];
retp(Bootu);
endp;
```

14.4 Bootstrap 偏誤與標準差

§14.4.1 Bootstrap 偏誤

估計式 $\hat{\theta}$ 的偏誤 (bias) 定義成

$$\omega_n = E(\hat{\theta} - \theta).$$

如果我們令統計量 $T_n(\theta) = \hat{\theta} - \theta$, 則偏誤可以寫成

$$\omega_n = E[T_n(\theta)] = \int \tau dG_n(\tau, F).$$

而對應的 bootstrap 估計式與統計量為

$$\hat{\theta}^* = \hat{\theta}(x_1^*, \ldots, x_n^*),$$

以及

$$T_n^* = \hat{\theta}^* - \hat{\theta}.$$

因此, bootstrap 偏誤 (bootstrap bias) 爲

$$\omega_n^* = \int \tau dG_n^*(\tau),$$

且 ω_n^* 的模擬估計式 (simulation estimator) 爲

$$\begin{aligned}\hat{\omega}_n^* &= \frac{1}{B}\sum_{b=1}^{B} T_{nb}^* \\ &= \frac{1}{B}\sum_{b=1}^{B}(\hat{\theta}_b^* - \hat{\theta}) \\ &= \left(\frac{1}{B}\sum_{b=1}^{B}\hat{\theta}_b^*\right) - \hat{\theta} \\ &= \overline{\hat{\theta}^*} - \hat{\theta}.\end{aligned}$$

給定 $\hat{\theta}$ 爲偏誤估計式, 則 θ 的不偏估計式爲

$$\ddot{\theta} = \hat{\theta} - \omega_n,$$

使得

$$\begin{aligned}E(\ddot{\theta}) &= E(\hat{\theta}) - E(\omega_n), \\ &= E(\hat{\theta}) - \omega_n, \\ &= E(\hat{\theta}) - E(\hat{\theta} - \theta), \\ &= E(\hat{\theta}) - [E(\hat{\theta}) - \theta], \\ &= \theta.\end{aligned}$$

因此, 偏誤修正 (bias-adjusted) 的 bootstrap 估計式為

$$\ddot{\theta}^* = \hat{\theta} - \hat{\omega}_n^*$$
$$= \hat{\theta} - (\overline{\hat{\theta}^*} - \hat{\theta})$$
$$= 2\hat{\theta} - \overline{\hat{\theta}^*}.$$

簡單地說, 我們可以透過 bootstrap 估計偏誤, 然後建構出偏誤修正的 bootstrap 估計式。

§14.4.2　Bootstrap 標準差

令 $T_n = \hat{\theta}$, 則其變異數為

$$V_n = Var(\hat{\theta})$$
$$= Var(T_n)$$
$$= E(T_n - E[T_n])^2.$$

在 bootstrap 分配中, 若 $T_n^* = \hat{\theta}^*$, 則其變異數為

$$V_n^* = E(T_n^* - E(T_n^*))^2.$$

因此, V_n^* 的模擬估計式 (亦即 bootstrap 變異數) 為

$$\hat{V}_n^* = \frac{1}{B} \sum_{b=1}^{B} (\hat{\theta}_b^* - \overline{\hat{\theta}^*})^2.$$

而 bootstrap 標準差就是

$$\sqrt{\hat{V}_n^*}.$$

在早期的文獻中, 許多人應用 bootstrap 的目的是找出 bootstrap 標準差, 進而從事信賴區間的建構。弔詭的是, 這些研究在建構信賴

區間時, 還是使用傳統大樣本分配, 唯一不同的只是用 bootstrap 標準差替換掉傳統的標準差。這樣的做法相當奇怪, Hansen (2007) 的評論為:

> While this standard error may be calculated and reported, it is not clear if it is useful. The primary use of asymptotic standard errors is to construct asymptotic confidence intervals, which are based on the asymptotic normal approximation to the t-ratio. However, the use of the bootstrap presumes that such asymptotic approximations might be poor, in which case the normal approximation is suspected. It appears superior to calculate bootstrap confidence intervals.

也就是說, 使用 bootstrap 的原因就是來自我們不信任極限分配! 如果 bootstrap 的目的是統計推論 (例如建構信賴區間), 何不直接建構 bootstrap 信賴區間? 我們將在下節介紹 bootstrap 信賴區間。

14.5 Bootstrap 信賴區間

T_n 的實際抽樣分配為
$$G_n(\tau, F).$$
若
$$\alpha = G_n(q_n(\alpha, F), F),$$
我們稱 $q_n(\alpha, F)$ 為 $\alpha\%$ 的分量函數 (quantile function)。同理, bootstrap 分配中的分量函數為
$$q_n^*(\alpha) = q_n(\alpha, F_n).$$

給定 $T_n = \hat{\theta}$ 為我們有興趣的統計量, 則樣本中有 $100 \cdot (1-\alpha)\%$ 的比例, $\hat{\theta}$ 被以下區間所包含:

$$\left[q_n\left(\frac{\alpha}{2}\right),\ q_n\left(1-\frac{\alpha}{2}\right) \right].$$

以上的區間提供我們建構 bootstrap 信賴區間的靈感。亦即, Efron 提出以下的 bootstrap 信賴區間

$$CI^* = \left[q_n^*\left(\frac{\alpha}{2}\right),\ q_n^*\left(1-\frac{\alpha}{2}\right) \right].$$

一般來說, 我們稱此區間為百分位信賴區間 (percentile confidence interval)。而實務上 CI 的模擬估計式為

$$\widehat{CI}^* = \left[\hat{q}_n^*\left(\frac{\alpha}{2}\right),\ \hat{q}_n^*\left(1-\frac{\alpha}{2}\right) \right],$$

其中 $\hat{q}_n^*(\cdot)$ 為 bootstrap 統計量 $\{T_{n1}^*, \ldots, T_{nB}^*\}$ 的樣本分量 (sample quantile)。也就是說, 我們透過模擬得到 bootstrap 統計量, $\{T_{n1}^*, \ldots, T_{nB}^*\}$, 將它們由小排到大, 然後找出第 $B\alpha$ 個 T_{nb}^* 做為分量 $q_n^*(\alpha)$ 的模擬估計式。舉例來說, 在 1000 次的重複抽樣中 ($B = 1000$), 95% 的百分位信賴區間就是第 25 位以及第 975 位的 T_{nb}^* (排序後)。

百分位信賴區間的缺點在於不夠精確 (not accurate), 舉例來說, 95% 百分位信賴區間的實際覆蓋機率事實上不到 95%, 然而, 由於百分位信賴區間 $\widehat{CI}^*$ 建構程序簡單, 從而成為實證研究中, 最常使用的一種 bootstrap 信賴區間。之後有不少研究者提出其他 bootstrap 信賴區間, 如 Hall's Percentile-t 區間, 誤差修正 bootstrap 信賴區間 (bias-corrected, BC interval), 誤差修正且加速信賴區間 (bias-corrected-and-accelerated, BC_α interval) 等, 有興趣的讀者請參閱 Davison and Hinkley (1997) 或是 Good (2006)。

14.6 Bootstrap P-values (假設檢定)

§14.6.1 單尾檢定

我們想要在顯著水準為 α 之下檢定底下的假設，

$$\begin{cases} H_0: & \theta = \theta_0 \\ H_1: & \theta > \theta_0 \end{cases}$$

令

$$T_n(\theta) = \frac{\hat{\theta} - \theta}{S(\hat{\theta})}$$

為我們感興趣的統計量。傳統的大樣本檢定為找出一個臨界值 c 使得

$$P(T_n(\theta_0) > c) = \alpha,$$

則根據 $T_n(\theta_0)$ 的虛無分配 (一般來說是 $N(0,1)$)，$c = q_n(1-\alpha)$。

而 bootstrap 檢定的步驟則是先模擬

$$T_n^* = \frac{\hat{\theta}^* - \hat{\theta}}{S(\hat{\theta}^*)},$$

的 bootstrap 分配，其中 $S(\hat{\theta}^*)$ 為 $\hat{\theta}^*$ 的 bootstrap 標準差。接下來，我們找出 bootstrap 臨界值 $q_n^*(1-\alpha)$ 使得

$$P(T_n^* > q_n^*(1-\alpha)) = \alpha,$$

且拒絕域為

$$RR = \{拒絕 H_0, 當 T_n(\theta_0) > q_n^*(1-\alpha)\}.$$

此外，我們也可以計算 bootstrap p-value：

$$p^* = \frac{1}{B} \sum_{b=1}^{B} \mathbf{1}(T_{nb}^* > T_n(\theta_0)).$$

亦即，在 B 個 T_{nb}^* 中，有多少比例的 T_{nb}^* 大於 $T_n(\theta_0)$。

§14.6.2　雙尾檢定

我們想要在顯著水準為 α 之下檢定底下的假設，

$$\begin{cases} H_0: & \theta = \theta_0 \\ H_1: & \theta \neq \theta_0 \end{cases}$$

令

$$T_n = \frac{\hat{\theta} - \theta}{S(\hat{\theta})}$$

為我們感興趣的統計量。如同單尾檢定的例子，我們模擬

$$T_n^* = \frac{\hat{\theta}^* - \hat{\theta}}{S(\hat{\theta}^*)}.$$

的 bootstrap 分配。接著將 $|T_{nb}^*|$ 由小排到大，然找出 $100 \cdot (1-\alpha)\%$ 的分量函數，$q_n^*(1-\alpha)$，則拒絕域為

$$RR = \{拒絕 H_0, 當 |T_n(\theta_0)| > q_n^*(1-\alpha)\}.$$

而 bootstrap p-value 為

$$p^* = \frac{1}{B} \sum_{b=1}^{B} \mathbf{1}(|T_{nb}^*| > |T_n(\theta_0)|).$$

14.7　迴歸模型的 Bootstrap

考慮以下的迴歸模型，

$$y_t = \beta x_t + \varepsilon_t \tag{1}$$

$$\varepsilon_t \sim^{i.i.d.} (0, \sigma^2).$$

假設我們想要檢定的虛無假設為

$$H_0: \beta = \beta_0.$$

我們既然已經有成對的 y 與 x 資料, 當然可以執行無母數 bootstrap, 將 (y,x) 一對對地重抽。然而, 將無母數 bootstrap 應用在迴歸模型有「不具效率」之虞, 原因在於, 我們所擁有的資訊比過去多: 我們多了一個迴歸模型來說明 y 與 x 之間的關係。因此, 對於迴歸模型的 bootstrap, 我們建議採用「殘差 bootstrap」(residual bootstrap), 茲將其執行步驟說明如下。

§14.7.1 殘差 Bootstrap

- 步驟 1: 估計迴歸模型並得到估計式, $\hat{\beta}, \hat{\sigma}$, 以及殘差 $\hat{\varepsilon} = \{\hat{\varepsilon}_1, \ldots, \hat{\varepsilon}_T\}$。

- 步驟 2: 以底下任一模擬方法得到 bootstrap 殘差 (bootstrap residuals), $\varepsilon^* = \{\hat{\varepsilon}_1^*, \ldots, \hat{\varepsilon}_T^*\}$,

    1. 無母數法: 自 $\{\hat{\varepsilon}_1, \ldots, \hat{\varepsilon}_T\}$ 重抽 (抽出放回),
    2. 母數法: 自分配 $N(0, \hat{\sigma}^2)$ 抽出 ε^*。

- 步驟 3: 迴歸模型的解釋變數 x 的 bootstrap 樣本, x_t^* 可以來自

    1. 無母數 bootstrap,
    2. 母數 bootstrap,
    3. 直接設定 $x_t^* = x_t$。

- 步驟 4: 考慮以下兩種模擬方式以得到 y 的 bootstrap 樣本, y_t^*

$$\mathbb{S}_1 : y_t^* = \hat{\beta} x_t^* + \varepsilon_t^*$$

$$\mathbb{S}_2 : y_t^* = \beta_0 x_t^* + \varepsilon_t^*$$

- 步驟 5: 考慮以下兩種 t 檢定量,

$$\mathbb{T}_1: T_n = \frac{\hat{\beta}^* - \hat{\beta}}{S(\hat{\theta}^*)}$$

$$\mathbb{T}_2: T_n = \frac{\hat{\beta}^* - \beta_\circ}{S(\hat{\theta}^*)}$$

因此, 有四種不同的組合可以用來從事 bootstrap 檢定:

$$[\mathbb{S}_1, \mathbb{S}_2] \times [\mathbb{T}_1, \mathbb{T}_2].$$

注意到如果解釋變數為前期的被解釋變數, 譬如說,

$$y_t = \beta y_{t-1} + \varepsilon_t,$$

則 y_t^* 必須以遞迴的方式 (recursively) 製造出來。而起始值 $y_\circ^*$ 可以是 y_t 的均值, 或是由 y_t 的實證分配抽出。一般來說, 我們會製造 $T + R$ 個 bootstrap 樣本, 然後丟棄掉前 R 個, 以降低起始值的影響。

1. $\mathbb{S}_1 \times \mathbb{T}_1$ 的組合符合 Hall and Wilson 法則 (Hall and Wilson rule)。所謂的 Hall and Wilson 法則就是在建構任何與 bootstrap 有關的樣本, 估計式, 或是統計量, 永遠以參數估計式替代掉真實參數, 在我們的例子中, 就是以 $\hat{\beta}$ (參數估計式) 替代 $\beta_\circ$ (真實參數)。

2. van Giersbergen and Kiviet (1993) 根據 AR(1) 模型的蒙地卡羅模擬分析發現, 在小樣本時, 使用 $\mathbb{S}_2 \times \mathbb{T}_2$ 的組合勝過 $\mathbb{S}_1 \times \mathbb{T}_1$, 不過在大樣本時兩者沒有差別。此外, 他們建議不要使用 $\mathbb{S}_1 \times \mathbb{T}_2$ 或是 $\mathbb{S}_2 \times \mathbb{T}_1$ 這兩種組合。簡單地說, 在時間序列分析應用 bootstrap 時, 文獻上傾向於建議「不遵循」Hall and Wilson 法則。

3. MacKinnon (2002, 2006) 建議對於先對殘差做「重校」(rescale)，

$$\ddot{\varepsilon}_t \equiv \left(\frac{T}{T-k}\right)^{1/2} \hat{\varepsilon}_t.$$

然後 bootstrap 殘差 ε^* 再由 $\ddot{\varepsilon}$ 中重抽。「重校」的目的在於使得 bootstrap 殘差與誤差項 ε 具有相同的變異數。

4. 注意到我們在步驟 4 中使用了參數的資訊 ($\hat{\beta}$ 或是 $\beta_\circ$)，即使我們在步驟 2 與步驟 3 中採用的是無母數法，嚴格來說，這樣的殘差 bootstrap 應該稱為半母數殘差 bootstrap (semi-parametric residual bootstrap)。不過一般來說，只要步驟 2 與步驟 3 中採用的是無母數法，就會稱做無母數殘差 bootstrap。

5. 至於步驟 2 與步驟 3 中採用的是母數法時，無庸置疑地應稱做母數殘差 bootstrap。

6. 最後要說明的是，在步驟 1 中，我們的殘差是來自**未受限制**的迴歸模型估計，亦即，我們在估計式 (1) 時，並未加入 $\beta = \beta_\circ$ 的限制。然而，MacKinnon (2006) 說明當 $x_t = y_{t-1}$ 且 AR(1) 係數接近 1，如果樣本數較少，則建議利用加入限制的迴歸模型估計後得到的殘差來做重複抽樣，不過在樣本大時，使用未受限制殘差或是受限制殘差的結果相差不大。

14.8 Bootstrapping 長期追蹤調查資料

長期追蹤資料 (panel data) 係指資料同時具有時間序列 (time series) 與橫斷面 (cross section) 資料的形式，舉例來說，若以 q_{it} 代表 G7 國家自 1972 年到 2007 年的實質匯率資料，其中，下標 i 代表第 i 個國家，t 代表第 t 年。在長期追蹤資料中，個體個別殘差之間往往具有同期的

相關性 (cross-sectional dependence of the contemporaneous residuals)。文獻中發現，如果我們忽略了這種相關性，在統計推論上會造成極大的型 I 誤差機率 (substantial size distortion)，參見 O'Connell (1998) 以及 Pesaran (2006)。

Maddala and Wu (1999) 建議一種 bootstrap 的程序，可以保留殘差之間同期相關性的結構，做為上述問題的解決方法之一。

考慮以下的長期追蹤資料迴歸模型，

$$y_{it} = \alpha_i + \beta_i x_{it} + \varepsilon_{it}.$$

其中 $i = 1, \ldots, N, t = 1, \ldots, T.$

令迴歸殘差為

$$\hat{\varepsilon}_1 = (\hat{\varepsilon}_{11}, \hat{\varepsilon}_{21}, \ldots, \hat{\varepsilon}_{N1})$$
$$\hat{\varepsilon}_2 = (\hat{\varepsilon}_{12}, \hat{\varepsilon}_{22}, \ldots, \hat{\varepsilon}_{N2})$$
$$\hat{\varepsilon}_3 = (\hat{\varepsilon}_{13}, \hat{\varepsilon}_{23}, \ldots, \hat{\varepsilon}_{N3})$$
$$\vdots$$
$$\hat{\varepsilon}_T = (\hat{\varepsilon}_{1T}, \hat{\varepsilon}_{2T}, \ldots, \hat{\varepsilon}_{NT})$$

則某一組可能的 bootstrap 樣本為

$$\hat{\varepsilon}_1^* = (\hat{\varepsilon}_{17}, \hat{\varepsilon}_{27}, \ldots, \hat{\varepsilon}_{N7})$$
$$\hat{\varepsilon}_2^* = (\hat{\varepsilon}_{14}, \hat{\varepsilon}_{24}, \ldots, \hat{\varepsilon}_{N4})$$
$$\hat{\varepsilon}_3^* = (\hat{\varepsilon}_{19}, \hat{\varepsilon}_{29}, \ldots, \hat{\varepsilon}_{N9})$$
$$\vdots$$
$$\hat{\varepsilon}_T^* = (\hat{\varepsilon}_{13}, \hat{\varepsilon}_{23}, \ldots, \hat{\varepsilon}_{N3})$$

依此類推, bootstrap 樣本將會保留原來殘差之間同期相關性的結構。

14.9 蒙地卡羅模擬與 Bootstrap 的實例應用

§14.9.1 實例應用 I: AR(1) 係數的 Bootstrap 偏誤修正估計式

我們在第 14.2.1 節中曾經討論過, OLS 的 AR(1) 係數估計具有小樣本向下偏誤 (參見表 14.1)。在此, 我們利用 bootstrap 建構偏誤修正的 bootstrap 估計式 (bias-corrected bootstrap estimator)。資料生成過程如同第 14.2.1 節中的應用 I, 而誤差修正的 bootstrap 估計式為

$$\ddot{\phi}^* = 2\hat{\phi} - \overline{\hat{\phi}^*}.$$

因此, 在此應用中, 我們必須建構兩個迴圈, 外圈為蒙地卡羅模擬 (重複 1000 次), 而內圈為 bootstrap 模擬 (重複 1000 次) 以修正偏誤。總模擬次數為 $1000 \times 1000 = 1000000$ 次 (RATS 程式詳見附錄)。

圖 14.3 畫出了未修正偏誤的估計式 ($\hat{\phi}$) 以及偏誤修正的估計式 ($\ddot{\phi}^*$) 的實證密度函數 (empirical density functions), 真實參數設定為 $\phi = 0.99$, 注意到 $E(\hat{\phi}) = 0.94$ 而 $E(\ddot{\phi}^*) = 0.98$, 亦即改善了小樣本向下偏誤。

§14.9.2 實例應用 II: VAR 衝擊反應函數的信賴區間

注意到這裡的符號如 A, G 以及 Ψ 等, 請參閱第 10 章, 第 10.4 節。

(A) 蒙地卡羅法

1. 給定 $\hat{\Phi}_1, \ldots, \hat{\Phi}_p$ 為 VAR 係數估計式

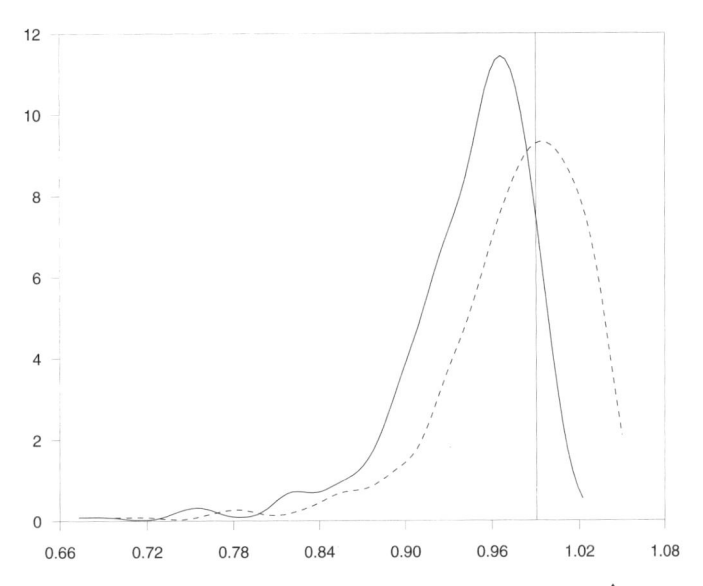

圖 14.3: 給定真實參數值 $\phi = 0.99$ 時的實證密度函數: $\hat{\phi}$ (實線) 以及 $\tilde{\phi}^*$ (虛線)

2. 令 (參閱第 9 章附錄)

$$\phi = \underbrace{\begin{bmatrix} \phi_{(1)} \\ \phi_{(2)} \\ \vdots \\ \phi_{(k)} \end{bmatrix}}_{k^2 p \times 1}$$

其中

$$\phi_{(i)} = \underbrace{\begin{bmatrix} (\Phi_1 \text{ 的第 } i \text{ 列})' \\ (\Phi_2 \text{ 的第 } i \text{ 列})' \\ \vdots \\ (\Phi_p \text{ 的第 } i \text{ 列})' \end{bmatrix}}_{kp \times 1}$$

14.9 蒙地卡羅模擬與 Bootstrap 的實例應用

3. 自 $N(\hat{\phi}, \frac{\hat{\Sigma} \otimes \hat{Q}^{-1}}{T})$ 分配抽出 $k^2 p \times 1$ 的向量，其中，

$$\hat{\Sigma} = \frac{1}{T} \Sigma \hat{\varepsilon}_t \hat{\varepsilon}_t'$$

$$\hat{\varepsilon}_t = y_t - \hat{\Phi}_1 y_{t-1} - \cdots - \hat{\Phi}_p y_{t-p}$$

$$\hat{Q} = \frac{X'X}{T}$$

4. 將此向量以 $\phi^{(1)}$ 表示

5. 利用 $\phi^{(1)}$ 建構 $A^{(1)}$

6. 利用 $A^{(1)}$ 計算 $\Psi_s^{(1)} = \Psi_s^{(1)}(A^{(1)}, \hat{G})$

7. 再抽一次得到 $\phi^{(2)}, A^{(2)}$ and $\Psi_s^{(2)}$

8. 重複多次 (如 10000 次) 後得到 $\Psi_s^{(1)}, \Psi_s^{(2)}, \ldots \Psi_s^{(10000)}$

9. 將 $\left[\Psi_s^{(1)}, \Psi_s^{(2)}, \ldots \Psi_s^{(10000)}\right]$ 由小排到大，然後挑選第 500 位及第 9501 位的 Ψ_s

10. 分別將它們以 Ψ_s^L 與 Ψ_s^U 表示之。則 $[\Psi_s^L, \Psi_s^U]$ 就稱做衝擊反應函數 90% 的蒙地卡羅模擬信賴區間

(B) Bootstrap 法

1. 估計 VAR 得到係數估計式 $\hat{\Phi}_1, \hat{\Phi}_2, \ldots, \hat{\Phi}_p$ 以及殘差 $\{\hat{\varepsilon}_1, \hat{\varepsilon}_2, \ldots, \hat{\varepsilon}_T\}$

2. 建構 bootstrap 殘差 $\{\hat{\varepsilon}_1^*, \hat{\varepsilon}_2^*, \ldots, \hat{\varepsilon}_T^*\}$

3. 給定起始值 $\{y_0, y_{-1}, y_{-2} \ldots y_{-p+1}\}$，建構 bootstrap 樣本 $y_t^* = \hat{\Phi}_1 y_{t-1}^* + \cdots + \hat{\Phi}_p y_{t-p}^* + \varepsilon_t^*$

4. 利用 bootstrap 樣本估計 VAR 與建構衝擊反應函數 Ψ_s^*

5. 重複步驟 2 到步驟 4 多次 (如 10000 次)，並得到 $\Psi_s^{*(1)}, \Psi_s^{*(2)}, \ldots, \Psi_s^{*(10000)}$

6. 將 $\left[\Psi_s^{*(1)}, \Psi_s^{*(2)}, \ldots, \Psi_s^{*(10000)}\right]$ 由小排到大，然後挑選第 500 位及第 9501 位的 Ψ_s^*

7. 分別將它們以 Ψ_s^{*L} 與 Ψ^{*U} 表示之。則 $[\Psi_s^{*L}, \Psi_s^{*U}]$ 就稱做衝擊反應函數 90% 的 bootstrap 信賴區間

在定態 VAR 模型中，蒙地卡羅法與 Bootstrap 法在大樣本的表現均佳，然而，它們的小樣本性質令人堪慮。尤其是 VAR 係數估計存在小樣本向下偏誤的問題，導致其信賴區間的建構也出問題。

Kilian (1998) 提出一種改善的方法，稱做 bootstrap-after-bootstrap 法 (bootstrap-after-bootstrap method)。此方法在第一階段先以 bootstrap 修正小樣本偏誤後，再以 bootstrap 建構信賴區間。部分研究採用了 Kilian (1998) 的方法，參見 Ramey and Shapiro (1998)。

§14.9.3 有關 Bootstrap 的延伸閱讀

讀者若對於 bootstrap 在計量經濟學的應用有興趣者，可以進一步閱讀以下文章。

1. MacKinnon (2002)

2. MacKinnon (2006)

如果對於 bootstrap 的理論部分有興趣，自然要從 Horowitz (2001) 開始入手。

14.10 附錄

§ 14.10.1 RATS 程式模擬 AR(1) 係數 OLS 估計式的小樣本偏誤

```
*
*   SmallSampleBias.PRG
*
seed 125388
comp ndraws=1000
comp useobs=100
comp init=50
comp endobs=init+useobs
all endobs
comp sigma = 1.0
comp alpha = 0.1
comp beta = 0.50
frml(variance=sigma**2) vdef v = 0.0
frml(identity) ydef y = alpha + beta*y{1} + v
group ar1model vdef>>v ydef>>y
set v 1 1 = 0.0
set y 1 1 = 0.0
set betasimu 1 ndraws = 0.0
do draws=1,ndraws
simulate(model=ar1model) * endobs-1 2
linreg(noprint) y init+1 endobs resids
# y{1} constant
comp betasimu(draws) = %beta(1)
end do draws
density(type=gaussian) betasimu 1 ndraws $
sgrid sdensity
scatter(style=lines,hgrid=||beta||) 1
# sgrid sdensity
stat betasimu
set bias 1 ndraws = 0.0
do jj=1,ndraws
comp bias(jj) = %if(betasimu(jj)<beta,1.0,0.0)
end do draws
```

```
stat bias
comp c01=fix(0.01*ndraws)
comp c05=fix(0.05*ndraws)
comp c10=fix(0.10*ndraws)
comp c50=fix(0.50*ndraws)
comp c90=fix(0.90*ndraws)
comp c95=fix(0.95*ndraws)
comp c975=fix(0.975*ndraws)
comp c99=fix(0.99*ndraws)
comp sortbetasimu=%sort(betasimu)
comp beta01=sortbetasimu(c01,1)
comp beta05=sortbetasimu(c05,1)
comp beta10=sortbetasimu(c10,1)
comp beta50=sortbetasimu(c50,1)
comp beta90=sortbetasimu(c90,1)
comp beta95=sortbetasimu(c95,1)
comp beta99=sortbetasimu(c99,1)
disp "beta"
disp $
"  1%   5%   10%   50%   90%   95%   99%"
disp beta01 beta05 beta10 beta50 $
beta90 beta95 beta99
```

§14.10.2 GAUSS 程式模擬 t 檢定的實證檢定力與檢定大小

```
@This example program is a GAUSS program to
calculate the empirical size and power of
the t-test for H0: b=0, where e follows
t-distribution with 3 degrees of freedom.
The power is calculate for the case when
b=0.5 etc. @

@ Modified from Ogaki, Jang and Lim (2004)@

RNDSEED 382974;
tend=25; @the sample size@
nor=1000; @the number of replications@
df=3; @ d.f. for the t-distribution of X@
```

```
i=1;
tn=zeros(nor,1); @used to store t-values under H0@
ta=zeros(nor,1); @used to store t-values under H1@
Z = RNDN(tend,1);
a = 2.5;
b = 0.1;
do until i>nor;
nrv=RNDN(tend,df+1); @normal r.v.'s@
crv=nrv[.,2:df+1]^2; @chi square r.v.'s@
e=nrv[.,1]./sqrt(sumc(crv')/df);
@t distribution: used under H0@

X0 = a + e;
X1 = a + b*Z + e;
ZZ = ones(tend,1)~Z;
b0 = invpd(ZZ'ZZ)*(ZZ'X0);
e0 = X0 - ZZ*b0;
sighat0 = (e0'e0)/(tend-2); @simgahat under H0@
b1 = invpd(ZZ'ZZ)*(ZZ'X1);
e1 = X1 - ZZ*b1;
sighat1 = (e1'e1)/(tend-2); @sigmahat under H1@
vb0 = sighat0*invpd(ZZ'ZZ);
vb0 = vb0[2:2,2:2];
vb1 = sighat1*invpd(ZZ'ZZ);
vb1 = vb1[2:2,2:2];
tn[i]=b0[2]/sqrt(vb0); @t-value under H0@
ta[i]=b1[2]/sqrt(vb1); @t-value under H1@
i=i+1;
endo;
 "***** When H0 is true *****";
 "The estimated size with";
 "the nominal critical value";
 meanc(abs(tn).>1.96);
 "The estimated true 5-percent critical value";
sorttn=sortc(abs(tn),1);
etcv=sorttn[int(nor*0.95)];
 etcv;
 "***** When H1 is true *****";
 "The estimated power with";
 "the nominal critical value";
```

```
meanc(abs(ta).>1.96);
"The estimated size corrected power";
meanc(abs(ta).>etcv);
```

§14.10.3 RATS 程式模擬大樣本漸近分配未盡理想之例子

```
*
*   PoorT.PRG
*
seed 878765
comp ndraws=10000
comp useobs=300
comp endobs=1+useobs
all endobs
comp sigma = 3.0
comp alpha = 0.0
comp beta = 1.0
comp gamma = 0.5
set x1 = %ran(1.0)
set x2 = %ran(1.0)
frml(variance=sigma**2) vdef v = 0.0
frml(identity) ydef y = alpha + $
beta*x1 +gamma*x2 + v
group emodel vdef>>v ydef>>y
set v 1 1 = 0.0
set y 1 1 = 0.0
set tsimu 1 ndraws = 0.0
decl vect h(3)
do draws=1,ndraws
simulate(model=emodel) * endobs-1 2
linreg(noprint,robusterrors) y 2 endobs resids
# constant x1 x2
comp h1 = 0.0
comp h2 = 1.0/%beta(3)
comp h3 = -%beta(2)/(%beta(3)**2)
comp h(1) = h1
comp h(2) = h2
comp h(3) = h3
```

```
comp cvm = %xx
comp Sn = tr(h)*cvm*h
comp Sn1 = Sn(1,1)
comp theta = (%beta(2)/%beta(3))-(beta/gamma)
comp Sn2 = sqrt(Sn1)
comp tsimu(draws) = theta/Sn2
end do draws
stat tsimu
density(type=gaussian) tsimu 1 ndraws $
sgrid sdensity
set zv 1 10000 = %ran(1.0)
density(type=gaussian) zv 1 10000 zgrid zdensity
scatter(style=line,overlay=line, $
ovsame,patterns) 2
# sgrid sdensity
# zgrid zdensity
set tsize 1 ndraws = 0.0
do jj=1,ndraws
comp tsize(jj)= $
 %if(abs(tsimu(jj))>1.96,1.0,0.0)
end do draws
stat tsize
```

§14.10.4　RATS 程式執行 AR(1) 估計式的偏誤修正

```
*
*   SSBBoot.PRG
*
seed 12534
comp ndraws=1000
comp useobs=100
comp init=50
comp endobs=init+useobs
all endobs
comp sigma = 1.0
comp alpha = 0.1
comp beta = 0.99
comp nboot = 800
*******************************************
* Bias-corrected Bootstrap Estimator
```

```
**********************************************
Procedure BCBE x bstart bend nboot bcar1
type series x
type int nboot
type real *bcar1
type int bstart
type int bend
local series bcar1simu
local series xb
local int iboot
local series residx
local series pathx
local vect[series] bootsample
local real betahat
local real bootbetabar
linreg(noprint,define=eqnx) x bstart bend residx
# x{1} constant
comp betahat = %beta(1)
set bcar1simu 1 nboot = 0.0
do iboot=1, nboot
boot entries 2 useobs bstart+1 bend
set pathx = residx(entries)
forecast(paths,results=bootsample) 1 useobs-1 2
# eqnx
# pathx
set xb = bootsample(1)
linreg(noprint) xb
# xb{1} constant
comp bcar1simu(iboot) = %beta(1)
end do iboot
stat(noprint) bcar1simu
comp bootbetabar = %mean
comp bcar1 = 2.0*betahat - bootbetabar
end BCBE
frml(variance=sigma**2) vdef v = 0.0
frml(identity) ydef y = alpha + beta*y{1} + v
group ar1model vdef>>v ydef>>y
set v 1 1 = 0.0
set y 1 1 = 0.0
set betasimu 1 ndraws = 0.0
```

```
set betasimu_bc 1 ndraws = 0.0
infobox(action=define,progress, $
lower=1,upper=ndraws) 'Progress'
do draws=1,ndraws
simulate(model=ar1model) * endobs-1 2
linreg(noprint) y init+1 endobs resids
# y{1} constant
comp betasimu(draws) = %beta(1)
@BCBE y init+1 endobs nboot bcbar1
comp betasimu_bc(draws) = bcbar1
infobox(current=draws)
end do draws
infobox(action=remove)
density(type=gaussian) $
betasimu 1 ndraws sgrid sdensity
density(type=gaussian) $
betasimu_bc 1 ndraws sgrid_bc sdensity_bc
scatter(style=lines,overlay=line,patterns,$
ovsame,hgrid=||beta||) 2
# sgrid sdensity
# sgrid_bc sdensity_bc
stat betasimu
stat betasimu_bc
set bias 1 ndraws = 0.0
do jj=1,ndraws
comp bias(jj) = %if(betasimu(jj)<beta,1.0,0.0)
end do draws
stat bias
set bias_bc 1 ndraws = 0.0
do jj=1,ndraws
comp bias_bc(jj) = %if(betasimu_bc(jj)<beta,1.0,0.0)
end do draws
stat bias_bc
```

習 題

1. 利用 GAUSS 模擬 $T = 200$ 的白雜訊 (white noise random variables):

```
rndseed 12345;
a=(12^(0.5))*(0.5-rndu(200,1));
```

請利用此模擬的白雜訊計算樣本自我相關函數 (sample autocorrelation function), $\hat{\rho}(j)$ 並將 $\hat{\rho}(j)$, $j = 0, 1, 2, \ldots, 15$ 畫出來 (請用指令 bar())。

2. 給定 $y_0 = 0$ 與 $\varepsilon_0 = 0$, 利用 GAUSS/RATS/EVIEWS 模擬時間序列 $\{y_t\}_{t=1}^{200}$:

$$y_t = 0.8y_{t-1} + \varepsilon_t - 0.85\varepsilon_{t-1},$$

利用此模擬的序列計算樣本自我相關函數 (sample autocorrelation function), $\hat{\rho}(j)$ 並將 $\hat{\rho}(j)$, $j = 0, 1, 2, \ldots, 15$ 畫出來。

3. 給定 $y_0 = 0$ 與 $\varepsilon_0 = 0$, 利用 GAUSS/RATS/EVIEWS 模擬時間序列 $\{y_t\}_{t=1}^{200}$:

$$y_t = 0.5y_{t-1} + \varepsilon_t - 0.85\varepsilon_{t-1},$$

利用此模擬的序列計算樣本自我相關函數 (sample autocorrelation function), $\hat{\rho}(j)$ 並將 $\hat{\rho}(j)$, $j = 0, 1, 2, \ldots, 15$ 畫出來。比較並討論本題的結果與上一題的結果。

4. 假設隨機樣本 $\{y_1, y_2, \ldots, y_n\} \sim (E(y_i), Var(y_i))$, 其中 $E(y_i) = \mu$, $Var(y_i) = \sigma^2$. 令樣本均數為 $T_n = \bar{y}_n$. 假設 $\{y_1^*, y_2^*, \ldots, y_n^*\}$ 為抽自實證分配 (empirical distribution) 的隨機樣本且其'樣本均值為 $T_n^* = \bar{y}^*$.

   (a) 試求 $E(T_n)$ and $Var(T_n)$.

   (b) 試求 $E(T_n^*)$ and $Var(T_n^*)$.

5. 利用以下 GAUSS 程式模擬 y_t:

```
t=100;
rndseed 21345;
e = rndn(t,1);
rho=0.98;
c = 0.1;
y=zeros(t,1);
y[1] = rndn(1,1);
i=1;
do while i < t;
y[i+1,.] = c + rho*y[i,.]+e[i+1];
i=i+1;
endo;
```

亦即, 其資料生成過程 (DGP) 爲

$$y_t = c + \rho y_{t-1} + \varepsilon_t.$$

(a) 估計一個 AR(1) 模型並報告 ρ 的 OLS 估計式。

(b) 利用重複 10000 次的 bootstrap 程序計算誤差修正之估計式 (bias-corrected estimate of ρ)。

15 時間序列中的 AR 迴歸模型

- 時間序列漸近理論
- AR 係數估計式的大樣本性質
- Newey-West HAC 估計式

本章介紹有關 AR 迴歸模型一些較為技術性的主題, 包含估計式的大樣本性質, Newey-West HAC 估計式等議題。

©陳旭昇 (February 4, 2013)

15.1 時間序列漸近理論

首先我們要討論的是「遍歷性」(ergodic)。如果要對遍歷性做一番嚴謹的說明, 我們必須運用測度理論 (measure theory) 的相關概念, 在此, 我們僅提供讀者直觀 (但不嚴謹) 的定義與解釋, 有興趣的讀者不妨參考 Ash and Doleans-Dade (2000)。

定義 31. *(遍歷性)* 如果一個定態時間序列的自我共變異數滿足以下充分條件:

$$\gamma(k) \longrightarrow 0 \ as \ k \longrightarrow \infty,$$

我們稱該序列具有遍歷性 *(ergodic)*。

含混地說, 時間序列具遍歷性代表該序列為漸近獨立 (asymptotically indepent)。[1] 亦即, 隨著 y_t 與 y_{t-k} 隨著距離越離越遠而趨近獨立。在了解遍歷性的概念後, 我們有以下的重要定理, 以建構時間序列的大數法則: Ergodic 定理 (Ergodic Theorem)。

定理 4. *(Ergodic 定理)* 給定時間序列 y_t 為嚴格定態, 具遍歷性, 且 $E(y_t^2) < \infty$, 則

$$\hat{\mu} = \frac{1}{T} \sum_{t=1}^{T} y_t \xrightarrow{p} E(y_t),$$

$$\hat{\gamma}(k) \xrightarrow{p} \gamma(k)$$

$$\hat{\rho}(k) \xrightarrow{p} \rho(k).$$

接下來, 我們介紹時間序列另一個重要概念: 平賭序列 (martingale)。

---

[1] 真正的漸近獨立概念為「混合」(mixing)。

定義 32. *(平賭序列)* 如果時間序列 y_t 滿足

$$E(y_t|y_{t-1}, y_{t-2}, \ldots, y_1) = y_{t-1},$$

則我們稱 y_t 為一平賭序列 *(martingale)*。

亦即,給定到本期為止的資訊下,對於下一期最佳的預期值就是本期值。

定義 33. *(平賭差序列)* 如果時間序列 ε_t 滿足

$$E(\varepsilon_t|\varepsilon_{t-1}, \varepsilon_{t-2}, \ldots, \varepsilon_1) = 0,$$

則我們稱 ε_t 為一平賭差序列 *(martingale difference sequence)*, 簡稱 *MDS*。

值得注意的是,根據雙重期望值法則 (law of iterated expectation), 對於 $j \geq 1$,

$$E(\varepsilon_t|\varepsilon_{t-j}) = E[\underbrace{E(\varepsilon_t|\varepsilon_{t-1}, \varepsilon_{t-2}, \ldots, \varepsilon_1)}_{=0}|\varepsilon_{t-j}] = 0$$

因此,

$$E(\varepsilon_t) = E[E(\varepsilon_t|\varepsilon_{t-j})] = 0,$$

亦即平賭差序列的期望值為零。

性質 24. *(平賭差序列隱含無序列相關)* 若 ε_t 為 MDS, 則

$$Cov(\varepsilon_t, \varepsilon_{t-k}) = 0.$$

由於 $E(\varepsilon_t) = 0$,

$$\begin{aligned}
Cov(\varepsilon_t, \varepsilon_{t-k}) &= E(\varepsilon_t \varepsilon_{t-k}) \\
&= E[E(\varepsilon_t \varepsilon_{t-k}|\varepsilon_{t-k})] \\
&= E[\varepsilon_{t-k} \underbrace{E(\varepsilon_t|\varepsilon_{t-k})}_{=0}] \\
&= 0
\end{aligned}$$

以下兩個性質連結平賭序列與平賭差序列。

性質 25. *(平賭序列 vs. 平賭差序列)*

1. 若 y_t 為平賭序列, 則 Δy_t 為平賭差序列。

2. 若 ε_t 為平賭差序列, 則

$$y_t = \sum_{i=1}^{t} \varepsilon_i = \varepsilon_1 + \varepsilon_2 + \cdots + \varepsilon_t$$

為平賭序列。

Proof. 以上兩性質的證明如下。令 $\Omega_t = \{y_t, y_{t-1}, \ldots, y_1\}$,

$$E(\Delta y_t | \Omega_{t-1}) = E(y_t - y_{t-1} | \Omega_{t-1})$$
$$= E(y_t | \Omega_{t-1}) - y_{t-1}$$
$$= y_{t-1} - y_{t-1} = 0$$

$$E(y_t | \Omega_{t-1}) = E(y_t | \varepsilon_{t-1}, \varepsilon_{t-2}, \ldots, \varepsilon_1)$$
$$= E(\varepsilon_t + \varepsilon_{t-1} + \cdots + \varepsilon_1 | \varepsilon_{t-1}, \varepsilon_{t-2}, \ldots, \varepsilon_1)$$
$$= E(\varepsilon_t | \varepsilon_{t-1}, \varepsilon_{t-2}, \ldots, \varepsilon_1) + E(\varepsilon_{t-1} + \varepsilon_{t-2} + \cdots + \varepsilon_1 | \varepsilon_{t-1}, \varepsilon_{t-2}, \ldots, \varepsilon_1)$$
$$= 0 + E(\varepsilon_{t-1} + \varepsilon_{t-2} + \cdots + \varepsilon_1 | \varepsilon_{t-1}, \varepsilon_{t-2}, \ldots, \varepsilon_1)$$
$$= \varepsilon_{t-1} + \varepsilon_{t-2} + \cdots + \varepsilon_1$$
$$= y_{t-1}$$

□

最後我們介紹 MDS 的中央極限定理 (MDS-CLT)。

定義 34. *(MDS-CLT)* 給定 ε_t 為嚴格定態，具遍歷性之平賭差序列，且 $E(\varepsilon_t^2) < \infty$，則

$$\sqrt{T}\bar{\varepsilon} = \frac{1}{\sqrt{T}} \sum_{t=1}^{T} \varepsilon_t \xrightarrow{d} N(0, \sigma^2),$$

其中

$$\bar{\varepsilon} = \frac{\sum_{t=1}^{T} \varepsilon_t}{T}.$$

15.2　AR 係數估計式的大樣本性質

考慮以下定態 AR(p) 模型，

$$\Phi(L) y_t = c + \varepsilon_t,$$

或是寫成

$$y_t = c + \phi_1 y_{t-1} + \cdots + \phi_p y_{t-p} + \varepsilon_t,$$

其中 $E(y_t^4) < \infty$，且 $\varepsilon_t \sim^{i.i.d.} (0, \sigma^2)$。亦即干擾項 ε_t 為均齊變異 (homoskedasticity)，且不具序列相關。

令

$$x_t = \begin{bmatrix} 1 \\ y_{t-1} \\ y_{t-2} \\ \vdots \\ y_{t-p} \end{bmatrix} \quad \phi = \begin{bmatrix} c \\ \phi_1 \\ \phi_2 \\ \vdots \\ \phi_p \end{bmatrix}$$

以及 $u_t = \varepsilon_t$，則迴歸模型可再改寫成

$$y_t = x_t' \phi + u_t.$$

因此, ϕ, σ^2 與 $Var(\hat{\phi})$ 的估計式分別為

$$\hat{\phi} = \left(\frac{1}{T}\sum_{t=1}^{T} x_t x_t'\right)^{-1}\left(\frac{1}{T}\sum_{t=1}^{T} x_t y_t\right)$$

$$\hat{\sigma}^2 = \frac{1}{T-p-1}\sum_{t=1}^{T}(y_t - c - \hat{\phi} y_{t-1} - \hat{\phi}_2 y_{t-2} - \cdots - \hat{\phi}_p y_{t-p})^2$$

$$\widehat{Var(\hat{\phi})} = \hat{\sigma}^2 \left(\sum_{t=1}^{T} x_t x_t'\right)^{-1}$$

要了解 $\hat{\phi}$ 的性質, 首先注意到 $x_t u_t$ 為 MDS:

$$E(x_t u_t | I_{t-1}) = x_t \underbrace{E(u_t | I_{t-1})}_{0} = 0.$$

其中 $E(u_t | I_{t-1}) = 0$ 是由於 u_t 為 i.i.d. 序列。而 $x_t u_t$ 的變異數-共變數矩陣為

$$E(x_t u_t u_t x_t') = E(u_t^2 x_t x_t')$$

$$= EE(u_t^2 x_t x_t' | I_{t-1})$$

$$= E(x_t x_t' \underbrace{E(u_t^2 | I_{t-1})}_{\sigma^2})$$

$$= E(x_t x_t' \sigma^2)$$

$$= \sigma^2 E(x_t x_t').$$

其中 $E(u_t^2 | I_{t-1}) = E(u_t^2) = \sigma^2$ 也是由於 u_t 為 i.i.d. 序列。

因此, AR 係數估計式的大樣本性質如底下性質所示。

性質 26. *(AR 係數估計式的大樣本性質)*

1. 一致性
$$\hat{\phi} \xrightarrow{P} \phi$$

2. 漸近分配
$$\hat{\phi} \overset{A}{\sim} N\left(\phi, \frac{\sigma^2 Q^{-1}}{T}\right),$$

其中 $Q = E[x_t x_t']$.

Proof.

$$\begin{aligned}
\hat{\phi} &= \left(\frac{1}{T}\Sigma x_t x_t'\right)^{-1}\left(\frac{1}{T}\Sigma x_t y_t\right) \\
&= \left(\frac{1}{T}\Sigma x_t x_t'\right)^{-1}\left(\frac{1}{T}\Sigma x_t(x_t'\phi + u_t)\right) \\
&= \left(\frac{1}{T}\Sigma x_t x_t'\right)^{-1}\left[\left(\frac{1}{T}\Sigma x_t x_t'\right)\phi + \frac{1}{T}\Sigma x_t u_t\right] \\
&= \phi + \left(\frac{1}{T}\Sigma x_t x_t'\right)^{-1}\left[\frac{1}{T}\Sigma x_t u_t\right]
\end{aligned}$$

1.

$$\hat{\phi} - \phi = \underbrace{\left(\frac{1}{T}\Sigma x_t x_t'\right)^{-1}}_{\xrightarrow{P} E[x_t x_t']^{-1}}\underbrace{\left[\frac{1}{T}\Sigma x_t u_t\right]}_{\xrightarrow{P} 0}$$

$$\xrightarrow{P} 0$$

亦即,
$$\hat{\phi} \xrightarrow{P} \phi$$

2.
$$\sqrt{T}(\hat{\phi}-\phi) = \sqrt{T}\left(\frac{1}{T}\Sigma x_t x_t'\right)^{-1}\left(\frac{1}{T}\Sigma x_t u_t\right)$$
$$= \underbrace{\left(\frac{1}{T}\Sigma x_t x_t'\right)^{-1}}_{\xrightarrow{p} Q^{-1}} \underbrace{\left[\frac{1}{\sqrt{T}}\Sigma x_t u_t\right]}_{\xrightarrow{d} N(0,\sigma^2 Q)}$$
$$\xrightarrow{d} N(0, Q^{-1}\sigma^2 Q Q^{-1}) \stackrel{d}{=} N(0, \sigma^2 Q^{-1})$$

因此,
$$\hat{\phi} - \phi \stackrel{A}{\sim} N\left(0, \frac{\sigma^2 Q^{-1}}{T}\right),$$
亦即,
$$\hat{\phi} \stackrel{A}{\sim} N\left(\phi, \frac{\sigma^2 Q^{-1}}{T}\right).$$

□

最後值得一提的是, 由於 AR 迴歸式中, 嚴格外生性的假設並不符合,
$$E(u_t|\cdots, x_{t+1}, x_t, x_{t-1}) \neq 0,$$
因此
$$E(\hat{\phi}) \neq \phi,$$
亦即 $\hat{\phi}$ 並不是 ϕ 的不偏估計式。

15.3 Newey-West HAC 估計式

我們在上一節假設 u_t 為 i.i.d. 以及均齊變異 (homoskedasticity), 因此,
$$E(x_t u_t u_t x_t') = E(u_t^2)E(x_t x_t') = \sigma^2 E(x_t x_t').$$

且 $Var(\hat{\phi})$ 的估計式為

$$\widehat{Var(\hat{\phi})} = \hat{\sigma}^2 \left(\sum_{t=1}^{T} x_t x_t'\right)^{-1}.$$

然而, 一般的時間序列資料可能無法滿足此 i.i.d. 假設。

因此, 我們可以進一步考慮當 u_t 有序列相關且為非均齊變異 (heteroskedasticity) 時, $Var(\hat{\phi})$ 的穩健估計式 (robust estimator)。Newey and West (1987) 提出了一種考慮序列相關與非均齊變異的估計式, 稱做「非均齊變異-序列相關一致估計式」(簡稱 HAC 估計式), (Heteroskedasticity Autocorrelation Consistent estimator, HAC), 又稱 Newey-West HAC 估計式 (Newey-West HAC estimator), 或是 Newey-West 估計式 (Newey-West estimator)。

我們以一個簡單的 AR(1) 模型來說明 Newey-West 估計式。

$$y_t = \beta_0 + \beta_1 y_{t-1} + u_t.$$

令 $x_t = y_{t-1}$, 則 AR(1) 迴歸模型可以改寫成

$$y_t = \beta_0 + \beta_1 x_t + u_t.$$

我們已知 β_1 的估計式為

$$\begin{aligned}\hat{\beta}_1 &= \frac{\sum_{t=1}^{T}(x_t - \bar{x})y_t}{\sum_{t=1}^{T}(x_t - \bar{x})^2} \\ &= \beta_1 + \frac{\frac{1}{T}\sum_{t=1}^{T}(x_t - \bar{x})u_t}{\frac{1}{T}\sum_{t=1}^{T}(x_t - \bar{x})^2}\end{aligned}$$

由於

$$\bar{x} \xrightarrow{p} \mu_x,$$

且

$$\frac{1}{T}\sum_{t=1}^{T}(x_t - \bar{x})^2 \xrightarrow{p} \sigma_x^2,$$

則 $\hat{\beta}_1 - \beta_1$ 的大樣本近似可以寫成

$$\hat{\beta}_1 - \beta_1 \approx \frac{\frac{1}{T}\sum_{t=1}^{T}[x_t - \mu_x]u_t}{\sigma_x^2}.$$

令 $v_t = [x_t - \mu_x]u_t$，則上式可以改寫成

$$\hat{\beta}_1 - \beta_1 \approx \frac{\frac{1}{T}\sum_{t=1}^{T}v_t}{\sigma_x^2}.$$

因此，

$$Var(\hat{\beta}_1) = Var\left(\frac{\frac{1}{T}\sum_{t=1}^{T}v_t}{\sigma_x^2}\right) = \frac{Var\left(\frac{1}{T}\sum_{t=1}^{T}v_t\right)}{(\sigma_x^2)^2}.$$

1. 如果 v_t 為 $i.i.d.$，則

$$Var\left(\frac{1}{T}\sum_{t=1}^{T}v_t\right) = \frac{Var(v_t)}{T},$$

且

$$Var(\hat{\beta}_1) = \frac{Var(v_t)}{T(\sigma_x^2)^2}.$$

2. 當 v_t 為序列相關，

$$Var\left(\frac{1}{T}\sum_{t=1}^{T}v_t\right)$$
$$= \frac{1}{T^2}\Big[\sum_{i=1}^{T}Var(v_i) + 2(T-1)Cov(v_t, v_{t-1})$$
$$\quad + 2(T-2)Cov(v_t, v_{t-2}) + \cdots + 2Cov(v_t, v_{t-T+1})\Big],$$
$$= \frac{Var(v_t)}{T}f_T,$$

其中

$$f_T = 1 + 2\sum_{j=1}^{T-1}\left(\frac{T-j}{T}\right)\rho_j,$$

$$\rho_j = \frac{Cov(v_t, v_{t-j})}{\sqrt{Var(v_t)Var(v_{t-j})}} = \frac{Cov(v_t, v_{t-j})}{Var(v_t)}.$$

因此，
$$Var(\hat{\beta}_1) = \underbrace{\left(\frac{Var(v_t)}{T(\sigma_x^2)^2}\right)}_{(A)} \underbrace{f_T}_{(B)}.$$

- $(A)=$ 當序列相關不存在時，$\hat{\beta}_1$ 的變異數估計式。

- $(B)=$ 為了考慮序列相關所多出來的項次。

我們要如何估計 $Var(\hat{\beta}_1)$? Newey and West (1987) 的建議為以下的估計式，

$$\hat{\Sigma}_{NW} = \hat{\sigma}^2_{\hat{\beta}_1} \hat{f}_T,$$

其中，$\hat{\sigma}^2_{\hat{\beta}_1}$ 為傳統的 White 非均齊變異變異數估計式，而 f_T 的估計式為

$$\hat{f}_T = 1 + 2 \sum_{j=1}^{m-1} \left(\frac{m-j}{m}\right) \hat{\rho}_j,$$
$$= 1 + 2 \sum_{j=1}^{q} \left(1 - \frac{j}{q+1}\right) \hat{\rho}_j,$$

其中 $q = m-1$,

$$\hat{\rho}_j = \frac{\sum_{t=j+1}^{T} \hat{v}_t \hat{v}_{t-j}}{\sum_{t=1}^{T} \hat{v}_t^2},$$

以及

$$\hat{v}_t = (x_t - \bar{x})\hat{u}_t.$$

Newey and West (1994) 建議以底下的公式選擇 q (取到整數)，

$$q = 4\left(\frac{T}{100}\right)^{2/9}.$$

如果我們考慮 AR(p) 模型, 令

$$x_t = \begin{bmatrix} 1 \\ y_{t-1} \\ y_{t-2} \\ \vdots \\ y_{t-p} \end{bmatrix} \quad \phi = \begin{bmatrix} c \\ \phi_1 \\ \phi_2 \\ \vdots \\ \phi_p \end{bmatrix}$$

且

$$\hat{\phi} = \left(\frac{1}{T} \sum_{t=1}^{T} x_t x_t' \right)^{-1} \left(\frac{1}{T} \sum_{t=1}^{T} x_t y_t \right),$$

則 $Var(\hat{\phi})$ 的 Newey-West 估計式為

$$\left(\sum_{t=1}^{T} x_t x_t' \right)^{-1} \left[\sum_{t=1}^{T} \hat{u}_t^2 x_t x_t' \right.$$
$$\left. + \sum_{j=1}^{q} \left(1 - \frac{j}{q+1}\right) \sum_{t=j+1}^{T} (x_t \hat{u}_t \hat{u}_{t-j} x_{t-j}' + x_{t-j} \hat{u}_{t-j} \hat{u}_t x_t') \right] \left(\sum_{t=1}^{T} x_t x_t' \right)^{-1}.$$

以上的公式相當複雜, 然而, 一般的統計軟體都已經內建 Newey-West 估計式。

1. 在 EViews 中, **Equation Estimation** 中的 **Options** 就有一個 LS & TSLS options 的選項, 你可以選擇 **Heteroskedasticity consistent coefficient covariance/Newey-West**。

2. 在 RATS 中, 選擇 **ROBUSTERRORS, LAGS=lags**, 以及 **LWINDOW=NEWEYWEST**, 就會是 Newey-West 估計式。

3. STATA 中的選項為 **newey**。

> 當 STATA 納入 Newey-West 估計式, Kenneth D West 在威斯康辛大學的同事 John Kennan 寫了封 email 給 Ken, 信中的大意是說,
>
> Ken, good news, STATA now incorporates Newey-West estimator; however, the bad news is, it is called "newey".

至於 GAUSS, 你必須自己撰寫 Newey-West 估計式, 我在底下提供一個 GAUSS 的 procedure 程式讓讀者參考。此程式以 OLS 估計迴歸式, 且建構三種迴歸係數的變異數-共變數矩陣估計:

1. 均齊變異估計式: V0,

2. White 非均齊變異估計式: V,

3. Newey-West 估計式: hac_v.

```
/* proc for OLS */
proc(4)=OLS(Y,X);
local b_ols,e_ols,u_ols,s2,V0,V,aic,sq,q,hac_v;
X=ones(rows(X),1)~X;
b_ols=invpd(X'X)*X'Y;
e_ols=Y-X*b_ols;
u_ols=X.*e_ols;
s2=(e_ols'e_ols)/(rows(X)-cols(X));
sq=(e_ols'e_ols)/rows(X);
aic=ln(sq)+2*cols(X)/rows(X);
V0=s2*invpd(X'X);
V=invpd(X'X)*(u_ols'u_ols)*invpd(X'X);
q=round(4*(rows(X)/100)^(2/9));
{hac_v}=NWHAC(Y,X,b_ols,q);
retp(b_ols,V0,V,hac_v);
endp;
```

```
/* Newey-West HAC estimator    */
proc(1)=NWHAC(y,X,b,q);
local n,yhat,e,G,w,j,t,ga,VHAC,F,k,za,hhat;
n=ROWS(X); k=ROWS(b);
yhat=X*b; e=y-yhat;
hhat=e'.*x';
G=ZEROS(k,k); w=ZEROS(2*q+1,1);
  j=0;
  DO while j < q+1;
  ga=ZEROS(ROWS(b),ROWS(b));
  w[q+1+j]=(q+1-j)/(q+1);
  za=hhat[.,(j+1):n]*hhat[.,1:n-j]';
  if j==0; ga=ga+za; else; ga=ga+za+za'; endif;
  G=G+w[q+1+j]*ga;
  j=j+1;
  ENDO;
F=X'X;
VHAC=INVPD(F)*G*INVPD(F);
retp(VHAC);
ENDP;
```

16　DSGE 模型

- DSGE 模型簡介
- 一階隨機差分方程式
- 二階隨機差分方程式
- 理性預期方程組
- 模型調校
- 一個簡單的實質景氣循環模型
- 附錄 A: RATS 程式
- 附錄 B: Dynare 外掛程式簡介

本章介紹動態隨機一般均衡模型。我們首先介紹如何求解一階與二階差分方程式。接下來我們以一個簡單的實質景氣循環模型當作一個例子，介紹如何將模型做對數線性化，如何求解模型以及相關的模型調校議題。

©陳旭昇 (February 4, 2013)

16.1　DSGE 模型簡介

近二十年來, 動態隨機一般均衡模型 (Dynamic Stochastic General Equilibrium Model, 簡稱 DSGE 模型) 在總體經濟實證研究中已經成為重要的研究方法之一。[1] 由於 DSGE 模型強調數量分析 (quantitative analysis), 透過模型調校 (calibration), 使得理論模型可以與實際的時間序列資料對話, 一方面可以判別模型的良莠, 另一方面透過量化結果的呈現, 進一步提供對未來經濟變數的預測。此外, 模型中具有個體基礎的最適化決策, 不但可以免於盧卡斯批判 (Lucas critique), 使得政策實驗 (policy experiment) 較為精確, 不會因預期的改變影響政策分析結論; 再加上模型中具體呈現消費者的效用與偏好, 我們可進一步執行福利分析,[2] 並思考最適政策 (optimal policy) 的執行。

顧名思義, 所謂的「動態隨機一般均衡模型」就是指模型中具有三大特徵。「動態」係指個體考慮的是跨期選擇。因此, 模型得以探討經濟體系各變數如何隨時間變化而變化的動態性質。「隨機」則是指經濟體系受到各種不同的外生隨機衝擊所影響。舉例來說, 可能的衝擊有: 技術性衝擊 (technology shocks), 貨幣政策衝擊 (monetary shocks), 或是偏好衝擊 (preference shocks) 等。「一般均衡」意指總體經濟體系中的消費者, 廠商, 政府, 與中央銀行等每一個參與者, 在根據其偏好及其對未來的預期下,[3] 做出最適選擇, 並考慮模型中所有商品與勞務市場同時結清。

DSGE 模型的主要優點有三: (1) 可以避免盧卡斯批判, 讓政策實驗具有意義。(2) 透過衝擊反應函數, 可以讓經濟體系各個外生衝擊的

---

[1] 本節改寫自陳旭昇・湯茹茵 (2012)。
[2] 如 Teo and Yang (2010)。
[3] 應用所謂的「理性預期」(rational expectation)。我們會在下一小節介紹此概念

動態傳導過程透明化,進而了解不同的衝擊(尤其是貨幣政策)對於經濟體系的動態影響。(3) 模型以一致 (coherent) 的方式呈現: 所有的經濟個體都根據偏好做出最適決策,沒有任何任意而武斷的設定 (*ad hoc settings*)。

DSGE 模型的前身為實質景氣循環模型, 而實質景氣循環理論的始祖應該是 Brock and Mirman (1972)。該文乃是最早將隨機衝擊概念引進新古典最適成長模型 (neoclassical optimizing growth model) 的研究。其後, Kydland and Prescott (1982) 將 Brock and Mirman (1972) 的構想帶入景氣循環的研究。然而, 一般的看法卻是, 實質景氣循環模型的濫觴為 Kydland and Prescott (1982), 得名自 Long and Plosser (1983), 集大成於 Cooley (1995)。[4] 因此, 一個具有個體基礎 (microfoundations) 的動態隨機一般均衡模型早在 1970 年代萌芽, 至 1990 年代就已成型, 所以實質景氣循環模型堪稱老派的 DSGE 模型 (Old DSGE Models)。在最初的實質景氣循環模型中, 特點為 (1) 跨期最適選擇與一般均衡, (2) 理性預期, (3) 完全競爭市場, 價格可以完全調整, 市場供給與需求隨時結清, 達到均衡。其中第 (3) 點顯示出實質景氣循環模型具有十足的「古典性格」。

雖然最初的實質景氣循環模型只強調實質衝擊 (技術性衝擊) 的

---

[4] 參見 King and Rebelo (1999)。弔詭的是, Kydland and Prescott (1982) 不知為何忽略了 Brock and Mirman (1972) 的貢獻。有興趣的讀者可以參考 Woodford (2000), 頁 113–114。不過, 一個中肯的評價來自 Fernandez-Villaverde (2008): "Kydland and Prescott outlined a complete rework of how to build and evaluate dynamic models. Most of the elements in their paper had been present in articles written during the 1970s. However, nobody before had been able to bring them together in such a forceful recipe"。當 W. A. Brock 被問到當時是否想到 Brock and Mirman (1972) 可以應用到景氣循環研究, 他的回答是: "I hadn't really thought of that at the time. You know, I wish I had thought of that...But those guys were really clever in recognizing that you could actually do business-cycle theory using that kind of model as the base. Maybe Mirman might have thought of it, but I was still muddling around in pure mathematics," 參見 Woodford (2000)。

重要性, 之後 1980–2000 年間的相關研究卻十分豐富。在以相同的動態隨機一般均衡以及價格完全調整與市場結清等古典架構下, 探討的主題 (或是說引入模型的設定) 琳瑯滿目, 包括貨幣與貨幣政策 (King and Plosser (1984), Cooley and Hansen (1989, 1995)), 勞動市場 (Christiano and Eichenbaum (1992a), den Haan et al. (2000)), 財政政策 (Aiyagari et al. (1992), Baxter and King (1993), Aiyagari (1995)), 公債問題 (Aiyagari and McGrattan (1998)), 以及國際景氣循環 (Mendoza (1991), Backus et al. (1992), Stockman and Tesar (1995)) 等等。其中, 值得一提的是, 另一群學者如 Gregory N. Mankiw, Olivier Jean Blanchard, Nobuhiro Kiyotaki, Jeff Fuhrer, 以及 George Moore 等人揚棄了完全競爭市場的假設, 經由不完全競爭市場的設定在 DSGE 模型中加入了價格與工資僵固性 (stickiness/rigidity) 等凱因斯元素 (Keynesian elements) 後, 建構出所謂的新凱因斯學派 DSGE 模型 (New Keynesian DSGE Models)。而這樣的結合 (動態隨機一般均衡模型加上凱因斯元素) 被 Goodfriend and King (1997) 稱做「新的新古典綜合」(New Neoclassical Synthesis, NNS), 其特點有 (1) 跨期最適選擇與一般均衡, (2) 理性預期, (3) 不完全競爭市場, 以及 (4) 價格僵固性。

DSGE 模型的發展在近年來相當蓬勃, 本章僅介紹一階近似 (first-order approximation) 與模型調校 (calibration), 讀者對於其他議題如二階近似 (second-order approximation) 與貝氏估計 (Bayesian estimation) 等有興趣的話, 可以進一步閱讀 DeJong and Dave (2011)。

§16.1.1 不確定性與預期

經濟體系充滿著不確定性, 人們在體系中做決策時, 必須對於未來狀態做出預期。舉例來說, 未來物價膨脹率具有不確定性, 使得實質利率與實質所得具有不確定性, 則消費者就必須根據物價膨脹預期來做消費決策。

我們以 $y^e_{t,t+1}$ 代表人們在第 t 期時對於 y_{t+1} 所做出的預期。在總體經濟學中, 對於人們如何做出預期, 有三種主要的假設:

1. 完全預期 (Perfect Foresight)

$$y^e_{t,t+1} = y_{t+1}.$$

亦即人們完全正確地預期到未來。因此, 對於未來的預期值會等於未來的實際值。一個符合「完全預期」的例子是所謂的「事前政策宣告」, 亦即政策在第 $t+1$ 期執行前, 會事先在第 t 期宣告。給定政策執行者在第 $t+1$ 期切實執行政策, 沒有跳票, 則人們在第 t 期對於 y_{t+1} 的預期值就會與 $t+1$ 期的實際值相同 (也就是等於宣告值)。

2. 適應性預期 (Adaptive Expectations)

$$y^e_{t,t+1} = y^e_{t-1,t} + \lambda(y_t - y^e_{t-1,t}), \quad 0 < \lambda < 1.$$

根據適應性預期, 人們在第 t 期時, 對於 y_{t+1} 的預期是以上一期所做的預期 $y^e_{t-1,t}$ 爲基礎, 再透過上一期的預測誤差 $(y_t - y^e_{t-1,t})$ 作調整。也就是說, 如果上一期的預測低估了 $(y_t > y^e_{t-1,t})$, 則人們會上修其預期, 使得

$$y^e_{t,t+1} > y^e_{t-1,t},$$

反之, 如果上一期的預測高估了 $(y_t < y^e_{t-1,t})$, 則人們會下調其預期。因此, $\lambda(y_t - y^e_{t-1,t})$ 又稱做誤差調整項 (error-adjustment term), 由於 $0 < \lambda < 1$, 此誤差調整爲部分調整。

經過整理, 我們可以改寫成:

$$y_{t,t+1}^e = (1-\lambda)y_{t-1,t}^e + \lambda y_t,$$

亦即, 人們對於 y_{t+1} 的預期是以上一期的預期 $y_{t-1,t}^e$ 與第 t 期的實際值 y_t 作加權平均。

3. 理性預期 (Rational Expectations)

$$y_{t,t+1}^e = E(y_{t+1}|\Omega_t) = E_t y_{t+1}.$$

簡單地說, 理性預期就是說人們對於 y_{t+1} 的預期會與數學條件期望值 (mathematical conditional expectation) 一致, 其中 Ω_t 為資訊集合。因此, 理性預期有兩個重要意涵。第一, 人們會以最有效率的方式用盡任何公開可用的資訊 Ω_t 來形成預期。透過理性預期, 人們不會犯系統性錯誤。第二, 給定未來不確定的變數為隨機變數, 理性預期假設人們知道其機率分配, 並根據此機率分配形成預期。

雖然並不是每一個經濟學家都接受理性預期的假設, 近年來該假設亦受到行為經濟學的挑戰, 但是無疑地, 在沒有更好的替代假設下, 理性預期仍是目前總體經濟與財務經濟研究的主流設定。

16.2 一階隨機差分方程式

許多經濟學的模型都有如下形式:[5]

$$y_t = cx_t + bE_t y_{t+1}. \tag{1}$$

對於第 (1) 式的求解, 根據 b 值的不同, 而有兩種不同解法: 前瞻解 (Forward Solutions) 與後顧解 (Backward Solutions)。

---
[5] 舉例來說, 參見第 9 章的第 (8) 式。

§ 16.2.1　前瞻解

我們將第 (1) 式向未來反覆迭代:

$$y_t = cx_t + bE_t y_{t+1},$$
$$= cx_t + bE_t[cx_{t+1} + bE_{t+1} y_{t+2}],$$
$$= cx_t + cbE_t x_{t+1} + b^2 E_t E_{t+1} y_{t+2},$$
$$= cx_t + cbE_t x_{t+1} + b^2 E_t y_{t+2},$$
$$\vdots$$
$$= c[x_t + bE_t x_{t+1} + b^2 E_t x_{t+2} + \cdots + b^{k-1} E_t x_{t+k-1}] + b^k E_t y_{t+k}.$$

當 $k \to \infty$,我們可以得到

$$y_t = c \sum_{j=0}^{\infty} b^j E_t x_{t+j} + \lim_{k \to \infty} b^k E_t y_{t+k}.$$

給定無資產泡沫條件 (no bubble condition):[6]

$$\lim_{k \to \infty} b^k E_t y_{t+k} = 0,$$

則第 (1) 式的前瞻解為

$$y_t = c \sum_{j=0}^{\infty} b^j E_t x_{t+j}. \tag{2}$$

注意到我們在第 9 章的第 (8) 式中,由於 $\beta = (1+R)^{-1} \in (0,1)$,將股票價格寫成未來股利折現值加總就是一個前瞻解。

§ 16.2.2　後顧解

我們可以將第 (1) 式改寫成

$$y_t = cx_t + b(y_{t+1} - \varepsilon_{t+1}), \quad E_t \varepsilon_{t+1} = 0.$$

---

[6] 我們將在之後進一步討論資產泡沫。

重新整理並遞延一期可得

$$y_t = \frac{1}{b}y_{t-1} - \frac{c}{b}x_{t-1} + \varepsilon_t,$$

向過去反覆迭代後可得到的後顧解為:

$$y_t = \sum_{j=0}^{\infty}\left(\frac{1}{b}\right)^j \varepsilon_{t-j} - c\sum_{j=1}^{\infty}\left(\frac{1}{b}\right)^j x_{t-j}. \tag{3}$$

§ 16.2.3　前瞻解 vs. 後顧解

給定如第 (1) 式的一階隨機差分方程式, 我們該採取前瞻解還是後顧解? 基本上, 求解方式取決於 b 值的大小。當 $|b| > 1$, 前瞻解有可能會爆掉 (explode)。即使該前瞻解收斂, 此解對於未來較遙遠的 x_t 給予較高的權重似乎也不太合理。因此, 如果 $|b| > 1$ 時, 我們會採取後顧解。反之, 給定 $|b| < 1$ 時, 後顧解有無法收斂之虞, 我們因而採用前瞻解。

§ 16.2.4　理性資產泡沫

給定 $|b| < 1$, 我們之前提到無資產泡沫條件為

$$\lim_{k\to\infty} b^k E_t y_{t+k} = 0.$$

此條件隱含 y_t 的成長不能過快。如果無資產泡沫條件不成立, 第 (1) 式將會有無窮多組解。亦即, 如果我們定義 $y_t \equiv c\sum_{j=0}^{\infty} b^j E_t x_{t+j}$, 並定義一個變數 B_t 符合條件

$$B_t = bE_t B_{t+1},$$

我們有如下性質:

性質 27. *(一階隨機差分方程式的無窮多解)* 給定任何 B_t 且符合 $B_t = bE_tB_{t+1}$，則

$$y_t^* = y_t + B_t$$

亦為第 (1) 式的一個解，其中 $y_t = c\sum_{j=0}^{\infty} b^j E_t x_{t+j}$ 為式 (2) 的前瞻解。

欲驗證此性質，我們將這個解帶入第 (1) 式的右手邊 (RHS)：

$$\text{RHS} = x_t + bE_t y_{t+1}^* = x_t + bE_t(y_{t+1} + B_{t+1}),$$
$$= x_t + bE_t y_{t+1} + bE_t B_{t+1},$$
$$= y_t + B_t,$$
$$= y_t^* = \text{LHS}$$

我們會得到第 (1) 式的左手邊 (RHS)，亦即 y_t^* 為第 (1) 式的一個解。其中，我們將 B_t 稱為泡沫 (bubble)。注意到由於 $|b| < 1$ 且

$$E_t B_{t+1} = \frac{1}{b} B_t,$$

則

$$E_t B_{t+1} > B_t.$$

亦即人們預期泡沫 B_t 會不斷增長下去，終至無窮大。一般日常用語中，「泡沫」一詞隱含人們的不理性行為，然而，在理性預期的假設下，我們將性質 27 中的 B_t 稱為「理性泡沫」。因此，透過 $\lim_{k\to\infty} b^k E_t y_{t+k} = 0$ 此條件，可以讓我們排除掉理性泡沫的存在 (數學上的意義就是排除掉無窮多組解的可能性)。

§16.2.5 結構式模型, 縮減式模型與 Lucas 批判

給定

$$y_t = c\sum_{j=0}^{\infty} b^j E_t x_{t+j},$$

我們將上式稱為第 (1) 式的結構式解 (structural solution), 或是稱為 y_t 的結構式模型。該式所呈現的是內生變數 y_t 與外生變數 x_t 的結構式關係。

現在假設 x_t 服從一個 AR(1) 的定態隨機過程:

$$x_t = \phi x_{t-1} + \varepsilon_t, \quad |\phi| < 1, \quad \varepsilon_t \sim^{i.i.d.} (0, \sigma^2),$$

我們知道

$$E_t x_{t+j} = \phi^j x_t,$$

則以上的結構式解可改寫成

$$y_t = \frac{c}{1 - b\phi} x_t = \alpha x_t. \tag{4}$$

我們將第 (4) 式稱為第 (1) 式的縮減式解 (reduced-form solution), $\alpha = c/(1 - b\phi)$ 稱為縮減式參數。值得注意的是, 縮減式參數會隨著 x_t 外生隨機過程以及相關參數如 b 值改變而改變。舉例來說, 如果政策的改變是來自外生隨機過程的改變,

$$x_t = \theta x_{t-1} + \varepsilon_t,$$

則新的縮減式解應為

$$y_t = \frac{c}{1 - b\theta} x_t = \beta x_t, \tag{5}$$

而新的縮減式參數變成

$$\beta = \frac{c}{1 - b\theta}.$$

如果我們透過歷史資料估計第 (4) 式, 並根據估計結果探討政策變動對於 y_t 影響, 則可能會導致錯誤的結論 (因為真正的縮減式關係已經變成第 (5) 式)。因此, 我們應該透過估計結構參數 (structural parameters) 如 b 與 ϕ 以及 θ, 並進一步根據其估計值探討政策變動之影響。以上討論就是著名的 Lucas 批判 (Lucas critique)。

16.3　二階隨機差分方程式

給定 $|b| < 1$, 根據第 (1) 式的一階隨機差分方程式所得到的解為

$$y_t = c \sum_{j=0}^{\infty} b^j E_t x_{t+j},$$

注意到此解具有「跳躍」(jump) 的性質。也就是說, 未來任何時點 x_{t+j} 的跳動, 都會導致 y_t 的立即跳動。然而, 在財務市場上這種跳躍解或許合理, 但是總體經濟變數如消費以及失業率等, 很少有跳動的行為。

因此, 大部分的總體經濟變數應該以如下的二階隨機差分方程式來描述較為適當:

$$y_t = a y_{t-1} + b E_t y_{t+1} + c x_t. \tag{6}$$

至於要如何求解第 (6) 式? 首先, 我們考慮如下的準差分 (quasi-difference transformation),

$$\eta_t \equiv y_t - \lambda y_{t-1},$$

其中我們要求 λ 要能使 η_t 成為一個一階隨機差分方程式:

$$\eta_t = \alpha E_t \eta_{t+1} + \beta x_t.$$

我們將 $y_t = \eta_t + \lambda y_{t-1}$ 帶回第 (6) 式,

$$\underbrace{\eta_t + \lambda y_{t-1}}_{y_t} = a y_{t-1} + b E_t (\underbrace{\eta_{t+1} + \lambda y_t}_{y_{t+1}}) + c x_t,$$

$$= a y_{t-1} + b E_t \eta_{t+1} + b \lambda y_t + c x_t,$$

$$= a y_{t-1} + b E_t \eta_{t+1} + b \lambda (\eta_t + \lambda y_{t-1}) + c x_t.$$

重新整理後可得

$$(1 - b\lambda) \eta_t = b E_t \eta_{t+1} + c x_t + (b \lambda^2 - \lambda + a) y_{t-1},$$

亦即 η_t 可以表示為

$$\eta_t = \frac{b}{1-b\lambda}E_t\eta_{t+1} + \frac{c}{1-b\lambda}x_t + \frac{(b\lambda^2 - \lambda + a)}{1-b\lambda}y_{t-1}.$$

然而, 根據準差分的定義, λ 要能使 η_t 成為一個一階隨機差分方程式, 因此我們知道

$$b\lambda^2 - \lambda + a = 0.$$

令上式的解為 λ_1 與 λ_2, 則我們知道:

$$\lambda_1 + \lambda_2 = \frac{1}{b},$$

$$\lambda_1\lambda_2 = \frac{a}{b}.$$

則有三種可能性:

1. 唯一穩定解 (The unique stable solution):

$$|\lambda_1| > 1 \;\text{且}\; |\lambda_2| > 1,$$

此時唯一穩定解為 $(y_t, x_t) = (0, 0)$。亦即, 除非動態體系一開始就在均衡點 $(y_t, x_t) = (0, 0)$, 要不然所有的解都會不穩定地發散。

2. 未定解 (Indeterminacy of equilibria):

$$|\lambda_1| < 1 \;\text{且}\; |\lambda_2| < 1,$$

此時有無窮多組穩定解。

3. 馬鞍路徑解 (Saddle-path solution):

$$|\lambda_1| < 1 < |\lambda_2|,$$

會有一個穩定解 ($|\lambda_1| < 1$), 一個不穩定解 ($|\lambda_2| > 1$)。

唯一穩定解是一個無趣 (trivial) 的解,而未定解則不具意義。因此,我們底下的討論將著重在馬鞍路徑解。令 $\lambda = \lambda_1 < 1$,則我們可以將 η_t 求解成

$$\eta_t = \frac{b}{1-b\lambda} E_t \eta_{t+1} + \frac{c}{1-b\lambda} x_t,$$
$$= \frac{c}{1-b\lambda} \sum_{k=0}^{\infty} \left(\frac{b}{1-b\lambda}\right)^k E_t x_{t+k},$$

並進而求解 y_t 為

$$y_t = \lambda y_{t-1} + \frac{c}{1-b\lambda} \sum_{k=0}^{\infty} \left(\frac{b}{1-b\lambda}\right)^k E_t x_{t+k}.$$

根據 $\lambda = \lambda_1$ 以及 $\lambda_1 + \lambda_2 = 1/b$,上式可改寫成

$$y_t = \lambda_1 y_{t-1} + \frac{c}{1-b\lambda_1} \sum_{k=0}^{\infty} \left(\frac{1}{\lambda_2}\right)^k E_t x_{t+k}.$$

16.4　理性預期方程組

接下來,我們將上一節有關單變量的隨機變數之討論,擴充為多變量的隨機向量。而一階隨機差分方程式與二階隨機差分方程式亦將擴充為一階隨機差分方程組與二階隨機差分方程組。

§ 16.4.1　一階隨機差分方程組

給定 $n \times 1$ 向量 Z_t,

$$Z_t = \begin{bmatrix} z_{1t} \\ z_{2t} \\ \vdots \\ z_{nt} \end{bmatrix},$$

考慮以下的一階隨機差分方程組 (Systems of Rational Expectations Equations):

$$Z_t = BE_tZ_{t+1} + X_t. \tag{7}$$

根據之前的討論, 我們知道其前瞻解為

$$Z_t = \sum_{k=0}^{\infty} B^k E_t X_{t+k}. \tag{8}$$

在第 (8) 式中, 此前瞻解收斂的條件為

$$vec(B^k) \to \mathbf{0} \quad \text{as} \quad k \to \infty.$$

至於我們要如何確認 $vec(B^k) \to \mathbf{0}$? 事實上, 我們可以透過以下的解析, 找出前瞻解收斂的條件。首先, 我們將 B 矩陣對角化 (diagonalization) 後可得:

$$B^k = P \begin{pmatrix} \lambda_1^k & 0 & \cdots & 0 \\ 0 & \lambda_2^k & & \vdots \\ \vdots & & \ddots & 0 \\ 0 & \cdots & 0 & \lambda_n^k \end{pmatrix} P^{-1}$$

其中 P 由 B 矩陣的特性向量所組成。給定 B 矩陣的特性根為 λ_j, 則 $vec(B^k) \to \mathbf{0}$ 的條件為

$$|\lambda_j| < 1, \quad \forall j.$$

然而, 我們亦可利用數值分析, 直接計算 $B^k = B \times B \times B \times \cdots \times B$, 以判定前瞻解是否收斂。

§ 16.4.2　二階隨機差分方程組

我們進一步考慮一個二階隨機差分方程組,

$$Z_t = AZ_{t-1} + BE_tZ_{t+1} + MX_t. \tag{9}$$

許多總體經濟理論中的 DSGE 模型在經過線性化 (linearization) 或是對數線性化 (log-linearization) 後, 都能寫成如第 (9) 式的方程組。關於第 (9) 式的求解, 文獻上有許多方法。常見的有:

1. Jordan 分解法 (Jordan decomposition)。參見 Blanchard and Kahn (1980)。

2. QZ 分解法 (QZ decomposition)。參見 Sims (2002)。

3. 一般化Schur 分解法 (generalized Schur decomposition)。參見 Klein (2000)。

4. 未定係數法 (undetermined coefficients method)。參見 McCallum (1983), Christiano (2002) 以及 Uhlig (1999)。

5. 二次行列式方程法 (quadratic determinantal equation (QDE) method)。參見 Binder and Pesaran (1995, 1997)。

我們將詳細介紹 Binder-Pesaran 求解法 (The Binder-Pesaran Method)。此方法的優點為 (1) 符合直覺與 (2) 簡單明瞭。Binder-Pesaran 求解法不需做矩陣的特性根/特性向量分解 (eigenvalue-eigenvector decomposition), 只要透過電腦做反覆迭代與逆矩陣運算就能求解。

§16.4.3 Binder-Pesaran 求解法

給定第 (9) 式的二階隨機差分方程組:

$$Z_t = AZ_{t-1} + BE_tZ_{t+1} + MX_t.$$

利用之前介紹過的「準差分」的概念, 我們定義一個矩陣 C 及其準差分轉換 (quasi-difference transformation),

$$W_t = Z_t - CZ_{t-1}, \qquad (10)$$

使得 W_t 成為一個「一階隨機差分方程組」,

$$W_t = FE_t W_{t+1} + GX_t. \tag{11}$$

根據 $Z_t = W_t + CZ_{t-1}$, 代入第 (9) 式,

$$W_t + CZ_{t-1} = AZ_{t-1} + BE_t(W_{t+1} + CZ_t) + MX_t,$$
$$= AZ_{t-1} + B[E_t W_{t+1} + C(W_t + CZ_{t-1})] + MX_t.$$

重新整理後可得:

$$W_t = (I - BC)^{-1}[BE_t W_{t+1} + (BC^2 - C + A)Z_{t-1} + MX_t]. \tag{12}$$

根據 C 矩陣的定義, W_t 應為一個「一階隨機差分方程組」,因此,

$$BC^2 - C + A = 0,$$

則

$$C = (I - BC)^{-1}A.$$

接下來的問題是, 要如何求算 C 矩陣? Binder and Pesaran (1995, 1997) 建議使用暴力演算法 (brute-force algorithm)。

性質 28. *(暴力演算法)* 任意設定一個起始矩陣 C_0 *(一般的選擇是 $C_0 = I$)*, 接下來, 對於 $k = 1, 2, 3, \ldots$, 反覆計算

$$C_{(k)} = (I - BC_{(k-1)})^{-1}A,$$

直到 $C_{(k)}$ 矩陣中所有的元素均收斂:

$$\|C_{(k)} - C_{(k-1)}\| < \delta.$$

舉例來說, 我們可以設定 $\delta = 0.00001$。

一但求算出 C 矩陣後, 我們可以進一步計算

$$F = (I - BC)^{-1}B,$$

$$G = (I - BC)^{-1}M.$$

如果 F 矩陣的所有特性根 $|\lambda_i| < 1, \forall i$, 則我們可求得 W_t 的前瞻解

$$W_t = \sum_{k=0}^{\infty} F^k E_t(GX_{t+k}).$$

根據原來的準差分轉換 (第 (10) 式), 則可得

$$Z_t = CZ_{t-1} + \sum_{k=0}^{\infty} F^k E_t(GX_{t+k}). \tag{13}$$

因此, 第 (13) 式就是二階隨機差分方程組 (第 (9) 式) 的解。

我們可以進一步假設 X_t 服從一個定態 VAR 過程,

$$X_t = DX_{t-1} + \epsilon_t,$$

$$\epsilon_t \stackrel{d}{=} (\mathbf{0}, \Sigma_\epsilon),$$

其中 $\Sigma_\epsilon = E(\epsilon_t \epsilon_t')$ 為變異數–共變數矩陣, 且 $E(\epsilon_t \epsilon_s') = 0, t \neq s$。

根據定態 VAR 的性質:

$$E_t X_{t+k} = D^k X_t,$$

帶入第 (13) 式, 我們可以得到政策函數 (policy function):[7]

$$Z_t = CZ_{t-1} + \left(\sum_{k=0}^{\infty} F^k G D^k\right) X_t,$$

亦即,

$$Z_t = CZ_{t-1} + HX_t, \tag{14}$$

其中,

$$H = \left(\sum_{k=0}^{\infty} F^k G D^k\right).$$

---

[7]嚴格來說, 對於狀態變數 (k_{t+1}, a_t) 而言, 第 (14) 式應稱為轉換函數 (transition function)。

由於 H 為一無窮項之加總, Binder and Pesaran (1995, 1997) 建議利用以下的方法求算 H:

1. 先計算有限項之加總。

$$H = \left(\sum_{k=0}^{N} F^k G D^k\right),$$

其中, 可令 $N = 100$ 或任意較大之整數。

2. 之後不斷累加下去, 亦即,

$$H = \left(\sum_{k=0}^{N} F^k G D^k\right) + F^{N+1} G D^{N+1} + F^{N+2} G D^{N+2} + \cdots$$

3. 當 $F^{N+j} G D^{N+j}$ 中的最大元素小於某極微小數, 如 10^{-6}, 就停止累加:

$$H = \left(\sum_{k=0}^{N} F^k G D^k\right) + F^{N+1} G D^{N+1} + F^{N+2} G D^{N+2} + \cdots + F^{N+j} G D^{N+j}.$$

茲將 Binder-Pesaran 求解法與 DSGE 模型的關係整理如下。[8]

---

[8]我們將在第 16.6 節介紹求解一個典型的 DSGE 模型作為例子。

性質 29. *(Binder-Pesaran 求解法與 DSGE 模型)* 一般來說, 將 DSGE 模型的最適化條件 *(optimal conditions)* 線性化或對數線性化後, 再加上市場結清條件, 把這些方程式統合起來, 大多都可寫成二階隨機差分方程組:

$$Z_t = AZ_{t-1} + BE_tZ_{t+1} + MX_t. \tag{15}$$

1. 找出矩陣 A, B 以及 M (一般來說, 矩陣元素包含模型參數)。

2. 求解出 C, F 以及 G 矩陣。

3. 假設外生變數 *(driving variables)* X_t 的 VAR 模型:

$$X_t = DX_{t-1} + \epsilon_t.$$

4. 求得 Z_t 的縮減式 *(reduced-form representations)*, 或稱政策函數:

$$Z_t = CZ_{t-1} + HX_t.$$

5. 有時候模型的方程式統整出來的二階隨機差分方程組有如下更一般化的形式:

$$\hat{C}Z_t = \hat{A}Z_{t-1} + \hat{B}E_tZ_{t+1} + \hat{M}X_t,$$

則再改寫成

$$Z_t = \hat{C}^{-1}\hat{A}Z_{t-1} + \hat{C}^{-1}\hat{B}E_tZ_{t+1} + \hat{C}^{-1}\hat{M}X_t$$
$$= AZ_{t-1} + BE_tZ_{t+1} + MX_t,$$

就成為第 (15) 式。

16.5 模型調校

我們在此介紹總體經濟研究中的一個重要實證方法: 模型調校 (calibration)。首先注意到, 我們在得到 Z_t 的縮減式解 (亦即政策函數) 後, 可以進一步計算模型的衝擊反應函數 (impulse response function), 二階動差 (second moments), 以及自我相關係數 (first-order autocorrelation)。

性質 30. *(衝擊反應函數)* 我們定義以下函數:

$$\Psi(s, \theta) = \frac{\partial Z_{t+s}}{\partial X_t} = C^s H. \tag{16}$$

亦即, $C^s H$ 的第 (i, j) 的元素代表受到 X_t 向量中第 j 個外生變數於 t 期的衝擊下, Z 向量中第 i 個變數在第 $t+s$ 時的反應, $s = 1, 2, 3, \ldots$, 注意到由於 C 與 H 為模型參數 θ 的函數, 從而 $\Psi(\cdot)$ 為 s 與 θ 的函數。

性質 31. *(二階動差)* 令 $\Gamma(0) \equiv E(Z_t Z_t')$ 為變異數-共變數矩陣 *(variance-covariance matrix)*, 則 Z_t 的二階動差可由以下式子求得:

$$vec(\Gamma(0)) = (I - C \otimes C)^{-1} vec(\Omega), \tag{17}$$

其中,

$$\Omega = H E(X_t X_t') H',$$

$$vec(\Omega) = (H \otimes H) vec(E(X_t X_t'))$$

$$vec(E(X_t X_t')) = (I - D \otimes D)^{-1} vec(E(\epsilon_t \epsilon_t')).$$

性質 32. *(自我相關係數)* 我們可以透過以下式子得到 s 階的自我相關係數 *(autocorrelations)*

$$\Gamma(s) = E(Z_t Z_{t-s}') = C^s \Gamma(0). \tag{18}$$

值得注意的是，這些都是模型隱含的理論值。而所謂的「模型調校」，就是指透過帶入不同的參數值，使得模型的理論值與資料的實際值趨於一致。舉例來說，若以 θ 代表模型中的參數，且令 $\Psi(s,\theta)$ 代表理論衝擊反應函數 (theoretical impulse response function)，而 $\hat{\Psi}(s)$ 代表透過資料估計出的實證衝擊反應函數 (empirical impulse response function)，假設 $i = k$ 代表實質產出，$j = m$ 代表貨幣政策衝擊，則 $\Psi(s,\theta)_{k,m}$ 就代表了實質產出在遭受貨幣政策衝擊下的衝擊反應函數。如果我們希望參數 θ^* 能夠配適 $\Psi(s,\theta)_{k,m}$ 與 $\hat{\Psi}(s)_{k,m}$，則 θ^* 就是使得模型的理論值與資料的實際值趨於一致的參數值：

$$\theta^* = \arg\min_{\theta \in \Theta} \sum_s (\Psi(s,\theta) - \hat{\Psi}(s))^2,$$

如果模型調校的目標函數不是衝擊反應函數，而是動差的話，則又稱作動差配適 (moment matching)。

16.6 一個簡單的實質景氣循環模型

我們以一個典型的實質景氣循環 (real business cycle, RBC) 模型為例，並應用之前所介紹的 Binder-Pesaran 法來求解此 DSGE 模型。社會規畫者 (social planner) 極大化代表性個人的終身效用：

$$\max E_t \left[\sum_{s=0}^{\infty} \beta^s [U(C_{t+s}) - V(N_{t+s})] \right],$$

並受限於如下的資源限制 (生產技術，所得恆等式以及資本累積方程式)：

$$Y_t = F(K_t, N_t) = A_t K_t^{\alpha} N_t^{1-\alpha},$$

$$Y_t = C_t + I_t,$$

$$K_{t+1} = I_t + (1-\delta)K_t,$$

其中, $U(C_t) - V(N_t)$ 為效用函數, C_t 為消費, N_t 為勞動投入, Y_t 為產出, $F(K_t, N_t)$ 為生產函數, K_t 為資本投入, I_t 為投資, β 為折現因子, A_t 為隨機技術衝擊, α 為資本份額, 而 δ 則為折舊率。

根據效用函數與資源限制, 我們可寫下 Lagrangian 函數:

$$\mathcal{L} = E_t \sum_{s=0}^{\infty} \beta^s \left[U(C_{t+s}) - V(N_{t+s}) \right]$$
$$+ E_t \sum_{s=0}^{\infty} \beta^s \lambda_{t+s} \left[A_{t+s} K_{t+s}^{\alpha} N_{t+s}^{1-\alpha} - C_{t+s} - K_{t+s+1} + (1-\delta) K_{t+s} \right],$$

其中 λ_t 為 Lagrangian 乘數 (Lagrangian multiplier)。

根據

$$\frac{\partial \mathcal{L}}{\partial C_t} = \frac{\partial \mathcal{L}}{\partial K_{t+1}} = \frac{\partial \mathcal{L}}{\partial N_t} = \frac{\partial \mathcal{L}}{\partial \lambda_t} = 0,$$

其一階條件如下:

$$U'(C_t) - \lambda_t = 0 \qquad (19)$$

$$-\lambda_t + \beta E_t \left[\lambda_{t+1} \left(\alpha \frac{Y_{t+1}}{K_{t+1}} + 1 - \delta \right) \right] = 0 \qquad (20)$$

$$-V'(N_t) + (1-\alpha) \lambda_t \frac{Y_t}{N_t} = 0 \qquad (21)$$

$$A_t K_t^{\alpha} N_t^{1-\alpha} - C_t - K_{t+1} + (1-\delta) K_t = 0 \qquad (22)$$

我們進一步假設效用函數為固定相對風險趨避 (constant relative risk aversion, CRRA),

$$U(C_t) - V(N_t) = \frac{C_t^{1-\eta}}{1-\eta} - \kappa N_t, \qquad (23)$$

其中 η 為 Arrow-Pratt 相對風險趨避度 (Arrow-Pratt measure of relative risk-aversion)

$$\eta = -\frac{U''(C_t) C_t}{U'(C_t)} = -\left(\frac{-\eta C_t^{-\eta-1} C_t}{C_t^{-\eta}} \right),$$

η 愈高, 代表愈厭惡風險。

給定式 (23) 的 CRRA 效用函數, 一階條件, 與資源限制, 並定義實質利率 R_t 爲

$$R_t \equiv \alpha \frac{Y_t}{K_t} + (1-\delta),$$

我們可得:

$$Y_t = C_t + I_t \tag{24}$$

$$Y_t = A_t K_t^\alpha N_t^{1-\alpha} \tag{25}$$

$$K_{t+1} = I_t + (1-\delta)K_t \tag{26}$$

$$C_t^{-\eta} = \beta E_t(C_{t+1}^{-\eta} R_{t+1}) \tag{27}$$

$$R_t = \alpha \frac{Y_t}{K_t} + (1-\delta) \tag{28}$$

$$\frac{Y_t}{N_t} = \frac{\kappa}{1-\alpha} C_t^\eta \tag{29}$$

最後, 我們假設隨機技術衝擊服從以下的外生隨機過程:

$$\log A_t = (1-\rho)\log A^* + \rho \log A_{t-1} + \varepsilon_t, \quad \varepsilon_t \overset{i.i.d.}{\sim} (0, \sigma^2). \tag{30}$$

令 $a_t = \log A_t - \log A^*$, 則第 (30) 式可改寫成

$$a_t = \rho a_{t-1} + \varepsilon_t, \tag{31}$$

其中 A^* 爲恆定狀態 (steady state) 值並假設 $A^* = 1$。

§ 16.6.1 對數線性化

由於式 (24)–(29) 爲線性與非線性方程式混合而成的隨機方程組, 我們必須先將非線性方程式予以線性化 (linearization) 後, 以得到線性隨機方程組。首先我們定義一階泰勒近似 (First-order Taylor approximation)。

定義 35. *(一階泰勒近似)* 給定恆定狀態 $(x_1^*, x_2^*, \ldots, x_n^*)$,

$$f(x_1, x_2, \ldots, x_n) \approx f(x_1^*, x_2^*, \ldots, x_n^*) + \sum_{i=1}^{n} f_{x_i}(x_1^*, x_2^*, \ldots, x_n^*)(x_i - x_i^*),$$

其中,

$$f_{x_i}(x_1^*, x_2^*, \ldots, x_n^*) = \frac{\partial f(x_1, x_2, \ldots, x_n)}{\partial x_i}\bigg|_{x_1=x_1^*, x_2=x_2^*, \ldots, x_n=x_n^*}$$

為一階偏導函數。

在本章中,對於任一變數 x,我們會以小寫字母 x 代表其偏離恆定狀態值 X^* 的百分比:

$$x = \frac{X - X^*}{X^*} \approx \log X - \log X^*.$$

因此,當我們把非線性方程式寫成各個變數偏離恆定狀態值百分比的線性方程式,就稱為「對數線性化」(log-linearization)。

一般來說,對數線性化有兩種常用的近似方法:

1. 直接泰勒近似 (Straightforward Taylor Approximation)

2. 變數變換 (Change of Variables)

1. 直接泰勒近似法

我們就以一個例子來說明直接泰勒近似。

例 12. *(Euler 方程式)* 根據第 (19)–(22) 式可以得到:

$$U'(C_t) = \beta E_t[(U'(C_{t+1})R_{t+1}].$$

此即為常見的 Euler 方程式。

左式可直接泰勒近似為

$$\text{LHS} \approx U'(C^*) + U''(C^*)(C_t - C^*),$$

右式則直接泰勒近似為

$$\text{RHS} \approx \beta E_t[U'(C^*)R^* + U''(C^*)R^*(C_{t+1} - C^*) + U'(C^*)(R_{t+1} - R^*)],$$

因此,

$$U'(C^*) + U''(C^*)(C_t - C^*)$$
$$= \beta E_t[U'(C^*)R^* + U''(C^*)R^*(C_{t+1} - C^*) + U'(C^*)(R_{t+1} - R^*)].$$

由於在恆定狀態時, $U'(C^*) = \beta U'(C^*)R^*$, 則可得

$$U''(C^*)(C_t - C^*) = \beta E_t[U''(C^*)R^*(C_{t+1} - C^*) + U'(C^*)(R_{t+1} - R^*)].$$

我們可以進一步改寫成

$$U''(C^*)C^* \frac{(C_t - C^*)}{C^*}$$
$$= \beta E_t\left[U''(C^*)R^*C^*\frac{(C_{t+1} - C^*)}{C^*} + U'(C^*)R^*\frac{(R_{t+1} - R^*)}{R^*}\right].$$

令偏離恆定狀態值為

$$c_t = \frac{(C_t - C^*)}{C^*} \approx \log C_t - \log C^*, \quad r_t = \frac{(R_t - R^*)}{R^*} \approx \log R_t - \log R^*,$$

則

$$U''(C^*)C^*c_t = E_t[U''(C^*)C^*c_{t+1} + U'(C^*)r_{t+1}],$$

亦即

$$\frac{U''(C^*)C^*}{U'(C^*)}c_t = E_t\left[\frac{U''(C^*)C^*}{U'(C^*)}c_{t+1} + r_{t+1}\right].$$

給定 CRRA 效用函數, $\eta = -\frac{U''(C^*)C^*}{U'(C^*)}$, 則上式可改寫成

$$-\eta c_t = -\eta E_t c_{t+1} + E_t r_{t+1}.$$

2. 變數變換法

接下來, 我們介紹變數變換法。

定義 36. *(變數變換法)* 首先注意到, 我們可將變數 Y_t 寫成

$$Y_t = Y^* \frac{Y_t}{Y^*} = Y^* e^{\log\left(\frac{Y_t}{Y^*}\right)} = Y^* e^{y_t},$$

其中 $y_t = \frac{(Y_t - Y^*)}{Y^*} \approx \log Y_t - \log Y^*$。根據一階泰勒近似, $e^{y_t} \approx (1 + y_t)$。因此,

$$Y_t \approx Y^*(1 + y_t).$$

同理可推知

1. $Y_t^a = (Y^*)^a e^{ay_t} \approx (Y^*)^a (1 + ay_t)$.
2. $X_t Y_t \approx X^* Y^* (1 + x_t)(1 + y_t) \approx X^* Y^* (1 + x_t + y_t)$, 其中 $x_t y_t \to 0$.
3. $X_t^a Y_t^b \approx (X^*)^a (Y^*)^b (1 + ax_t + by_t)$.

我們來看一個變數變換法之應用。

例 13. *(生產函數)* 給定

$$Y_t = A_t K_t^\alpha N_t^{1-\alpha},$$

根據變數變換,

$$Y^*(1 + y_t) = A^*(K^*)^\alpha (N^*)^{1-\alpha}(1 + a_t + \alpha k_t + (1-\alpha)n_t),$$

由於在恆定狀態時, $Y^* = A^*(K^*)^\alpha (N^*)^{1-\alpha}$, 因此,

$$y_t = a_t + \alpha k_t + (1-\alpha)n_t.$$

§16.6.2　模型求解

根據式 (24)–(29) 以及式 (31), 予以適當的對數線性化後, 我們可以得到以下的線性隨機差分方程組:

$$y_t = \frac{C^*}{Y^*} c_t + \frac{I^*}{Y^*} i_t \tag{32}$$

$$y_t = a_t + \alpha k_t + (1-\alpha) n_t \tag{33}$$

$$k_{t+1} = \frac{I^*}{K^*} i_t + (1-\delta) k_t \tag{34}$$

$$n_t = y_t - \eta c_t \tag{35}$$

$$c_t = E_t c_{t+1} - \frac{1}{\eta} E_t r_{t+1} \tag{36}$$

$$r_t = \left(\frac{\alpha}{R^*} \frac{Y^*}{K^*} \right) (y_t - k_t) \tag{37}$$

$$a_t = \rho a_{t-1} + \varepsilon_t \tag{38}$$

在繼續求解此隨機差分方程組之前, 我們必須根據式 (24)–(29), 求出衡定狀態值 (亦即將衡定狀態求解為模型參數之函數):

$$R^* = \beta^{-1} \tag{39}$$

$$\frac{Y^*}{K^*} = \frac{\beta^{-1} + \delta - 1}{\alpha} \tag{40}$$

$$\frac{\alpha}{R^*} \frac{Y^*}{K^*} = \alpha \beta \left(\frac{\beta^{-1} + \delta - 1}{\alpha} \right) = 1 - \beta(1-\delta) \tag{41}$$

$$\frac{I^*}{Y^*} = \frac{\alpha \delta}{\beta^{-1} + \delta - 1} \tag{42}$$

$$\frac{C^*}{Y^*} = 1 - \frac{\alpha \delta}{\beta^{-1} + \delta - 1} \tag{43}$$

$$\frac{I^*}{K^*} = \delta \tag{44}$$

因此, 當我們把式 (39)–(44) 代入式 (32)–(38) 並略做整理後, 可以得

到以下的二階線性隨機差分方程組:

$$y_t = \left(1 - \frac{\alpha\delta}{\beta^{-1} + \delta - 1}\right)c_t + \left(\frac{\alpha\delta}{\beta^{-1} + \delta - 1}\right)i_t \tag{45}$$

$$k_{t+1} = \delta i_t + (1-\delta)k_t \tag{46}$$

$$y_t = a_t + \alpha k_t + (1-\alpha)n_t \tag{47}$$

$$n_t = y_t - \eta c_t \tag{48}$$

$$c_t = E_t c_{t+1} - \eta^{-1} E_t r_{t+1} \tag{49}$$

$$r_t = [1 - \beta(1-\delta)](y_t - k_t) \tag{50}$$

$$a_t = \rho a_{t-1} + \varepsilon_t \tag{51}$$

令

$$Z_t = \begin{bmatrix} y_t \\ c_t \\ i_t \\ k_{t+1} \\ n_t \\ r_t \\ a_t \end{bmatrix}, \quad \hat{M}X_t = \begin{bmatrix} 0 \\ 0 \\ 0 \\ 0 \\ 0 \\ 0 \\ 1 \end{bmatrix} \varepsilon_t.$$

注意到 y_t, c_t, i_t, n_t, 以及 r_t 為決策變數 (decision variable), 或稱控制變數 (control variable), k_{t+1} 為內生狀態變數 (endogenous state variable), 而 a_t 為外生狀態變數 (exogenous state variable)。決策變數的動態取決於當期最適決策, 而內生狀態變數則連結跨期最適決策。至於外生狀態變數與代表性個人的決策無關, 為一獨立之動態系統, 一般會用自我相關過程 (autoregressive process) 予以描繪。此外, 控制變數又可細分為靜態變數 (static variable), 如 y_t, i_t, 以及 r_t, 與跳躍變數 (jump variable), 如 c_t 以及 n_t。消費與勞動投入具有前瞻性質

(forward-looking), 稱之爲跳躍變數; 而不具前瞻性質的產出, 投資與實質利率則爲靜態變數 (static variable)。

我們將式 (45)–(51) 整理成矩陣形式:

$$\hat{C}Z_t = \hat{A}Z_{t-1} + \hat{B}E_tZ_{t+1} + \hat{M}X_t, \qquad (52)$$

其中

$$\hat{C} = \begin{pmatrix} 1 & -\left(1 - \frac{\alpha\delta}{\beta^{-1}+\delta-1}\right) & -\left(\frac{\alpha\delta}{\beta^{-1}+\delta-1}\right) & 0 & 0 & 0 & 0 \\ 0 & 0 & -\delta & 1 & 0 & 0 & 0 \\ 1 & 0 & 0 & 0 & -(1-\alpha) & 0 & -1 \\ -1 & \eta & 0 & 0 & 1 & 0 & 0 \\ 0 & 1 & 0 & 0 & 0 & 0 & 0 \\ -(1-\beta(1-\delta)) & 0 & 0 & 0 & 0 & 1 & 0 \\ 0 & 0 & 0 & 0 & 0 & 0 & 1 \end{pmatrix}$$

$$\hat{A} = \begin{pmatrix} 0 & 0 & 0 & 0 & 0 & 0 & 0 \\ 0 & 0 & 0 & 1-\delta & 0 & 0 & 0 \\ 0 & 0 & 0 & \alpha & 0 & 0 & 0 \\ 0 & 0 & 0 & 0 & 0 & 0 & 0 \\ 0 & 0 & 0 & 0 & 0 & 0 & 0 \\ 0 & 0 & 0 & -(1-\beta(1-\delta)) & 0 & 0 & 0 \\ 0 & 0 & 0 & 0 & 0 & 0 & \rho \end{pmatrix}$$

以及

$$\hat{B} = \begin{pmatrix} 0 & 0 & 0 & 0 & 0 & 0 & 0 \\ 0 & 0 & 0 & 0 & 0 & 0 & 0 \\ 0 & 0 & 0 & 0 & 0 & 0 & 0 \\ 0 & 0 & 0 & 0 & 0 & 0 & 0 \\ 0 & 1 & 0 & 0 & 0 & -\eta^{-1} & 0 \\ 0 & 0 & 0 & 0 & 0 & 0 & 0 \\ 0 & 0 & 0 & 0 & 0 & 0 & 0 \end{pmatrix}$$

將式 (52) 進一步整理可得:

$$Z_t = \hat{C}^{-1}(\hat{A}Z_{t-1} + \hat{B}E_t Z_{t+1} + \hat{M}X_t) = AZ_{t-1} + BE_t Z_{t+1} + MX_t. \quad (53)$$

眼尖的讀者不難發現, 式 (53) 與式 (9) 是一致的, 因此, 我們可以在特定的模型參數值之下, 利用 Binder-Pesaran 法求解並做模型調校。[9] 值得注意的是, 在這個簡單的 RBC 模型中, 我們假設

$$X_t = \epsilon_t = \varepsilon_t \overset{i.i.d.}{\sim} (0, \sigma^2)$$

為單變量隨機變數 (而非隨機向量), 則模型的解為

$$\begin{aligned} Z_t &= CZ_{t-1} + \sum_{k=0}^{\infty} F^k E_t(G\varepsilon_{t+k}), \\ &= CZ_{t-1} + G\varepsilon_t + FGE_t\varepsilon_{t+1} + F^2 GE_t\varepsilon_{t+2} + \cdots, \\ &= CZ_{t-1} + G\varepsilon_t, \\ &= CZ_{t-1} + (I - BC)^{-1} M\varepsilon_t, \\ &= CZ_{t-1} + H\varepsilon_t. \end{aligned}$$

---

[9]參見性質 29 之討論。

在表 16.1 所示的模型參數設定下, 我們可以得到模型的政策函數與轉換函數如下:

$$Z_t = CZ_{t-1} + H\varepsilon_t,$$

其中,

$$C = \begin{bmatrix} 0.000 & 0.000 & 0.000 & -0.021 & 0.000 & 0.000 & 2.026 \\ 0.000 & 0.000 & 0.000 & 0.510 & 0.000 & 0.000 & 0.412 \\ 0.000 & 0.000 & 0.000 & -2.156 & 0.000 & 0.000 & 8.515 \\ 0.000 & 0.000 & 0.000 & 0.953 & 0.000 & 0.000 & 0.128 \\ 0.000 & 0.000 & 0.000 & -0.531 & 0.000 & 0.000 & 1.614 \\ 0.000 & 0.000 & 0.000 & -0.025 & 0.000 & 0.000 & 0.050 \\ 0.000 & 0.000 & 0.000 & 0.000 & 0.000 & 0.000 & 0.950 \end{bmatrix}$$

$$H = \begin{pmatrix} 2.133 \\ 0.434 \\ 8.963 \\ 0.134 \\ 1.699 \\ 0.053 \\ 1.000 \end{pmatrix}$$

我們不難發現, C 矩陣中大多元素都是零, 只有在第 4 欄與第 7 欄不為零, 也就是說, 政策函數就是將模型中的內生變數寫成狀態變數 k_{t+1}

表16.1: 模型參數設定

參數	參數值	說明
α	1/3	資本份額
β	0.99	折現因子
δ	0.015	折舊率
η	1.0	Arrow-Pratt 相對風險趨避度
ρ	0.95	隨機技術衝擊之持續性
σ^2	0.025	隨機技術衝擊之變異數

與 a_t 以及隨機衝擊 ε_t 之函數:

$$\begin{pmatrix} y_t \\ c_t \\ i_t \\ k_{t+1} \\ n_t \\ r_t \\ a_t \end{pmatrix} = \begin{pmatrix} -0.021 & 2.026 \\ 0.510 & 0.412 \\ -2.156 & 8.515 \\ 0.953 & 0.128 \\ -0.531 & 1.614 \\ -0.025 & 0.050 \\ 0.000 & 0.950 \end{pmatrix} \begin{pmatrix} k_t \\ a_{t-1} \end{pmatrix} + \begin{pmatrix} 2.133 \\ 0.434 \\ 8.963 \\ 0.134 \\ 1.699 \\ 0.053 \\ 1.000 \end{pmatrix} \varepsilon_t$$

此外, 根據式 (17) 與式 (18), 我們可以得到各內生變數的標準差, 與產出的共變數, 以及一階自我相關係數並報告於表 16.2 中。

根據式 (16), 我們將技術衝擊的衝擊反應函數畫在圖 16.1 中, 並將內生變數因應技術衝擊的衝擊反應函數並畫在圖 16.2 中。根據衝擊反應函數, 當經濟體系面臨正向技術衝擊時, 產出, 消費, 資本投入, 勞動投入, 以及實質利率均隨之增加。

表16.2: 理論動差

變數 (X)	標準差 σ_X^2	共變數 $Cov(X,Y)$	一階自我相關係數 ρ_X
y_t	1.0658	1.0000	0.9486
c_t	0.6803	0.5987	0.9945
i_t	3.4562	3.2962	0.9118
k_{t+1}	1.0027	0.7531	0.9988
n_t	0.6336	0.5373	0.9049
r_t	0.0210	0.0105	0.9136
a_t	0.5064	0.5397	0.9500

圖16.1: 衝擊反應函數: 技術衝擊

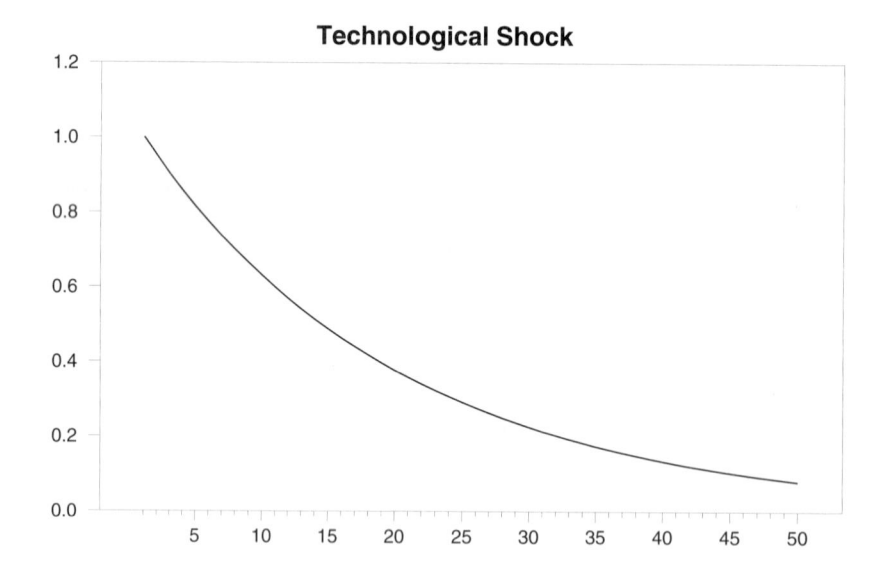

Technological Shock

圖 16.2: 因應技術衝擊之衝擊反應函數: 產出 (Output), 消費 (Consumption), 投資 (Investment), 資本投入 (Capital), 勞動投入 (Labor), 實質利率 (Real Interest Rate)

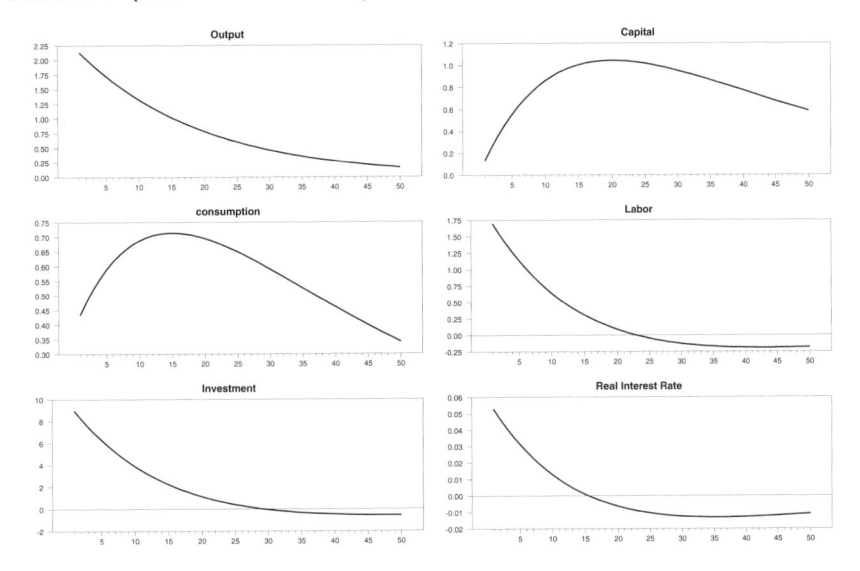

16.7　附錄 A: RATS 程式

本附錄提供 RATS 程式示範如何以 Binder-Pesaran 法求解第 16.6 節的 RBC 模型。改寫自 Michael Binder and M. Hashem Pesaran 的 RBCQDE.PRG (http://www.inform.umd.edu/econ/mbinder)。

```
* RBC_NEW.RPF

environment noecho
comp samp  = 1000
allocate samp
comp N      = 100
comp msize  = 7
comp rsize  = 1

comp alpha  = 1.0 / 3.0
comp beta   = 0.99
```

```
comp delta   = 0.015
comp nu      = 1.0
comp rho     = 0.95
comp sigma2  = 0.025

comp ishare = (alpha*delta) / (delta -1 + (beta)**(-1) )
comp mu      = 1 - beta*(1-delta)

**************************************************************
* Z MATRIX                                                    *
* Row 1:   Output                                             *
* Row 2:   Consumption                                        *
* Row 3:   Investment                                         *
* Row 4:   Capital Stock                                      *
* Row 5:   Hours                                              *
* Row 6:   Interest Rate                                      *
* Row 7:   Technology                                         *
*                                                             *
* Chat * Z[t] = Ahat * Z[t-1] + Bhat * E(Z[t+1]|I[t])         *
*             + Mhat1 * W[t] + Mhat2 * E(W[t+1]|I[t])         *
* W[t] = D * W[t-1] + v[t]                                    *
**************************************************************

declare rectangular chat(msize,msize)
declare rectangular ahat(msize,msize)
declare rectangular bhat(msize,msize)
declare rectangular Mhat1(msize,rsize)
declare rectangular Mhat2(msize,rsize)
declare rectangular D(rsize,rsize)
declare rectangular VV(rsize,rsize)

compute chat    = %const(0.0)
compute ahat    = %const(0.0)
compute bhat    = %const(0.0)
compute Mhat1   = %const(0.0)
compute Mhat2   = %const(0.0)
compute D       = %const(0.0)
compute VV      = %const(0.0)

comp chat(1,1) = 1
```

```
comp chat(1,2) = -(1-ishare)
comp chat(1,3) = -ishare
comp chat(2,4) = 1
comp chat(2,3) = -delta
comp ahat(2,4) = 1 - delta
comp chat(3,1) = 1
comp chat(3,5) = -(1-alpha)
comp chat(3,7) = -1
comp ahat(3,4) = alpha
comp chat(4,5) = 1
comp chat(4,1) = -1
comp chat(4,2) = nu
comp chat(5,2) = 1
comp bhat(5,2) = 1
comp bhat(5,6) = -(nu)**(-1)
comp chat(6,6) = 1
comp chat(6,1) = -mu
comp ahat(6,4) = -mu
comp chat(7,7) = 1
comp ahat(7,7) = rho
comp Mhat1(7,1) = 1
comp VV(1,1) = sigma2

***********************************************
* Transform System to Canonical Form:          *
* Z(t) = A * Z(t-1) + B * E(Z(t+1)|I(t))       *
*        + inv(Chat) * Mhat1 * W(t)            *
*        + inv(Chat) * Mhat2 * E(W(t+1)|I(t))  *
***********************************************

comp B = inv(chat)*Bhat
comp A = inv(chat)*Ahat

comp dim1 = msize
comp dim2 = rsize

*****************************************
* Compute Matrix C Using                 *
* Brute-Force Iterative Procedure        *
*****************************************
```

```
comp C = %identity(dim1)
comp F = %identity(dim1)
comp eps = 0.00001
comp crit1 = 1.0
comp crit2 = 1.0
comp maxcrit = 1.0

comp crit = 1.0


comp iter = 0
while crit > eps
{
comp Ci = inv(%identity(dim1)-B*C)*A
comp Cch = Ci - C
comp crit = %maxvalue(%abs(Cch))
comp    C = Ci
comp iter = iter+1
if iter > 5000
{
comp crit = 0
disp   "The brute-force iterative procedure did not converge after"
disp   "5000 iterations. See Binder and Pesaran (1995, 1997) for alternative"
disp   "algorithms to compute the matrix C."
}
}
end while

comp F = inv(%identity(dim1)-B*C)*B

disp " "
disp "C"
disp C


*********************************************************
*  Use Recursive Method of Binder and Pesaran (1995)  *
*  to Compute the Forward Part of the Solution        *
*********************************************************
```

```
comp eps3 = 10**(-6)

declare rectangular aux3a(dim1,dim2)
declare rectangular aux3b(dim1,dim2)
compute aux3a  =%const(0.0)
compute aux3b  =%const(0.0)

comp Fn  = %identity(msize)
comp Dn  = %identity(rsize)
comp Dn1 = D

comp i = 0
while i <= N
{
comp fp1 = Fn*inv(%identity(dim1)-B*C)*inv(Chat)*Mhat1*Dn
comp fp2 = Fn*inv(%identity(dim1)-B*C)*inv(Chat)*Mhat2*Dn1
comp aux3a = fp1+aux3a
comp aux3b = fp2+aux3b
comp Fn   = Fn*F
comp Dn   = Dn*D
comp Dn1  = Dn1*D
comp i = i+1
}
end while

comp fpsum = fp1 + fp2
comp crit3 = %maxvalue(%abs(fpsum))

while crit3 > eps3
{
comp N = N+1
comp fp1 = Fn*inv(%identity(dim1)-B*C)*inv(Chat)*Mhat1*Dn
comp fp2 = Fn*inv(%identity(dim1)-B*C)*inv(Chat)*Mhat2*Dn1
comp aux3a = fp1+aux3a
comp aux3b = fp2+aux3b
comp Fn   = Fn*F
comp Dn   = Dn*D
comp Dn1  = Dn1*D
comp fpsum = fp1 + fp2
comp crit3 = %maxvalue(%abs(fpsum))
```

```
}
end while

comp H = aux3a+aux3b
disp " "
disp "H"
disp H

****************************************************
* Model is Z[t] = C*Z[t-1] + H*w[t]                 *
* Impulse Response to the Technology Shock         *
****************************************************

declare rectangular z(msize,rsize)
compute z=%const(0.0)

set y    = 0
set con  = 0
set in   = 0
set cap  = 0
set hrs  = 0
set int  = 0
set tec  = 0

comp z       = h
comp y(1)    = h(1,1)
comp con(1)  = h(2,1)
comp in(1)   = h(3,1)
comp cap(1)  = h(4,1)
comp hrs(1)  = h(5,1)
comp int(1)  = h(6,1)
comp tec(1)  = h(7,1)

do k=2,50
comp z = c*z
comp y(k)    = z(1,1)
comp con(k)  = z(2,1)
comp in(k)   = z(3,1)
comp cap(k)  = z(4,1)
comp hrs(k)  = z(5,1)
```

```
comp int(k) = z(6,1)
comp tec(k) = z(7,1)
end do k



graph(header="Technological Shock") 1
# tec 1 50

spgraph(vfields=3,hfields=2)
graph(header="Output") 1
# y    1 50
graph(header="consumption") 1
# con 1 50
graph(header="Investment") 1
# in   1 50
graph(header="Capital") 1
# cap  1 50
graph(header="Labor") 1
# hrs 1 50
graph(header="Real Interest Rate") 1
# int 1 50
spgraph(done)

comp KDD = %kroneker(D,D)
comp dimkdd=%dims(KDD)(1)
comp vecXX = inv((%identity(dimkdd)-KDD))*%vec(VV)
comp vecOmega = %kroneker(H,H)*vecXX
comp KCC = %kroneker(C,C)
comp dimkcc=%dims(KCC)(1)
comp vecGamma0 = inv((%identity(dimkcc)-KCC))*vecOmega
comp Gamma0 = %vectorect(vecGamma0,msize)
disp 'Gamma0' Gamma0
comp Gamma1 = C*Gamma0
disp 'Gamma1' Gamma1

comp std = %sqrt(%xdiag(Gamma0))
disp 'standard error'
disp std
```

```
comp cov0 = %xrow(Gamma0,1)
disp 'Covariance'
disp cov0

comp cov1 =%xdiag(Gamma1)

declare rect rho1m(msize,msize)
ewise rho1m(i,j) = Gamma1(i,j)/Gamma0(i,j)
comp rho1 = %xdiag(rho1m)
disp 'rho1' rho1
```

16.8 附錄 B: Dynare 外掛程式簡介

我們在此簡單介紹目前在 DSGE 模型建構時, 最常用的一套外掛程式: Dynare。Dynare 為法國中央銀行顧問 Michel Juillard 所開發, 可掛載於 MATLAB 或是 GNU Octave, 並可以免費於 http://www.dynare.org/ 下載。[10]

我使用的是 4.3.2 版, 安裝在 c:\dynare\4.3.2 之目錄下, 並以 MATLAB 來執行 Dynare。安裝成功後, 執行 MATLAB, 並依序執行以下步驟:

1. 選取 MATLAB "File"

2. 選取 "Set Path"

3. 選取 "Add Folder..." 並加入 c:\dynare\4.3.2\matlab

4. 選取 "OK" 與 "Save"

---

[10]關於 Dynare 的下載與安裝, 請參見 Dynare 網站上之使用手冊。

設定完成後,新設一個子目錄,如 d:\dynarework,並將 Dynare 的程式檔 (*.mod) 放在此目錄中。舉例來說,為了求解本章中的 RBC 模型,我們將 Dynare 程式檔命名為 RBC.mod,並存放在 d:\dynarework 之下。要執行此 Dynare 程式檔,首先執行 MATLAB,在 Command Window 中,輸入

指令 13. `cd d:\dynarework`

接下來輸入

指令 14. `dynare RBC`

就大功告成。底下為 Dynare 程式檔 RBC.mod:

```
% RBC.mod
var y c i k n r a;
varexo eps;
parameters alpha beta delta eta rho ishare;
%parameters
alpha=1/3;
beta=0.99;
delta=0.015;
eta=1.0;
rho=0.95;
ishare=alpha*delta/(1/beta+delta-1);

model(linear);
y=(1-ishare)*c+ishare*i;
k=delta*i+(1-delta)*k(-1);
y=a+alpha*k(-1)+(1-alpha)*n;
n=y-eta*c;
c=c(+1)-1/eta*r(+1);
r=(1-beta*(1-delta))*(y-k(-1));
a=rho*a(-1)+eps;
end;

initval;
y=0;
```

```
c=0;
i=0;
k=0;
n=0;
r=0;
a=0;
eps=0;
end;

shocks;
var eps=0.025;
end;

steady;
stoch_simul(order=1,irf=50);
```

我們將予以一一說明。

首先,我們要宣告變數 (y_t, c_t, i_t, k_{t+1}, n_t, r_t, 以及 a_t)。

指令 15. `var y c i k n r a;`

接下來宣告外生衝擊 (ε_t)。

指令 16. `varexo eps;`

下一步為宣告參數並給予特定參數值。

指令 17. `parameters alpha beta delta eta rho ishare;`

```
%parameters
alpha=1/3;
beta=0.99;
delta=0.015;
eta=1.0;
rho=0.95;
ishare=alpha*delta/(1/beta+delta-1);
```

接下來,就是將式(45)-(51)的線性化模型輸入,先宣告model(linear),最後要輸入end。

指令 18. `model(linear);`
```
y=(1-ishare)*c+ishare*i;
k=delta*i+(1-delta)*k(-1);
y=a+alpha*k(-1)+(1-alpha)*n;
n=y-eta*c;
c=c(+1)-1/eta*r(+1);
r=(1-beta*(1-delta))*(y-k(-1));
a=rho*a(-1)+eps;
end;
```

變數時點的輸入十分符合直覺,X_{t+1}, X_t, 與 X_{t-1} 就分別寫成 X(+1), X 與 X(-1)。值得注意的是,Dynare 認定的變數時點是該變數決定時之時點,因此,以資本投入為例,K_t 是在 $t-1$ 期就已決定,為第 t 期期初的資本存量,因此,根據對數線性化的生產函數:

$$y_t = a_t + \alpha k_t + (1-\alpha)n_t$$

就要輸入

`y=a+alpha*k(-1)+(1-alpha)*n;`

而資本累積式

$$k_{t+1} = \delta I_t + (1-\delta)k_t$$

就要輸入為

`k=delta*i+(1-delta)*k(-1);`

由於 Dynare 會以數值方法幫你求算恆定狀態值,因此我們必須給予初始值(先宣告 initval,最後要輸入 end)。

指令 19. initval;

y=0;

c=0;

i=0;

k=0;

n=0;

r=0;

a=0;

eps=0;

end;

接下來是設定外生衝擊 ε_t 的變異數 σ^2 (先宣告 shocks,最後要輸入 end)。

指令 20. shocks;

var eps=0.025;

end;

一旦我們都設定完成後,就可以下指令要 Dynare 幫你求算恆定狀態值與求解模型

指令 21. stoch_simul(order=1,irf=50);

其中 order=1 代表要求 Dynare 作一階近似,irf=50 則是選擇衝擊反應函數的期數為 50 期。我們可以輸入 order=2 來要求 Dynare 作二階近似。

我們將 Dynare 執行 RBC.mod 結果報告於底下:

```
>> dynare rbc

Configuring Dynare ...
[mex] Generalized QZ.
[mex] Sylvester equation solution.
[mex] Kronecker products.
[mex] Sparse kronecker products.
[mex] Bytecode evaluation.
[mex] k-order perturbation solver.
[mex] k-order solution simulation.

Starting Dynare (version 4.2.2).
Starting preprocessing of the model file ...
Found 7 equation(s).
Evaluating expressions...done
Computing static model derivatives:
 - order 1
Computing dynamic model derivatives:
 - order 1
Processing outputs ...done
Preprocessing completed.
Starting MATLAB/Octave computing.




MODEL SUMMARY

  Number of variables:          7
  Number of stochastic shocks:  1
  Number of state variables:    2
  Number of jumpers:            2
  Number of static variables:   3



MATRIX OF COVARIANCE OF EXOGENOUS SHOCKS

Variables     eps
eps           0.025000
```

POLICY AND TRANSITION FUNCTIONS

	y	c	i	k	n	r	a
k(-1)	-0.0208	0.5104	-2.1565	0.9527	-0.5312	-0.0254	0
a(-1)	2.0260	0.4120	8.5146	0.1277	1.6140	0.0503	0.9500
eps	2.1326	0.4337	8.9627	0.1344	1.6989	0.0530	1.0000

THEORETICAL MOMENTS

VARIABLE	MEAN	STD. DEV.	VARIANCE
y	0.0000	1.0658	1.1360
c	0.0000	0.6803	0.4628
i	0.0000	3.4561	11.9449
k	0.0000	1.0027	1.0054
n	0.0000	0.6336	0.4015
r	0.0000	0.0210	0.0004
a	0.0000	0.5064	0.2564

MATRIX OF CORRELATIONS

Variables	y	c	i	k	n	r	a
y	1.0000	0.8257	0.8948	0.7047	0.7957	0.4686	0.9999
c	0.8257	1.0000	0.4869	0.9821	0.3152	-0.1115	0.8337
i	0.8948	0.4869	1.0000	0.3138	0.9824	0.8137	0.8883
k	0.7047	0.9821	0.3138	1.0000	0.1309	-0.2966	0.7148
n	0.7957	0.3152	0.9824	0.1309	1.0000	0.9080	0.7869
r	0.4686	-0.1115	0.8137	-0.2966	0.9080	1.0000	0.4558
a	0.9999	0.8337	0.8883	0.7148	0.7869	0.4558	1.0000

COEFFICIENTS OF AUTOCORRELATION

Order	1	2	3	4	5
y	0.9486	0.8999	0.8537	0.8098	0.7682
c	0.9945	0.9872	0.9783	0.9678	0.9561
i	0.9118	0.8299	0.7537	0.6830	0.6174
k	0.9988	0.9953	0.9898	0.9824	0.9735

```
n         0.9049   0.8167   0.7349   0.6592   0.5891
r         0.9136   0.8332   0.7585   0.6891   0.6246
a         0.9500   0.9025   0.8574   0.8145   0.7738
Total computing time : 0h00m03s
>>
```

Dynare 使用 generalized Schur decomposition 來求解 DSGE 模型, 但結果與使用 Binder-Pesaran 法的結果是一致的。注意到這裡的恆定狀態值均為零, 其原因是, 由於我們輸入的是對數線性化模型, 模型中的變數均已是偏離恆定狀態值百分比形式 ($x = \log X - \log X^*$), Dynare 所計算的恆定狀態值就是 $x^* = \log X^* - \log X^* = 0$。

最後值得一提的是, Dynare 最方便的特長就是可以直接幫你線性化, 你不必自己辛苦做 (還可能做錯)。我們只要將式 (24)–(29) 以及式 (30) 逐一輸入 mod 檔案即可。對於線性化, Dynare 提供兩種選擇: 直接線性化與對數線性化。

§16.8.1　直接線性化

則線性化後的模型是偏離恆定狀態值 X^*:

$$x = X - X^*$$

至於在宣告模型時, 只要使用 model, 而非 model(linear)。其程式如下:

```
% Linear in Level
var y, c, i, k, n, r, a;
varexo eps;

parameters beta, alpha, delta, rho, eta, kappa;

beta     = 0.99;
```

```
alpha     = 1/3;
delta     = 0.015;
rho       = 0.95;
eta       = 1;
kappa     = 1.5;

model;
y=c+i;
y=exp(a)*(k(-1)^alpha)*(n^(1-alpha));
k=i+(1-delta)*k(-1);
n=((1-alpha)/kappa)*y*c^(-eta);
c^(-eta)=beta*(c(+1)^(-eta))*r(+1);
r=alpha*y/k(-1)+(1-delta);
a=rho*a(-1)+eps;
end;


initval;
y       = 0.1;
c       = 0.5;
i       = 0.5;
k       = 0.95;
n       = 1/3;
r       = 0.03;
a       = 1;
eps     = 0.0;
end;

steady;

shocks;
var eps=0.025;

end;

stoch_simul(order=1,irf=50);
```

所得到的政策函數如下:

```
POLICY AND TRANSITION FUNCTIONS
               y        c        i        k        n        r        a
Constant    2.0225   1.6196   0.4029   26.8570   0.5550   1.0101   0.0000
k(-1)      -0.0016   0.0308  -0.0323    0.9527  -0.0110  -0.0010   0.0000
a(-1)       4.0974   0.6673   3.4302    3.4302   0.8957   0.0509   0.9500
eps         4.3131   0.7024   3.6107    3.6107   0.9429   0.0535   1.0000
```

其中 Constant 就是恆定狀態值, X^*。舉例來說, $C^* = 1.6196$, 而政策函數為

$$C_t = 1.6196 + 0.0308(K_t - K^*) + 0.6673 \log A_{t-1} + 0.7024\varepsilon_t,$$

其中 $A^* = 1$。

§16.8.2 對數線性化

則線性化後的模型是偏離恆定狀態值 X^* 的百分比:

$$x = \log(X) - \log(X^*)$$

因此, 在輸入模型時, 要改寫成 exp(x):

```
% Linearize in Logs

var y, c, i, k, n, r, a;
varexo eps;

parameters beta, alpha, delta, rho, eta, kappa;

beta      = 0.99;
alpha     = 1/3;
delta     = 0.015;
rho       = 0.95;
eta       = 1;
kappa     = 1.5;
```

```
model;
exp(y)=exp(c)+exp(i);
exp(y)=exp(a)*(exp(k(-1))^alpha)*(exp(n)^(1-alpha));
exp(k)=exp(i)+(1-delta)*exp(k(-1));
exp(n)=((1-alpha)/kappa)*exp(y)*exp(c)^(-eta);
exp(c)^(-eta)=beta*(exp(c(+1))^(-eta))*exp(r(+1));
exp(r)=alpha*exp(y)/exp(k(-1))+(1-delta);
a=rho*a(-1)+eps;
end;

initval;
y      = 0;
c      = 0;
i      = 0;
k      = 0;
n      = 0;
r      = 0;
a      = 0;
eps    = 0;
end;

shocks;
var eps=0.025;
end;

stoch_simul(order=1);
```

執行後的政策函數如下:

```
POLICY AND TRANSITION FUNCTIONS
              y       c        i       k        n        r       a
Constant  0.7043  0.4822  -0.9091  3.2906  -0.5888   0.0101  0.0000
k(-1)    -0.0208  0.5104  -2.1565  0.9527  -0.5312  -0.0254  0.0000
a(-1)     2.0260  0.4120   8.5146  0.1277   1.6140   0.0503  0.9500
eps       2.1326  0.4337   8.9627  0.1344   1.6989   0.0530  1.0000
```

其中 Constant 是恆定狀態值，注意到此時恆定狀態值不爲零，因爲 Dynare 所計算的是 $\log X^*$。以消費爲例，$\log C^* = 0.4822$，而政策

函數為

$$\log C_t = 0.4822 + 0.5104(\log K_t - \log K^*) + 0.4120 \log A_{t-1} + 0.4337\varepsilon_t.$$

此結果與我們自行對數線性化後求解的結果一致。

習 題

1. 請推導出式 (32) 到 (37) 之線性隨機差分方程組。
2. 請求算式 (39) 到 (44) 之衡定狀態值。
3. 考慮社會規畫者之決策模型如下：

$$\max E_0 \sum_{t=0}^{\infty} \beta^t \frac{C_t^{1-\sigma} - 1}{1 - \sigma}$$

s.t.

$$Y_t = C_t + I_t$$

$$I_t = K_{t+1} - (1 - \delta)K_t$$

$$Y_t = A_t K_t^{\alpha}$$

A_t 服從外生隨機過程

$$\log A_t = \rho \log A_{t-1} + \varepsilon_t, \quad \varepsilon_t \sim^{i.i.d.} (0, \sigma_\varepsilon^2).$$

(a) 寫下均衡條件 (一階條件與市場結清條件)。

(b) 請將均衡條件對數線性化。

(c) 給定 $\sigma = 1.5$, $\alpha = 0.33$, $\delta = 0.025$, $\beta = 0.99$, $\rho = 0.95$, 以及 $\sigma_\varepsilon^2 = 1$。

  i. 請以 Binder-Pesaran 法求解政策函數。

ii. 請以 Dynare 求解政策函數。

4. 考慮底下的新古典 DSGE 模型。

   [家計單位極大化終身效用]

   $$\max E_0 \sum_{t=0}^{\infty} \beta^t [\gamma \log C_t + (1-\gamma) \log(1-N_t)]$$

   s.t.

   $$W_t N_t + \epsilon_t K_t + \pi_t = C_t + I_t$$

   $$I_t = K_{t+1} - (1-\delta) K_t$$

   [廠商極大化利潤]

   $$\max \pi_t = A_t K_t^{\alpha} N_t^{1-\alpha} - W_t N_t - \epsilon_t K_t$$

   [外生隨機過程]

   $$\log A_t = \rho \log A_{t-1} + \varepsilon_t, \quad \varepsilon_t \sim^{i.i.d.} (0, \sigma_\varepsilon^2).$$

   (a) 寫下均衡條件 (一階條件與市場結清條件)。

   (b) 請將均衡條件對數線性化。

   (c) 給定 $\gamma = 0.3$, $\alpha = 0.33$, $\delta = 0.025$, $\beta = 0.99$, $\rho = 0.95$, 以及 $\sigma_\varepsilon^2 = 1$。

   i. 請以 Binder-Pesaran 法求解政策函數。

   ii. 請以 Dynare 求解政策函數。

5. 考慮底下對數線性化後之新興凱因斯 (New Keynesian, NK) DSGE 模型:

[NK IS]
$$x_t = E_t x_{t+1} - \frac{1}{\sigma}\left[\epsilon_t - E_t \pi_{t+1} - r_t^n\right]$$

[MK Phillips Curve]
$$\pi_t = \beta E_t \pi_{t+1} + \kappa x_t$$

[Taylor Rule]
$$\epsilon_t = r_t^n + \phi_\pi \pi_t + \phi_x x_t$$

[Stochastic Process]
$$a_t = \rho a_{t-1} + \varepsilon_t, \quad \varepsilon_t \sim^{i.i.d.} (0, \sigma^2).$$

[Natural Output]
$$y_t^f = \left(\frac{1+\eta}{\sigma+\eta}\right) a_t$$

[Output Gap]
$$x_t = y_t - y_t^f$$

[Natural Rate of Interest]
$$r_t^n = \sigma(E_t y_{t+1}^f - y_t^f) + \epsilon^*$$

給定 $\beta = 0.99$, $\alpha = 0.75$, $\sigma = 1$, $\eta = 1$, $\epsilon^* = -\log \beta$,

(a) 請以 Binder-Pesaran 法求解此模型。

(b) 請以 Dynare 求解此模型。

參考文獻

王泓仁 (2005), "台幣匯率對我國經濟金融活動之影響", 《中央銀行季刊》, 27(1), 13–46。

張元晨 (2007), "銀行間新台幣兌美元外匯交易流動性與交易成本的分析: 台北與元太外匯經紀公司的比較", 《中山管理評論》, 15(2), 299–322。

梁國樹 (1997), "對當前貨幣政策之看法", 收錄於侯金英 (編), 《貨幣金融政策建言》, 164–167, 台北: 遠流。

陳旭昇・吳聰敏 (2007), "台灣匯率制度初探", 《經濟論文叢刊》, 出版中。

陳旭昇 (2012), 《統計學: 應用與進階》, 台北市: 東華書局, 2版。

——— (2013), "央行「阻升不阻貶」? – 再探台灣匯率不對稱干預政策", 《經濟論文叢刊》, 即將刊登。

陳旭昇・湯茹茵 (2012), "動態隨機一般均衡 (DSGE) 模型在貨幣政策制定上的應用: 一個帶有批判性的回顧與展望", 《經濟論文叢刊》, 40(3), 289–323。

趙民德・李紀難 (2005), 《統計學》, 台北市: 東華書局。

Aiyagari, S Rao (1995), "Optimal capital income taxation with incomplete mar#ets, borrowing constraints, and constant discounting", *Journal of Political Economy*, 103(6), 1158–75.

Aiyagari, S. Rao, Christiano, Lawrence J., and Eichenbaum, Martin (1992), "The output, employment, and interest rate effects of government consumption", *Journal of Monetary Economics*, 30, 73–86.

©陳旭昇 (February 4, 2013)

Aiyagari, S. Rao and McGrattan, Ellen R. (1998), "The optimum quantity of debt", *Journal of Monetary Economics*, 42(3), 447–469.

Andrews, Donald W. K. (1993), "Tests for parameter instability and structural change with un#nown change point", *Econometrica*, 61(4), 821–856.

——— (2003), "Tests for parameter instability and structural change with un#nown change point: A corrigendum", *Econometrica*, 71(1), 395–397.

Ash, Robert and Doleans-Dade, Catherine (2000), *Probability and Measure Theory*, Elsevier, 2 edition.

Ashley, R., Granger, C.W.J., and Schmalensee, R. (1980), "Advertising and aggregate consumption: an analysis of causality", *Econometρrica*, 48(5), 1149–1168.

Ashley, Richard (2003), "Statistically significant forecasting improvements: How much out-of-sample data is li#ely necessary?", *Interρnational Journal of Forecasting*, 19(2), p229 – 239.

Bac#us, David K, Kehoe, Patric# J, and Kydland, Finn E (1992), "International real business cycles", *Journal of Political Economy*, 100(4), 745–75.

Bai, Jushan (1997), "Estimation of a change point in multiple regression models", *The є eview of Economics and Statistics*, 79(4), 551–563.

Bai, Jushan and Perron, Pierre (1998), "Estimating and testing linear models with multiple structural changes", *Econometrica*, 66(1), 47–78.

——— (2003), "Computation and analysis of multiple structural change models", *Journal of Applied Econometrics*, 18(1), 1–22.

Baxter, Marianne and King, Robert G (1993), "Fiscal policy in general equilibrium", *American Economic є eview*, 83(3), 315–34.

Bernan#e, Ben S. and Blinder, Alan S. (1992), "The federal funds rate and the channels of monetary transmission", *American Economic є eview*, 82(4), 901–921.

Bernan#e, Ben S. and Mihov, Ilian (1998), "Measuring monetary policy", *Quarterly Journal of Economics*, 113(3), 869–902.

Binder, Michael and Pesaran, M. Hashem (1995), "Multivariate rational expectations models: a review and some new results", in M. H.

Pesaran and M. Wickens (eds.), *Handbook of Applied Econometrics*, 139–187, Basil Blackwell, Oxford.

——— (1997), "Multivariate linear rational expectations models: Characterization of the nature of the solutions and their fully recursive computation", *Econometric Theory*, 13(6), 877–888.

Blanchard, Olivier J. and Kahn, Charles M. (1980), "The Solution of Linear Difference Models under Rational Expectations", *Econometrica*, 48(5), 1305–1311.

Blanchard, Olivier Jean and Quah, Danny (1989), "The dynamic effects of aggregate demand and supply disturbances", *American Economic Review*, 79(4), 655–673.

Bollerslev, Tim (1986), "Generalized autoregressive conditional heteroskedasticity", *Journal of Econometrics*, 31(3), 307–327.

Box, George, Jenkins, Gwilym M., and Reinsel, Gregory (1994), *Time Series Analysis: Forecasting and Control*, Prentice Hall, 3 edition.

Brock, William A. and Mirman, Leonard J. (1972), "Optimal economic growth and uncertainty: The discounted case", *Journal of Economic Theory*, 4(3), 479–513.

Chao, John, Corradi, Valentina, and Swanson, Norman (2001), "An out-of-sample test for granger causality", *Macroeconomic Dynamics*, 5(4), 598–620.

Chen, Shiu-Sheng (2005), "A note on in-sample and out-of-sample tests for granger causality", *Journal of Forecasting*, 26(4), 453–464.

Cheung, Yin-Wong, Chinn, Menzie D., and Pascual, Antonio Garcia (2005), "Empirical exchange rate models of the nineties: Are any fit to survive?", *Journal of International Money and Finance*, 24, 1150–1175.

Chow, Gregory C. (1960), "Tests of equality between sets of coefficients in two linear regressions", *Econometrica*, 28(3), 591–605.

Christiano, Lawrence J. (2002), "Solving Dynamic Equilibrium Models by a Method of Undetermined Coefficients", *Computational Economics*, 20(1), 21–55.

Christiano, Lawrence J and Eichenbaum, Martin (1992a), "Current real-business-cycle theories and aggregate labor-market fluctuations", *American Economic Review*, 82(3), 430–50.

Christiano, Lawrence J. and Eichenbaum, Martin (1992b), "Identification and the liquidity effect of a monetary policy shock", in A. Cukierman, Z. Hercowitz, and L. Leiderman (eds.), *Political Economy, Growth, and Business Cycles*, Cambridge MA, MIT Press.

Christiano, Lawrence J., Eichenbaum, Martin, and Evans, Charles L. (1996), "The effects of monetary policy shocks: Evidence from the flow of funds", *Review of Economics and Statistics*, 78(1), 16–34.

Clarida, Richard and Gali, Jordi (1994), "Sources of real exchangerate fluctuations: How important are nominal shocks?", *Carnegie-Rochester Conference Series on Public Policy*, 41(0), 1–56.

Clark, Todd E. and McCracken, Michael W. (2001), "Tests of equal forecast accuracy and ecompassing for nested models", *Journal of Econometrics*, 105, 85–110.

Cochrane, John H. (1998), "What do the vars mean? measuring the output effects of monetary policy", *Journal of Monetary Economics*, 41(2), p277 – 300.

———— (2001), *Asset Pricing*, Princeton University Press.

Cooley, Thomas F. (1995), *Frontiers of business cycle research / Thomas F. Cooley, editor*, Princeton University Press, Princeton, N.J. :.

Cooley, Thomas F. and Dwyer, Mark (1998), "Business cycle analysis without much theory: A look at structural vars", *Journal of Econometrics*, 83(1-2), 57–88.

Cooley, Thomas F and Hansen, Gary D (1989), "The inflation tax in a real business cycle model", *American Economic Review*, 79(4), 733–48.

Cooley, Thomas F and Hansen, Gary D. (1995), "Money and the business cycle", in Thomas F Cooley (ed.), *Frontiers of Business Cycle Research*, Princeton University Press.

Cosimano, Thomas F. and Sheehan, Richard G. (1994), "The federal reserve operating procedure, 19841990: An empirical analysis", *Journal of Macroeconomics*, 16(4), 573–588.

Davison, Anthony C. and Hinkley, David V. (1997), *Bootstrap Methods and Their Application*, Cambridge: Cambridge University Press.

Davison, Russell and MacKinnon, James (2004), *Econometric Theory and Methods*, Oxford: Oxford University Press.

DeJong, David N. and Dave, Chetan (2011), *Structural Macroeconometrics*, Princeton University Press, 2 edition.

DeJong, David N., Nankervis, John C., Savin, N. E., and Whiteman, Charles H. (1992), "The power problems of unit root tests in time series with autoregressive errors", *Journal of Econometrics*, 53(1-3), 323–343.

den Haan, Wouter J., Ramey, Garey, and Watson, Joel (2000), "Job destruction and propagation of shocks", *American Economic Review*, 90(3), 482–498.

Dickey, David A. and Fuller, Wayne A. (1979), "Distribution of the estimators for autoregressive times series with a unit root", *Journal of the American Statistical Association*, 74(366), 427–431.

Diebold, F.X. and Mariano, R.S. (1995), "Comparing predictive accuracy", *Journal of Business and Economic Statistics*, 13, 253–263.

Dominguez, Kathryn M. (1998), "Central bank intervention and exchange rate volatility", *Journal of International Money and Finance*, 17(1), 161–190.

Durrett, Richard (2010), *Probability: Theory and Examples*, Cambridge University Press, forth edition.

Efron, Bradly (1979), "Bootstrap methods: Another look at the jackknife", *The Annals of Statistics*, 7(1), 1–26.

Eichenbaum, Martin and Evans, Charles L (1995), "Some empirical evidence on the effects of shocks to monetary policy on exchange rates", *Quarterly Journal of Economics*, 110(4), 975–1009.

Elliott, Graham, Rothenberg, Thomas J, and Stock, James H (1996), "Efficient tests for an autoregressive unit root", *Econometrica*, 64(4), 813–36.

Enders, Walter (2004), *Applied Econometric Time Series*, Wiley, 2 edition.

Engel, Charles (1996a), "The forward discount anomaly and the risk premium: A survey of recent evidence", *Journal of Empirical Finance*, 3(2), 123–192.

——— (1996b), "A note on cointegration and international capital market efficiency", *Journal of International Money and Finance*, 15(4), p657 – 660.

Engel, Charles and West, Kenneth D. (2005), "Exchange rates and fundamentals", *Journal of Political Economy*, 113, 485–517.

Engle, Robert (1982), "Autoregressive conditional heteroskedasticity with estimates of the variance of U.K. inflation", *Econometrica*, 50, 987–1008.

—— (2002), "New frontiers for arch models", *Journal of Applied Econometrics*, 17(5), 425 – 446.

Engle, Robert F. and Bollerslev, Tim (1986), "Modelling the persistence of conditional variances", *Econometric Reviews*, 5(1), 1 – 50.

Engle, Robert F. and Granger, Clive W. J. (1987), "Co-integration and error correction: Representation, estimation, and testing", *Econometrica*, 55(2), 251 – 276.

Engle, Robert F., Lilien, David M., and Robins, Russell P. (1987), "Estimating time varying risk premia in the term structure: The arch-m model", *Econometrica*, 55(2), 391 – 407.

Favero, Carlo (2001), *Applied Macroeconometrics*, Oxford.

Fernandez-Villaverde, Jesus (2008), "Horizons of understanding: A review of Ray Fair's estimating how the macroeconomy works", *Journal of Economic Literature*, 46(3), 685–703.

Friedman, Milton (1953), *The Methodology of Positive Economics*, 3–43, University of Chicago Press.

Gali, Jordi (1999), "Technology, employment, and the business cycle: Do technology shocks explain aggregate fluctuations?", *The American Economic Review*, 89(1), 249–271.

Gibbard, Allan and Varian, Hal R. (1978), "Economic models", *The Journal of Philosophy*, 75(11), 664–677.

Good, Phillip I. (2006), *Resampling Methods*, Birkhauser, 3 edition.

Goodfriend, Marvin and King, Robert (1997), "The new neoclassical synthesis and the role of monetary policy", in *NBER Macroeconomics Annual 1997, Volume 12*, NBER Chapters, 231–296, National Bureau of Economic Research, Inc.

Granger, Clive W. J. (2004), "Time series analysis, cointegration, and applications", *American Economic Review*, 94(3), 421 – 425.

Granger, Clive W.J. (1969), "Investigating causal relations by econometric model and cross spectral methods", *Econometrica*, 37, 424–

438.

Granger, Clive W.J. and Newbold, P. (1974), "Spurious regressions in econometrics", *Journal of Econometrics*, 2(2), 111–120.

Hakkio, Craig S. and Rush, Mark (1989), "Market efficiency and cointegration: An application to the sterling and deutschemark exchange markets", *Journal of International Money and Finance*, 8(1), 75–88.

Hall, Robert E. (1978), "Stochastic implications of the life cycle-permanent income hypothesis: Theory and evidence", *The Journal of Political Economy*, 86(6), 971–987.

Hamilton, James Douglas (1994), *Time Series Analysis*, Princeton University Press.

Hansen, Bruce E. (1997), "Approximate asymptotic p values for structural-change tests", *Journal of Business and Economic Statistics*, 15(1), 60–67.

——— (2001), "The new econometrics of structural change: Dating breaks in u.s. labor productivity", *Journal of Economic Perspectives*, 15(4), 117–128.

——— (2007), "Econometrics", Manuscript, University of Wisconsin, www.ssc.wisc.edu/ bhansen.

Hansen, Bruce E. and West, Kenneth D. (2002), "Gerneralized method of moments and macroeconomics", *Journal of Business and Economic Statistics*, 20(4), 460–469.

Hayashi, Fumio (2000), *Econometrics*, Princeton University Press.

Hodrick, Robert J. and Prescott, Edward C. (1997), "Postwar u.s. business cycles: An empirical investigation", *Journal of Money, Credit and Banking*, 29(1), 1–16.

Horowitz, Joel L. (2001), "The bootstrap", in J.J. Heckman and E.E. Leamer (eds.), *Handbook of International Economics*, volume 5, chapter 52, 3159–3228, Amsterdam: Elsvier Science B.V.

Huang, Chao-Hsi and Lin, Kenneth S. (1993), "Deficits, government expenditures, and tax smoothing in the united states: 1929-1988", *Journal of Monetary Economics*, 31, 317–339.

Im, Kyung So, Pesaran, M. Hashem, and Shin, Yongcheol (2003), "Testing for unit roots in heterogeneous panels", *Journal of Econo-*

metrics, 115(1), 53–74.

Johansen, Soren (1988), "Statistical analysis of cointegration vectors", *Journal of Economic Dynamics and Control*, 12(2-3), p231 – 254.

——— (2000), "Modelling of cointegration in the vector autoregressive model", *Economic Modelling*, 17(3), 359–373.

Johansen, Soren and Juselius, Katarina (1990), "Maximum likelihood estimation and inference on cointegration–with applications to the demand for money", *Oxford Bulletin of Economics and Statistics*, 52(2), p169 – 210.

Kilian, Lutz (1998), "Small-sample confidence intervals for impulse response functions", *Review of Economics and Statistics*, 80(2), 218–230.

——— (2009), "Not all oil price shocks are alike: Disentangling demand and supply shocks in the crude oil market", *American Economic Review*, 99(3), 1053–69.

Kim, Soyoung (2003), "Monetary policy, foreign exchange intervention, and the exchange rate in a unifying framework", *Journal of International Economics*, 60(2), p355 – 386.

Kim, Soyoung and Roubini, Nouriel (2000), "Exchange rate anomalies in the industrial countries: A solution with a structural var approach", *Journal of Monetary Economics*, 45(3), 561–586.

King, Robert G. and Plosser, Charles I. (1984), "Money, credit, and prices in a real business cycle", *American Economic Review*, 74(3), 363–380.

King, Robert G. and Rebelo, Sergio T. (1999), "Resuscitating real business cycles", in J. B. Taylor and M. Woodford (eds.), *Handbook of Macroeconomics*, volume 1 of *Handbook of Macroeconomics*, chapter 14, 927–1007, Elsevier.

Klein, Dan and Romero, Pedro (2007), "Theory of what?", *Econ Journal Watch*, 4(2), 241–271.

Klein, Paul (2000), "Using the Generalized Schur Form to Solve a Multivariate Linear Rational Expectations Model", *Journal of Economic Dynamics and Control*, 24, 1405–1423.

Kwiatkowski, Denis, Phillips, Peter C. B., Schmidt, Peter, and Shin, Yongcheol (1992), "Testing the null hypothesis of stationarity against the alternative of a unit root: How sure are we that economic time series have a unit root?", *Journal of Econometrics*, 54(1-3), 159–178.

Kydland, Finn E and Prescott, Edward C (1982), "Time to build and aggregate fluctuations", *Econometrica*, 50(6), 1345–70.

Lence, Sergio and Falk, Barry (2005), "Cointegration, market integration, and market efficiency", *Journal of International Money and Finance*, 24(6), 873 – 890.

Levin, Andrew, Lin, Chien-Fu, and Chu, Chia-Shang James (2002), "Unit root tests in panel data: Asymptotic and finite-sample properties", *Journal of Econometrics*, 108(1), 1–24.

Li, W. K., Ling, Shiqing, and McAleer, Michael (2002), "Recent theoretical results for time series models with garch errors", *Journal of Economic Surveys*, 16(3), 245 – 269.

Long, Jr, John B and Plosser, Charles I (1983), "Real business cycles", *Journal of Political Economy*, 91(1), 39–69.

MacKinnon, James G (2002), "Bootstrap inference in econometrics", *Canadian Journal of Economics*, 35(4), 615–645.

——— (2006), "Bootstrap methods in econometrics", *Economic Record*, 82(Special Issue), S2–S18.

Maddala, G. S and Kim, In-Moo (1998), *Unit Roots, Cointegration, and Structural Change*, Cambridge University Press.

Maddala, G. S. and Wu, Shaowen (1999), "A comparative study of unit root tests with panel data and a new simple test", *Oxford Bulletin of Economics and Statistics*, 61(0), 631–652.

McCallum, Bennett T. (1983), "On non-uniqueness in rational expectations models : An attempt at perspective", *Journal of Monetary Economics*, 11(2), 139–168.

McCloskey, Deirdre (2000a), *How to be human–Though an economist*, Ann Arbor:.

——— (2001), *Economic Science: A Search through the Hyperspace of Assumptions?*, 321 – 331, Edited and introduced by Stephen Thomas Ziliak.

——— (2005), "The trouble with mathematics and statistics in economics", *History of Economic Ideas*, 13(3), 85 – 102.

McCloskey, Deirdre N. (2000b), *The A-Prime/C-Prime Theorem*, 209 – 214, Ann Arbor:.

―――― (2000c), "How to be scientific in economics", *Eastern Economic Journal*, 26(2), 241 – 246.

―――― (2002), "Samuelsonian economics", *Eastern Economic Journal*, 28(3), 425 – 430.

McCloskey, Deirdre N. and Ziliak, Stephen T. (1996), "The standard error of regressions", *Journal of Economic Literature*, 34(1), 97 – 114.

Meese, Richard and Rogoff, Kenneth (1983), "Empirical exchange rate models of the 1970's: Do they fit out of sample?", *Journal of International Economics*, 14, 3–24.

Mendoza, Enrique G (1991), "Real business cycles in a small open economy", *American Economic Review*, 81(4), 797–818.

Nelson, Charles and Plosser, Charles (1982), "Trends and random walks in macroeconomic time series", *Journal of Monetary Economics*, 10, 139–162.

Nelson, Daniel B. (1991), "Conditional heteroskedasticity in asset returns: A new approach", *Econometrica*, 59(2), p347 – 370.

Newey, Whitney and West, Kenneth D. (1987), "A simple positive semi-definite, heteroskedastic and autocorrelation consistent covariance matrix", *Econometrica*, 55(3), 703–708.

Newey, Whitney K and West, Kenneth D. (1994), "Automatic lag selection in covariance matrix estimation", *Review of Economic Studies*, 61(4), 631–53.

Ng, Serena and Perron, Pierre (2001), "Lag length selection and the construction of unit root tests with good size and power", *Econometrica*, 69(6), 1519–1554.

Obstfeld, Maurice and Rogoff, Kenneth (1996), *Foundations of international macroeconomics*, Cambridge, Mass. and London: MIT Press.

O'Connell, Paul G. J (1998), "The overvaluation of purchasing power parity", *Journal of International Economics*, 44(1), 1–19.

Osterwald-Lenum, Michael (1992), "A note with quantiles of the asymptotic distribution of the maximum likelihood cointegration rank test statistics", *Oxford Bulletin of Economics and Statistics*,

54(3), 461–472.

Perron, Pierre (1989), "The great crash, the oil price shock, and the unit root hypothesis", *Econometrica*, 57(6), 1361–1401.

Pesaran, M Hashem (2006), "A simple panel unit root test in the presence of cross section dependence", *working paper, Department of Economics, Cambridge University*.

Phillips, Peter C. B. and Ouliaris, Sam (1990), "Asymptotic properties of residual based tests for cointegration", *Econometrica*, 58(1), 165 – 193.

Phillips, Peter C. B. and Perron, Pierre (1988), "Testing for a unit root in time series regression", *Biometrika*, 75(2), 335–346.

Quandt, Richard (1960), "Test of the hypothesis that a linear regression system obeys two separate regimes", *Journal of American Statistical Association*, 55(290), 324–330.

Ramey, Valerie A. and Shapiro, Matthew D (1998), "Costly capital reallocation and the effects of government spending", *Carnegie-Rochester Conference Series on Public Policy*, 48, 145–194.

Rapach, David E. and Weber, Christian E. (2004), "In-sample vs. out-of-sample tests of stock return predictability in the context of data mining", *Working Paper, Department of Economics, Saint Louis University*.

Rogers, John H. (1999), "Monetary shocks and real exchange rates", *Journal of International Economics*, 49(2), p269 – 288.

Rogoff, Kenneth (1996), "The purchasing power parity puzzle", *Journal of Economic Literature*, 34, 647–668.

Romer, Christina D. and Romer, David H. (1989), "Does monetary policy matter? a new test in the spirit of friedman and schwartz", *NBER Macroeconomics Annual*, 4, 121–170.

Sarno, Lucio and Taylor, Mark P. (2001), "Official intervention in the foreign exchange market: Is it effective and if so how does it work", *Journal of Economic Literature*, 39, 839–868.

Schott, James R. (2005), *Matrix Analysis for Statistics*, Wiley & Sons, 2 edition.

Schwert, G. William (1989), "Tests for unit roots: A monte carlo investigation", *Journal of Business and Economic Statistics*, 7(2), 147–159.

Sims, Christopher A. (1980), "Macroeconomics and reality", *Econometrica*, 48(1), 1–48.

——— (1992), "Interpreting the macroeconomic time series facts : The effects of monetary policy", *European Economic Review*, 36(5), 975–1000.

——— (2002), "Solving Linear Rational Expectations Models", *Computational Economics*, 20(1), 1–20.

Stock, James H. and Watson, Mark (1988), "Variable trends in economic time series", *Journal of Economic Perspectives*, 3(3), 147–174.

——— (2001), "Vector autoregressions", *Journal of Economic Perspectives*, 15(4), 101–115.

——— (2006), *Introduction to Econometrics*, Addison Wesley, 2 edition.

Stock, James H. and Watson, Mark W. (1993), "A simple estimator of cointegrating vectors in higher order integrated systems", *Econometrica*, 61(4), 783 – 820.

Stockman, Alan C and Tesar, Linda L (1995), "Tastes and technology in a two-country model of the business cycle: Explaining international comovements", *American Economic Review*, 85(1), 168–85.

Strongin, Steven (1995), "The identification of monetary policy disturbances explaining the liquidity puzzle", *Journal of Monetary Economics*, 35(3), 463–497.

Teo, Wing Leong and Yang, Po Chieh (2010), "Welfare cost of inflation in a New Keynesian model", *Pacific Economic Review*, forthcoming.

Thorbecke, Willem (1997), "On stock market returns and monetary policy", *Journal of Finance*, 52(2), 635–654.

Tsay, Ruey S. (2005), *Analysis of Financial Time Series*, John Wiley & Sons, 2 edition.

Uhlig, Harald (1999), "A Toolkit for Analyzing Nonlinear Dynamic Stochastic Models Easily", in *Computational Methods for the Study of Dynamic Economies*, Oxford University Press.

van Giersbergen, Noud P. A. and Kiviet, Jan F. (1993), "A monte carlo comparison of asymptotic and various nonparametric bootstrap inference procedures in first-order dynamic models", *Discussion paper TI 93-187*, Amsterdam: Tinbergen Institute.

Walsh, Carl E. (2003), *Monetary Theory and Policy*, The MIT Press, 2 edition.

West, Kenneth D. (2006), "Forecast evaluation", in Graham Elliott, Clive W.J. Granger, and Allan Timmermann (eds.), *Handbook of Economic Forecasting*, volume 1, chapter 3, 100–134, Amsterdam: Elsevier.

West, Kenneth D., Edison, Hali J., and Cho, Dongchul (1993), "A utility-based comparison of some models of exchange rate volatility", *Journal of International Economics*, 35(1-2), 23–45.

Woodford, Michael (2000), "An interview with william a. brock", *Macroeconomic Dynamics*, 4(1), 108–138.

Ziliak, Stephen T. and McCloskey, Deirdre N. (2004), "Size matters: The standard error of regressions in the american economic review", *Journal of Socio-Economics*, 33(5), 527 – 546.

Zivot, Eric (2000), "Cointegration and forward and spot exchange rate regressions", *Journal of International Money and Finance*, 19(6), 785–812.

Zivot, Eric and Andrews, Donald (1992), "Further evidence on the great crash, the oil-price shock, and the unit-root hypothesis", *Journal of Business and Economic Statistics*, 10(3), 251–270.

索引

1劃

一階自我迴歸模型, 70
一階自積, 151
一階形式, 89
一階泰勒近似, 414
一階隨機差分方程式, 209

3劃

小樣本向下偏誤, 138
下三角矩陣, 225
干擾項, 49

4劃

不足認定, 260
不規則部, 69
內生狀態變數, 419
分量函數, 356

5劃

半母數殘差 bootstrap, 362
半衰期, 80
半結構式 VAR, 225
半結構式 VAR, 188
去除趨勢後定態, 136
可逆性, 105
外生狀態變數, 419
平賭序列, 379
平賭差序列, 380
正交 VAR, 188

正交條件, 191
白色干擾, 48
白訊, 48
白噪音, 48
白雜訊, 48

6劃

共同的隨機趨勢, 289
共整合 VAR 模型, 292
共整合向量, 285
共整合秩, 292
共整合關係, 285
共變異定態, 47
向量自我迴歸, 187
向量誤差修正模型, 292
年增率, 38
百分率, 42
百分點, 42
自我共變異函數, 46
自我相關函數, 46
自我迴歸條件異質變異, 321
自我迴歸模型, 70
自我預言實現的匯價變動, 329
自積 GARCH 模型, 326

7劃

伴隨形式, 89
低頻資料, 33

利率期限結構的預期理論, 302
均方差, 75, 122
均方差的平方根, 122
均齊變異, 385
均衡誤差, 293
完全預期, 396
序列相關, 34
技術衝擊, 77
決策變數, 419
沖銷性干預, 328
貝氏資訊評選準則, 87

8劃

固定相對風險趨避, 413
固定趨勢, 34, 53, 135
季節性, 56
季節調整, 57
定態, 47
抽出放回, 350
波動, 69
波動的群聚現象, 320
狀態空間表現法, 89
近似無關迴歸模型, 196
長期限制, 270
長期追蹤資料, 362
非均齊變異, 386
非均齊變異-序列相關一致估計式, 386

非沖銷性干預, 328
非借入準備, 262

9 劃

前瞻解, 397
厚尾, 320
後顧解, 397
恆常所得, 286
恆常消費, 286
持續性, 46
指數 GARCH 模型, 326
指標函數, 338
政策函數, 408
美國普查局, 57

10 劃

借入準備, 262
個案分析法, 262
差分後定態, 150
弱定態, 47
時間序列資料, 33
泰勒法則模型, 203
特性向量, 90
特性根, 90
秩, 291
純雜訊, 48
迴歸誤差, 190
追蹤資料, 34
追蹤資料單根檢定, 155
高頻資料, 33

11 劃

動差配適, 412
動態 OLS, 297

控制變數, 419
條件變異數, 319
現值模型, 203
混合, 379
理性預期方程組, 405
移動平均模型, 103
統計學基本定理, 339
貨幣政策衝擊, 77
貨幣模型, 203

12 劃

最大特性根檢定, 301
最佳預測式, 75
單一價格法則, 80
單根, 84
期限溢價, 302
殘差 bootstrap, 360
殘差式檢定, 297
減秩, 292
無母數 bootstrap, 351
短期限制, 224
短期隔夜拆款利率, 262
短期遞迴限制, 225
短暫消費, 286
結構式 VAR, 188, 189
結構性誤差, 190
結構性衝擊, 190
結構性斷裂, 169
結構性變動, 169
絕對可加, 104
絕對均差, 122
虛假迴歸, 138, 140
虛擬變數, 58
亂數產生器, 338

13 劃

損失函數, 75
經常帳的跨期分析, 203
落後一期資料, 36
落後運算元, 39
落後運算多項式, 41
資料生成過程, 138, 338
資訊評選準則, 86
跡檢定, 300
跳躍變數, 420
過度認定, 260
過度認定檢定, 260
遍歷性, 379
預測因果關係, 206
預測誤差, 121

14 劃

實質景氣循環模型, 77
實證衝擊反應函數, 232
對角線化, 90
對數線性化, 415
漂移項, 133
槓桿效應, 326
滿秩, 292, 298
漸近樞紐統計量, 348
漸近獨立, 379
認定條件, 222
蒙地卡羅模擬, 337
誤差修正項, 293
遠期外匯不偏假說, 287
遞迴式 VAR, 188, 189, 225

15 劃

增廣項, 143

數值模擬, 338
暴力演算法, 407
樣本內資料, 124
樣本外 Granger 因果關係, 211
樣本外資料, 124
樣本外預測, 124
樞紐統計量, 344
模型調校, 412
模擬, 337
範數, 84
線性化, 414
線性投影, 75
線性空間延展, 75
衝擊反應函數, 77, 192, 231
衝擊項, 49
適足認定, 260
適應性預期, 396

16 劃

橫斷面資料, 33
隨機性, 337
隨機過程, 33, 337
隨機漫步模型, 133
隨機趨勢, 135
隨機變數產生器, 338
靜態變數, 420

17 劃

擬真亂數產生器, 338
擬真樣本外預測, 124
聯邦公開市場操作委員會, 262
聯邦基金利率, 262

縮減式 VAR, 188
縮減式 VAR (p) 模型, 195
購買力平價, 80
購買力平價困惑, 80
購買力平價說, 288
趨勢, 135

18 劃

轉換函數, 408
雜訊交易, 329

19 劃

爆炸, 84
穩定均衡, 81
穩健估計式, 386

20 劃

嚴格定態, 48

23 劃

變動點, 170
變異數分解, 192, 232
(Adaptive Expectations, 396
absolutely summable, 104
ADF test, 141
Akaike information criterion, 86
Akaike 資訊評選準則, 86
annual growth rate, 38
AR(1) 模型, 70
ARCH, 321
ARCH(q) process, 322
ARCH(q) 過程, 322
ARMA, 69

ARMA 模型, 106
Arrow-Pratt measure of relative risk-aversion, 413
Arrow-Pratt 相對風險趨避, 413
asymptotically indepent, 379
asymptotically pivotal statistics, 348
Augmented Dickey-Fuller 檢定, 141
augmented part, 143
autocorrelation functions, 46
autocovariance functions, 46
AutoRegressive Conditional Heteroskedasticity, 321
autoregressive models, 70
AutoRegressive Moving Average, 69
Backward Solutions, 397
Bayes information criterion, 87
Binder-Pesaran 求解法, 406
Blanchard and Quah restriction, 270
Blanchard and Quah 的長期限制認定條件, 270
bootstrap sample, 350
bootstrap 樣本, 350
bootstrap-after-bootstrap method, 367

索引 · 461 ·

bootstrap-after-bootstrap 法, 367
borrowed reserves, 262
Box-Jenkins 模型, 70
break date, 170
brute-force algorithm, 407
calibration, 412
Census Bereau, 57
Choleski decomposition, 226
Choleski 分解, 226
Chow test, 170
Chow 檢定, 170
cointegrated VAR model, 292
cointegrating vectors, 285
cointegration, 285
cointegration rank, 292
common stochastic trend, 289
companion form, 89
conditional variance, 319
constant relative risk aversion, 413
consumption-based model, 203
control variable, 419
covariance stationary, 47
cross-sectional data, 33
CRRA, 413
cycles, 69
data generating process, 138, 338
decision variable, 419

Delta Method, 344
deterministic trend, 34, 53, 135
DGP, 338
diagonalization, 90
Dickey-Fuller reparameterization, 141
Dickey-Fuller 重新參數化, 141
Diebold-Mariano 檢定, 122
difference stationary, 150
disturbance, 49
draw with replacement, 350
drift, 133
dummy variables, 58
dynamic OLS, DOLS, 297
EGARCH, 326
eigenvalues, 90
eigenvectors, 90
empirical impulse response function, 232
endogenous state variable, 419
Engle-Granger test, 295
Engle-Granger 檢定, 295
equilibrium error, 293
ergodic, 379
Ergodic Theorem, 379
Ergodic 定理, 379
error correction, 293
exogenous state variable, 419
expectations theory of the term structure of interest rates, 302

explosive, 84
exponential GARCH model, 326
federal funds rate, 262
Federal Open Market Committee, 262
first lag, 36
first-order autoregressive model, 70
first-order form, 89
First-Order Stochastic Difference Equations, 209
First-order Taylor approximation, 414
forecasting errors, 121
forward rate unbiasedness hypothesis, 287
Forward Solutions, 397
FRUH, 287
full rank, 292, 298
fundamental theorem of statistics, FTS, 339
GARCH, 324
GARCH in Mean 模型, 325
GARCH(p,q) process, 324
GARCH(p,q) 過程, 324
GARCH-mean, 325
Generalized AutoRegressive Conditional Heteroskedasticity, 324
Granger causality, 206
Granger 因果關係, 206
HAC estimator, 386
half-life, 80

Hall and Wilson rule, 361
Hall and Wilson 法則, 361
Hall 平賭假說, 208
Hall's martingale hypothesis, 208
heavy tail, 320
heteroskedasticity, 386
Heteroskedasticity-Autocorrelation-Consistent estimator, 386
high-frequency data, 33
Hodrick-Prescott decomposition, 153
Hodrick-Prescott filter, 153
Hodrick-Prescott 分解, 153
Hodrick-Prescott 濾器, 153
homoskedasticity, 385
HP decomposition, 153
HP filter, 153
HP 分解, 153
HP 濾器, 153
I(0), 151
I(1), 151
identification, 222
IGARCH, 326
impulse response function, 192, 231
impulse response functions, IRF, 77
in-sample observations, 124
indicator function, 338
information criteria, 86

integrated GARCH model, 326
integrated of order one, 151
intertemporal approach to the current account, 203
invertible, 105
irregular part, 69
Johansen test, 298
Johansen 檢定, 298
jump variable, 420
just-identified, 260
lag operator, 39
Lagrangian multiplier, 413
Lagrangian 乘數, 413
law of one price, 80
leverage effect, 326
linear projection, 75
linear span, 75
linearization, 414
log-linearization, 415
long-run restriction, 270
loss function, 75
low-frequency data, 33
lower triangular, 225
Lucas critique, 401
Lucas 批判, 401
martingale, 379
martingale difference sequence, 380
Max Test, 301
MDS, 380
MDS 的中央極限定理, 381
MDS-CLT, 381

mean absolute error, MAE, 122
mean squared error, MSE, 75, 122
mixing, 379
modulus, 84
moment matching, 412
monetary model, 203
monetary shocks, 77
Monte Carlo simulation, 337
moving average model, 103
narrative approach, 262
Newey-West estimator, 386
Newey-West HAC estimator, 386
Newey-West HAC 估計式, 386
Newey-West 估計式, 386
noise trading, 329
non-sterilized intervention, 328
nonborrowed reserves, 262
nonparametric bootstrap, 351
numerical simulation, 338
optimal forecast, 75
orthogonalization, 191
orthogonalizing VAR, 188
out-of-sample forecasting, 124
out-of-sample observations, 124
out-of-sample tests for Granger casuality, 211

over-identification tests, 260
over-identified, 260
panel data, 34, 362
panel unit root tests, 155
percentage, 42
percentage point, 42
Perfect Foresight, 396
permanent consumption, 286
permanent income, 286
Perron-ADF test, 183
Perron-ADF 檢定, 183
persistency, 46
pivotal statistics, 344
policy function, 408
polynomial in the lag operator, 41
predictive causality, 206
present value model, 203
pseudo out-of-sample forecasting, 124
pseudo random number generator, 338
purchasing power parity puzzle, 80
Purchasing Power Parity, PPP, 80
purchasing power parity, PPP, 288
Quandt-Andrews 檢定, 173
Quandt-Andrews test, 173
quantile function, 356
random number generator, 338

random process, 337
random walk model, 133
randomness, 337
rank, 291
real business cycle models, 77
recursive VAR, 188, 189
reduced rank, 292
reduced-form VAR, 188
reduced-form VAR(p) model, 195
regression errors, 190
residual bootstrap, 360
residual-based tests, 297
robust estimator, 386
root mean squared error, RMSE, 122
Schwarz information criterion, 87
Schwarz 資訊評選準則, 87
seasonal adjustment, 57
seasonality, 56
seemingly unrelated regressions (SUR) model, 196
self-fulfilling exchange rate movements, 329
semi-parametric residual bootstrap, 362
semi-structural VAR, 188
serial correlation, 34
shock, 49
short-run recursive restriction, 225

short-run restriction, 224
simulation, 337
small-sample downward bias, 138
spurious regression, 138, 140
state space representation, 89
static variable, 420
stationary, 47
steady state, 81
sterilized intervention, 328
stochastic process, 33
stochastic trend, 135
strict stationary, 48
structural breaks, 169
structural changes, 169
structural errors, 190
structural shocks, 190
structural VAR, SVAR, 188, 189
sup-F test, 173
sup-F 檢定, 173
Systems of Rational Expectations Equations, 405
tax smoothing model, 203
Taylor rule model, 203
technology shocks, 77
term premium, 302
The Binder-Pesaran Method, 406
time series data, 33
Trace Test, 300
transition function, 408
transitory consumption, 286

trend, 135
trend stationary, TS, 136
under-identified, 260
unit root, 84
VAR, 187
variance decomposition, 192, 232
Vector Autoregressions, 187
vector error correction model, VECM, 292
volatility clustering, 320
weak stationary, 47
white noise, 48
Wold causal chain, 225
Wold ordering, 225
Wold Representation Theorem, 112
Wold Representation 定理, 112
Wold 因果連鎖, 225
Wold 排序, 225
X-11, 57
X-12, 57
Yule-Walker equations, 96
Yule-Walker 方程式, 96
Zivot-Andrews test, 184
Zivot-Andrews 檢定, 184

國家圖書館出版品預行編目資料

時間序列分析：總體經濟與財務金融之應用 / 陳旭昇著. --
　　二版. -- 臺北市：臺灣東華，民 102.03
　　468 面；19x26 公分
　　參考書目：　　面
　　含索引
　　ISBN 978-957-483-737-3（平裝）

　　1.數理統計　2.總體經濟　3.財務金融

319.5　　　　　　　　　　　　　　　　　102003110

時間序列分析：總體經濟與財務金融之應用

著　　者	陳旭昇
發 行 人	陳錦煌
出 版 者	臺灣東華書局股份有限公司
地　　址	臺北市重慶南路一段一四七號三樓
電　　話	(02) 2311-4027
傳　　眞	(02) 2311-6615
劃撥帳號	00064813
網　　址	www.tunghua.com.tw
讀者服務	service@tunghua.com.tw
門　　市	臺北市重慶南路一段一四七號一樓
電　　話	(02) 2371-9320

2025 24 23 22 21　HJ　10 9 8 7 6

ISBN	978-957-483-737-3

版權所有　·　翻印必究